普通高等教育智慧海洋技术系列教材

海洋机器人导航理论基础

主　编　孙玉山
副主编　张　强　邵卓青

科 学 出 版 社
北　京

内 容 简 介

本书以水下机器人导航定位基本方法与相关系统原理为主要内容。全书共 8 章，着重介绍水下机器人惯性元件与惯性测量单元，以及航姿测量、捷联惯性导航、声学定位、卫星导航、组合导航和海洋地球物理导航等相关原理与系统。本书主要针对水下机器人的导航定位问题构建导航定位系统理论体系，厘清导航定位系统相关概念，以及水下机器人导航定位基础理论与前沿技术。

本书可作为高等学校海洋机器人、智慧海洋技术、导航制导与控制等相关专业高年级本科生及研究生的教学和参考用书，也可供从事相关专业研究的科技人员参考和阅读。

图书在版编目(CIP)数据

海洋机器人导航理论基础 / 孙玉山主编. -- 北京 : 科学出版社, 2024. 12. -- (普通高等教育智慧海洋技术系列教材). -- ISBN 978-7-03-080322-1

Ⅰ. TP242

中国国家版本馆 CIP 数据核字第 2024VM4008 号

责任编辑：朱晓颖 / 责任校对：王　瑞
责任印制：师艳茹 / 封面设计：马晓敏

科 学 出 版 社 出版
北京东黄城根北街 16 号
邮政编码：100717
http://www.sciencep.com
三河市骏杰印刷有限公司印刷
科学出版社发行　各地新华书店经销
*
2024 年 12 月第　一　版　开本：787×1092　1/16
2024 年 12 月第一次印刷　印张：12 1/2
字数：330 000

定价：69.00 元

前　言

中国作为海洋大国，海洋机器人是海洋新质生产力的重要技术载体和战略装备支撑，在海洋资源开发、海洋环境保护以及海洋权益维护中的重要性日益凸显。海洋机器人在无人自主条件下始终保持对航向的认知和位置的感觉是极为重要的，导航定位作为海洋机器人学科关键性基础理论和科学技术，关乎海洋机器人在复杂海洋环境中的自主性和任务执行能力，是海洋机器人的智能之始、自主之基。

哈尔滨工程大学以世界海洋工程领域前沿科学技术为坐标，增设我国首个海洋机器人专业，立足于海洋机器人专业课程体系建设和教材内容体系构建，致力于海洋机器人领域人才培养。本书编写汲取了哈尔滨工程大学“水下航行器导航与定位技术”课程多年本科教学经验，总结了黑龙江省高等教育教学改革研究项目“‘金课’视阈下混合协作学习模式的共享任务理解及知识转化与创新研究”（SJGY20190115）相关成果，参阅了国内外大量文献资料，针对水下机器人导航应用问题，整理厘清了导航定位理论体系与相关基本概念。本书从海洋机器人视角系统构建导航技术相关理论基础和基本概念，面向我国未来“智慧海洋”建设中的人才需求，旨在提供“混合式”理论学习参考框架和范式，为科研人员、工程师及相关专业学生搭建起理解和掌握海洋机器人导航技术的桥梁。

本书由孙玉山主编，张强、邵卓青担任副主编。其中，孙玉山负责第 1 章的编写，并制定了本书的写作提纲；张强负责第 2～5 章、第 8 章的编写，并对全书进行了统稿和审校；邵卓青负责第 6 章、第 7 章的编写工作。另外，作者依托智慧树平台构建“海洋机器人导航理论基础”AI 课程（免登录网址：http://t.zhihuishu.com/9k9zqxbP），提供课程图谱、问题图谱与能力图谱等，供读者从多维度、多层面理解知识点。

课程图谱
学习演示

本书编写工作得到了多方支持，相关理论成果得到了国家重点研发计划及课题（2022YFB4703403，2018YFC0309403）和国家自然科学基金项目（52375529，51309066）的资助。感谢哈尔滨工程大学智能海洋航行器技术全国重点实验室李晔教授、庞永杰教授、万磊研究员、廖煜雷教授的关心和支持，同时感谢牛伯城、杨子澳、刘湛、黄万展、李磊、曹旭东、俞则天、游子昂、张雯轩等研究生以及实验室全体成员对本书提供的帮助。

由于作者水平有限，本书难免存在不足和疏漏之处，敬请广大读者和同行专家批评指正。

作　者

2024 年 9 月

目　　录

第 1 章 概　　论

微课

水下机器人导航与定位技术能够为水下机器人的潜航移动提供方向与位置基准，为水下机器人的观测作业提供空间与坐标基准。水下机器人导航与定位原理本质上是解决水下机器人“身处何地”“去向何方”问题的方法与理论基础。

1.1 水下机器人与导航定位

1.1.1 水下机器人简介

人工智能、机械机电、计算机、控制论、传感器等技术的迅速发展，使人类发明、研制先进的海洋高科技装备成为可能。水下机器人作为人类探索、开发水下世界的有力工具，正在水下工程、大洋科考等领域发挥着不可替代的作用。“水下机器人”一词源于机器人学，狭义上讲，水下机器人是一种搭载感知、作业等载荷的具有生物功能的水下空间移动平台。水下机器人能够基于声呐、水下摄像机、机械臂等任务载荷，通过遥控或者自主方式辅助甚至代替人类去完成水下勘察、搜索、跟踪等作业任务的潜水装置。在自动化领域，水下机器人被看作机器人的一类，是机器人相关技术在水下的特殊应用，属于特种机器人范畴。在海洋工程领域，也可将水下机器人称作“无人水下机器人”、“无人水下运载器”、“无人潜水器”、“无人潜航器”或者“无人潜器”等。水下机器人分类如图 1-1 所示。

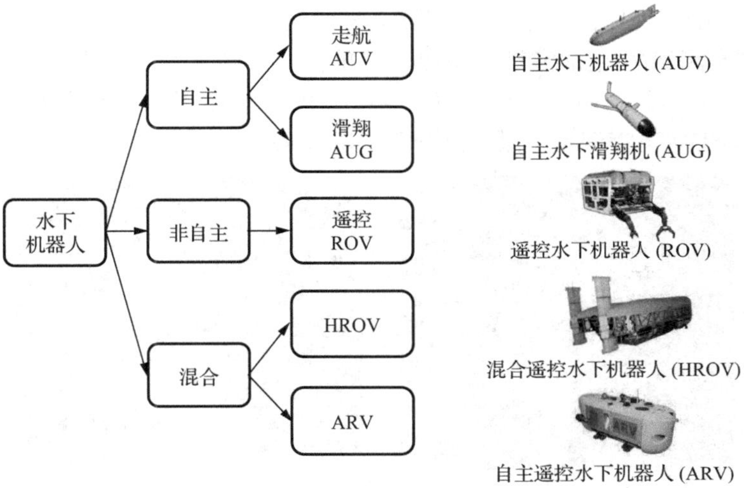

图 1-1　水下机器人分类

图 1-1 中从自主性角度将水下机器人分为自主水下机器人、非自主水下机器人和混合式水下机器人三类。自主水下机器人包括在水下采用走航模式航行的自主水下机器人(autonomous underwater vehicle，AUV)和在水下采用滑翔模式航行的自主水下滑翔机(autonomous underwater glider，

AUG)。非自主水下机器人是无人有缆的遥控水下机器人(remotely operated vehicle，ROV)。而在深海与深渊探测领域又产生了兼具自主和非自主两种模式的混合式水下机器人——混合遥控水下机器人(hybrid remotely operated vehicle，HROV)、自主遥控水下机器人(autonomous and remotely operated vehicle，ARV)。

1. AUV

1957 年，美国华盛顿大学应用物理实验室研制成功了世界上第一台 AUV——SPURV (self-propelled underwater research vehicle)，如图 1-2 所示，它拉开了 AUV 蓬勃发展的序幕。20 世纪 80～90 年代，美国麻省理工学院研制成功了 Odyssey 系列 AUV，蓝鳍公司研制成功了 Bluefin 系列 AUV，挪威 Kongsberg 公司研制成功了 HUGIN 系列 AUV。AUV 技术呈现蓬勃发展态势。

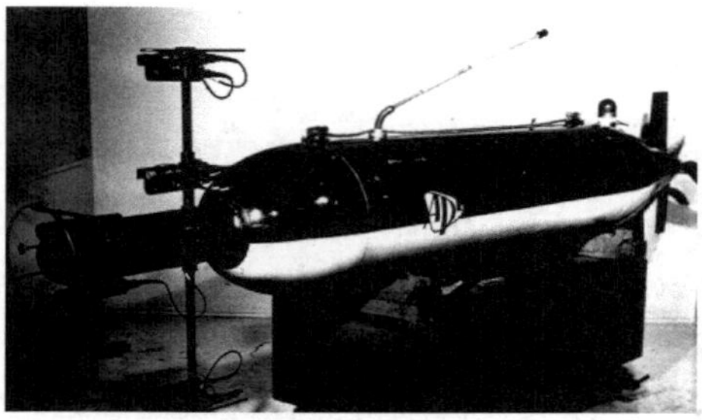

图 1-2　SPURV

我国的 AUV 研制工作起步较晚，20 世纪 90 年代，AUV 技术领域相继获得重大突破。中国科学院(简称中科院)沈阳自动化研究所先后研制成功了“探索者”、“潜龙”系列等多型 AUV 系统。同一时期，哈尔滨工程大学也相继研制成功了“智水”系列 AUV、“微龙”系列 AUV，如图 1-3 所示。目前，我国水下机器人技术已经实现了从微小型到超大型的尺寸全覆盖，从近浅海到全海深/极地的海域全覆盖，从单体自主到集群协同的体系全覆盖。2021 年 11 月，哈尔滨工程大学研制的“悟空”全海深 AUV 在马里亚纳海沟“挑战者”深渊完成 10896m 深潜，再次刷新 AUV 下潜深度纪录，跻身于世界先进行列。

图 1-3　“潜龙三号”AUV 及“悟空”AUV

AUV 搭载能源系统，依靠推进操纵系统在水下以如图 1-4 所示的走航模式运动。AUV 通过智能控制系统自主决策控制自身行为方式，并通过运动控制系统驱动 AUV 在水下自主移动。

如图 1-5 所示，AUV 通常采用类似鱼雷或小型潜艇的回转体外形，这种形状的设计已经过大量的研究和试验测试，证明其水动力特性较好，而且比较容易设计和制造。此外，还可根据实际应用需求，采用仿生、水滴、扁圆、长方形、立扁体、层流体等外形设计。AUV 可应用于海洋地球物理探测、水文情报收集、水下目标跟踪、水下环境搜探等方面，具有自主性高，活动范围大、方便灵活等特点。但 AUV 执行任务的时限受自身携带能源约束，通常驱动能力有限，无法执行大载荷水下作业或施工任务。

图 1-4　AUV 的走航式水平航迹

图 1-5　鱼雷形 AUV

鉴于 AUV 的纵向深潜和水下长时间走航式水平移动行为模式，AUV 导航系统必须具备较高的自持力与完整性，即必须尽量少地依赖甚至摆脱卫星导航定位、水声定位等外部系统，仅依靠自身惯性导航、罗经、水声多普勒测速仪(Doppler velocity log，DVL)等内部导航传感器，基于信息技术融合视觉声呐、水下摄像机等外部环境传感器信息，使 AUV 在潜航作业条件下，获取位置、航向、速度等完整、准确的导航信息。降低 AUV 水下导航修正授位上浮或者水声定位系统覆盖范围有限造成的 AUV 水下作业时间损耗和作业空间限制。

高精度水下导航定位系统不仅是 AUV 潜航作业的先决条件，而且是 AUV 水下航行安全的根本保障，导航定位能力通常被看作衡量 AUV 发展成熟度、工程实用化水平的标志之一。应用于 AUV 的水下导航定位技术最为丰富、最具代表性，因此本书主要针对 AUV 水下导航相关原理和系统开展介绍与论述。

2. AUG

AUG 概念最初由美国海洋学家亨利·斯托梅尔在 1989 年提出。AUG 依靠调节浮力实现升沉，借助机翼产生滑翔动力，可对海洋纵向剖面信息进行探测，在海洋科学探索、海洋资源开发以及海洋国防安全方面具有应用前景。我国 AUG 的研究起步较晚，主要研究单位包括中国科学院沈阳自动化研究所、天津大学、西北工业大学、华中科技大学、上海交通大学、浙江大学和中国海洋大学。2017 年 3 月，“海翼”深海 AUG(图 1-6)在马里亚纳海沟下潜到 6329m，刷新了 AUG 最大下潜深度 6000m 的世界纪录；2018 年 11 月，“海燕-L”AUG 无故障运行 141 天，连续航行 3619.6km，刷新了国产 AUG 续航时间和续航里程纪录；2020 年 7 月，“海燕-X”AUG 最大下潜深度达到 10619m，刷新了 AUG 下潜深度的最新世界纪录。

与 AUV 类似，AUG 同样需要自身携带能源自主航行。但与 AUV 运动模式不同，AUG 通过内部调平结构，自主调整净浮力和重心位置，改变自身姿态角，借助水平翼倾斜水动力获得推进力，以如图 1-7 所示的滑翔模式在作业纵剖面内波浪式上下起伏前进。由于 AUG 只在调整净浮力和姿态角时消耗少量能源，因此其具有能耗低、续航力持久(可达上千千米)等优点，能在深海纵向剖面完成大范围、远距离波浪式移动，通过搭载不同传感器，长时间执行大范围水体的海洋环境监测或调查任务。

图 1-6　“海翼”深海 AUG

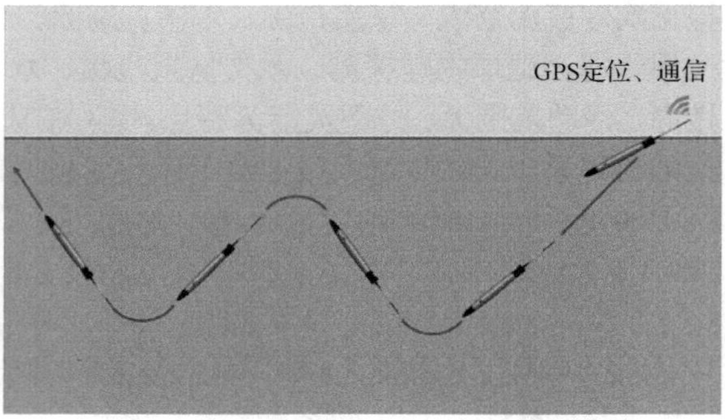

图 1-7　AUG 运动轨迹

如图 1-8 所示，典型的 AUG 多采用鱼雷体加水平翼外形设计，这种设计易于生产制造，但水动力特性不够理想，因此产生了扁平仿生鱼形设计、翼身融合型浮体式外形设计，甚至蝶形设计，以期提高 AUG 的机动能力，扩展 AUG 的航行模式。

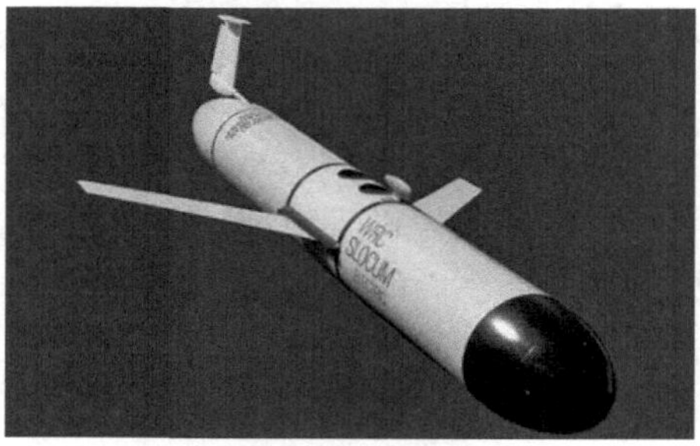

图 1-8　鱼雷体加水平翼 AUG

与 AUV 不同，波浪式的滑翔运动方式能够允许 AUG 周期性地上浮至水面，保证其可以利用卫星导航定位系统获取自身位置信息，而且 AUG 通常无法定深或定高航行，不能使用 DVL 等走航式导航设备，而只需要搭载罗经等能够感知航姿信息的导航设备即可满足控制系统对 AUG 自身运动状态信息的反馈需求，可见 AUG 导航系统相对简单，成本较低。

3. ROV

1953 年，法国人第米特里·瑞比克夫发明了世界上首台 ROV。20 世纪 60 年代，美国前海军军械试验站研制成功了世界上第一台作业级 ROV 原型机 CURV-1，如图 1-9 所示，用于搜寻和回收鱼雷测试训练弹。

图 1-9　作业级 ROV 原型机 CURV-1

我国从 1979 年开始研制 ROV，1985 年 12 月，由中科院沈阳自动化研究所牵头，联合上海交通大学研制的潜深 200m 的“海人一号”ROV(图 1-10)在大连首航成功。2009 年 10 月，上海交通大学研制的潜深 3500m 级的“海龙 2 号”ROV 成功应用于东太平洋深海热液科考任务。2014 年，上海交通大学研制的 4500m 级的“海马号”ROV 成功完成了南海海试。2018 年 10 月 28 日，中科院沈阳自动化研究所研制的“海星 6000”ROV(图 1-11)完成首次科考任务，最大下潜深度突破 6000m，创我国 ROV 的最大下潜深度纪录。

图 1-10 “海人一号”ROV

图 1-11 “海星 6000”ROV

与自主水下机器人不同，ROV 通过脐带电缆或细缆与水面母船或岸基系统连接，实现信息交互，其中细缆遥控式 ROV 自带动力，细缆仅用于 ROV 与母船或基站间的信息与遥控指令交互，受能源限制，细缆遥控式 ROV 一般只能应用于水下观测作业、样本采集等轻型作业任务。而电缆遥控式 ROV 无须自备能源，由水面母船或岸基系统通过电缆为 ROV 提供电力支持的同时也能进行信息交互，因此驱动能力较强，通过搭载液压机械手、液压驱动电机等大载荷电力设备，能够胜任水下重载作业任务。与其他类型水下机器人相比，目前 ROV 技术最为成熟，应用范围最为广泛，人在环路操控 ROV 能完成复杂的水下作业任务。

如图 1-12 所示，目前 ROV 多采用开架式结构，在水平和垂直方向上配备多台推进器，能够实现前进、后退、原地回转等运动，机动性较高。由于工作场景和任务灵活多变，因此 ROV 的导航设备往往根据实际情况进行灵活配置。但与自主水下机器人不同，ROV 水下作业范围有限，而且一般配备母船支持，因此诸如超短基线定位(ultra short baseline localization，USBL)声呐等水声定位系统特别适用于 ROV 在水下定位。此外，ROV 通常还需搭载光纤罗经等导航设备确定自身航姿信息。

4. HROV/ARV

HROV 也称 ARV，是一种 AUV 技术和 ROV 技术相结合的混合式水下机器人。

2008 年，美国伍兹霍尔海洋研究所设计建造的“海神”HROV(图 1-13)用于 6000～11000m 的超深渊探索。

中科院沈阳自动化研究所于 2003 年在国内率先提出了 ARV 的概念。目前中科院沈阳自动化研究所、中国船舶科学研究中心、上海交通大学等单位相继在 ARV 研制方面开展研究并取得了一定进展，一些 ARV 系统开展了海上试验。2016 年，我国研制的“海斗”全海深 ARV(图 1-14)跟随“探索一号”科考船执行马里亚纳海沟科考任务，成功完成了 2 次大于一万米的下潜，成为我国首台突破一万米下潜深度的全海深 ARV。

图 1-12　“海龙 2 号”ROV

图 1-13　“海神”HROV

图 1-14　“海斗”全海深 ARV

与细缆遥控式 ROV 类似，ARV 同样需要搭载锂电池为自身提供能源，并通过一根微细光缆同母船连接，用以遥控、信息交换和安全保障支持。与细缆遥控式 ROV 不同的是，ARV 具备自主控制模式，必要情况下可以切断微细光缆，摆脱母船控制，实现水下自主航行。由于混合了远程遥控和自主控制两种操作模式，ARV 可以通过不具备动力定位能力的小型船舶布放。

以“海神”HROV 为例，当处于自主工作模式时，“海神”HROV 可以在较大工作区域内完成深渊地貌调查、深渊地形测绘等任务，拓宽深海科考观察范围。当科学家们从“海神”HROV 探测到的数据信息中发现探测目标时，可以将“海神”HROV 切换到远程操纵模式，并配置机械手等遥控作业载荷后，将“海神”HROV 再次准确布放到科考作业区域，“海神”HROV 可以通过微细光缆传递高清晰度实时视频，并接收母船操控指令，利用机械手完成样品采集或深渊原位试验。由于具备遥控和自主两种作业模式，“海神”HROV 可执行包括深渊测绘与照片拍摄、岩石或沉积物样本搜集、深渊生物捕捉、海底化学物质取样等多种任务。HROV/ARV 作业模式灵活，必须根据作业需要灵活配置导航系统。

1.1.2　水下机器人导航定位的概念与作用

1. 导航的定义与内涵

“导航”一词最初源自拉丁语的 navigationem(主格 navigatio)，本意为航行，是一种持续导引载体运动的动态过程。Leonard 和 Durrant-Whyte 将移动机器人的导航能力归结为回答以下三个问题(图 1-15)：在哪里(Where am I？)、去哪里(Where am I going?)和怎样去(How do I get there?)。

首先，水下机器人实现自主能力的最基本问题之一，即确定水下机器人在运行环境中相对于给定环境坐标系的位置信息，定位作为一种导航方式，能够回答水下机器人“在哪里”的问题。

图 1-15 “导航能力”的定义

其次，水下机器人需要根据感知到的内部及外部环境信息，确定自身航向及目的地方位，为航迹规划提供方向基准。测向作为一种导航方式，能够回答水下机器人“去哪里”的问题。

最后，水下机器人基于定位与测向信息，结合环境与使命任务规划最佳航迹路径，设置路径点，导引水下机器人在预设目标站位之间航行。规划作为一种导航方式，能够回答水下机器人“怎样去”的问题。

综上，水下机器人导航可以定义为贯穿于水下机器人移动动态过程的定位、测向与规划流程，导引水下机器人从初始位置到达目标站位，最终完成使命任务。本书主要介绍与水下机器人，特别是AUV定位、测向等导航方式相关的基本原理和相关概念。

2. 导航参数与系统

导航参数是导航过程中表征刚体运动或位置的可测量参数，包括位置、航向、姿态和速度、加速度、角速度等。由能够测量导航参数的传感器及设备所构成的有机整体称为导航系统，构成导航系统的传感器称为导航传感器。

3. 导航系统在水下机器人中的作用

导航系统在整个水下机器人系统中的作用如图 1-16 所示。导航系统能够为水下机器人的潜航移动提供方向与位置基准，为水下机器人的观测作业提供空间与坐标基准，为任务规划提供场景与行为基准，为路径规划提供路径控制点坐标基准。导航系统通过检测和编码水下机器人的空间运动，为水下机器人智能控制与行为控制提供本体信息反馈，形成闭环控制环路，同时为水下机器人外部环境感觉流提供准确的空间归位基准信息。从生物学角度上讲，导航系统在水下机器人中扮演着前庭、海马体、内嗅皮层、辅助运动区等类脑系统功能，综合形成对水下机器人自身运动的全息感知。

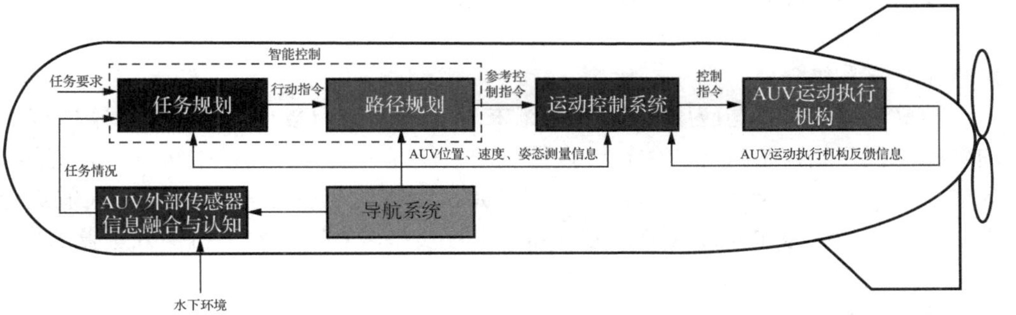

图 1-16 水下机器人系统关系示意图

1.1.3 水下机器人导航系统分类

1. 按照导航所用信息分类

按照导航所用信息，水下机器人导航系统可分为惯性导航(简称惯导)系统(inertial navigation system，INS)、推位导航系统、无线电导航系统、声学导航系统、地球物理导航系统。

2. 按照导航系统对外部信息的依赖性分类

按照导航系统对外部信息的依赖性，水下机器人导航系统可分为自主导航(无源导航)和非自主导航(有源导航)。

搭载自主导航(无源导航)系统的水下机器人不需要外源设备，仅依靠自身携带的传感器就能独立解算自身导航参数，包括惯性导航系统、推位导航系统、海洋地球物理导航系统。而搭载非自主导航(有源导航)系统的水下机器人必须借助其他外源设备才能测量自身导航参数，包括北斗卫星导航系统(简称北斗)、GPS、长/短/超短基线水声定位系统等。

3. 按照定位过程特性分类

按照定位过程特性，水下机器人导航系统可分为相对定位、绝对定位和组合定位。其中，相对定位又称位姿跟踪，在给定初始位姿的条件下，水下机器人基于本体感知传感器计算在相邻时刻间的相对位移和航向变化值，确定机器人的当前位姿，包括惯性导航系统、推位导航系统。

绝对定位又称全局定位，根据传感器信息获取水下机器人在给定坐标系中的位置，包括海洋地球物理导航系统、北斗、GPS、长/短/超短基线水声定位系统等。

组合定位是将相对定位与绝对定位相结合的水下机器人定位方法，如惯性/GNSS 组合导航系统、惯性/LBL 组合导航系统等。

1.2 水下机器人导航定位系统

由于海水导电性良好，因此海水对电磁场的抑制和衰减作用极强，从而限制了无线电导航系统在水下定位和导航中的应用。水下机器人在不抵近水面的潜航情况下，无法借助无线电或卫星导航定位系统实现精确定位。因此，水下高精度导航定位一直是水下机器人领域研究的重点和难点。目前常用的水下导航定位方法包括推位导航系统、惯性导航系统、水声定位系统、海洋地球物理导航系统及惯性基组合导航系统等。

1. 相对定位

1)推位导航系统

航迹推算一词的产生与应用始于 16 世纪末。Charles H. Cotter 将航迹推算解释为从一个已知的坐标位置开始，根据运载体在该点的航向、航速和航行时间，推算下一时刻的坐标位置的导航过程。推位导航系统是从已知位置开始，沿导航坐标系对水下机器人航速进行分解，然后对导航坐标系下航速各分量进行积分，序贯推算各时刻水下机器人位置的自主式导航系统。

2)惯性导航系统

惯性导航系统是采用陀螺仪、加速度计等惯性元件作为载体运动参数测量传感器的各类导航系统或导航传感器的总称，包括惯性测量单元(inertial measurement unit，IMU)、航姿参考系统(attitude and heading reference system，AHRS)、惯性导航系统。

2. 绝对定位

1)信标定位

(1) 卫星导航系统。卫星导航系统是以人造卫星构成的星座为基准，利用卫星发射的无线电信号，根据卫星相对地面的先验位置，计算并确定运载体位置的绝对导航系统。全球卫星导航系统包括中国北斗、美国 GPS、俄罗斯格洛纳斯(GLONASS)和欧盟伽利略(Galileo)卫星导航系统。

(2) 水声定位系统。水声定位系统利用声学测角、测距原理，以水声应答器或水声阵列的坐标为参考，利用声波到达水声应答器的时间和(或)角度，实现对水下机器人的定位，包括长基线水声定位系统(long baseline localization，LBL)、短基线水声定位(short baseline localization，SBL)系统、超短基线水声定位系统(ultra short baseline localization，USBL)、单信标水声定位系统、联合式声学定位系统等。

2)数据库参考定位

海洋地球物理导航系统是将海底地形地貌、海洋重力、海底地磁等海洋地球物理参数的空间分布作为导航信标，在惯性基导航单元辅助条件下，通过测深仪、重磁仪等外部传感器信息与先验基准海图的准确匹配与信息融合，实现以海底形貌基准图、重磁基准图坐标系为空间基准的数据库参考导航系统，包括海底形貌导航系统、海洋重磁导航系统。

3. 组合定位

惯性基组合导航系统是以惯性系统为核心，其他导航系统或导航传感器基于信息融合技术与其组合构成的导航系统。例如，惯性/DVL、惯性/DVL/LBL、惯性/LBL、惯性/USBL、惯性/GNSS 等组合导航系统。由以上定义可见，惯性/DVL 虽然属于惯性基组合导航系统，但其定位过程特性不属于组合定位。

1.3　水下机器人典型导航设备和系统

1.3.1　国外水下机器人及导航定位系统

自 2000 年至今，世界上已有多个国家的多型各种用途的水下机器人投入研发和使用。

首先以美国为例，由美国前 Hydroid 公司(2020 年被亨廷顿英格尔斯工业公司(HII)收购)生产的 REMUS-100 如图 1-17 所示，是目前较为著名的小型 AUV 平台，用于执行濒海反水雷任务。REMUS-100 长度为 1.6m，直径为 19cm，空气中重量为 37kg，最大潜深为 100m。导航设备采用长基线或超短基线水声定位系统以及广域增强 GPS 导航系统，如图 1-18 所示的激光陀螺/ DVL 推位导航系统。其中，长基线水声定位系统由至少两个水声应答器构成，轨迹跟踪精度在 1m 以内，测距范围 2000m，是 REMUS-100 执行勘察任务时主要使用的导航系统。超短基线水声定位系统仅需一个水声应答器，通过测距和定向校准位置信息，捕获跟踪距离也为 2000m，常用于 REMUS-100 的归航、停靠、回收等导航任务。REMUS-100 小型 AUV 搭载的推位导航系统由美国 Kearfott 公司生产的激光陀螺仪和亚迪仪器公司生产的声学多普勒海流剖面仪(acoustic Doppler current profiler，ADCP)构成。其中，ADCP 提供沿 REMUS-100

艇体系纵轴和横轴的速度信息，罗经或速率陀螺提供航向信息。该系统主要用于声学定位点间的位置推算或者用于水声应答器失效时的导航定位，其定位精度最多可达到 5m/h。

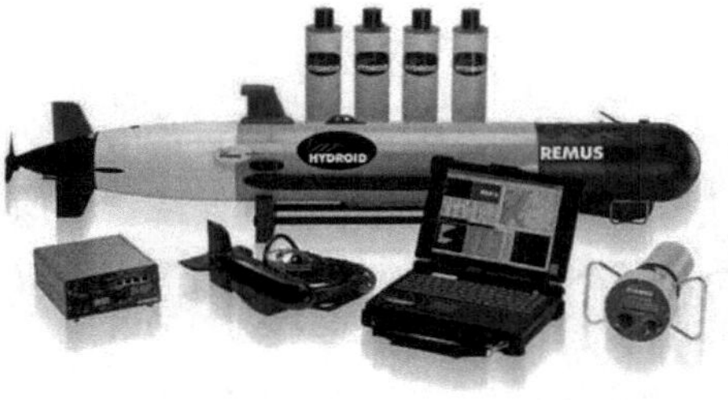

图 1-17　REMUS-100 小型 AUV

图 1-18　REMUS-100 的激光陀螺/DVL 推位导航系统

美国蓝鳍公司研发的 BLUEFIN-12 AUV 是一款高性能小型 AUV，长 1.83m，最大直径为 53cm，空气中重量为 250kg，最大潜深为 200m，如图 1-19 所示。其主要用于海洋环境调查和濒海反水雷。BLUEFIN-12 配备的导航系统主要包括电磁罗经、惯性导航系统或航姿系统、DVL、广域差分 GPS 接收机以及深度计。BLUEFIN-12 推位导航系统使用两项专利技术对传感器误差进行观测和建模，实时处理导航传感器数据，并在导航解算中实时消除这些误差，导航累积误差小于航行距离的 0.5%(3σ)，已经超过了一些商业级惯导系统的性能。

图 1-19　BLUEFIN-12 AUV

美国 Sias Patterson 公司研制的 Fetch Ⅲ小型 AUV（图 1-20（a））长 2.3m，为圆锥形，重 73kg，最大潜深为 200m，主要用于海洋环境调查，导航设备主要包括美国 PNI 公司的 TCM2-50 电磁罗经（图 1-20（b））、亚迪仪器公司生产的 Workhors Navigator 系列 DVL、深度计、高度计以及广域增强 GPS 接收机，并可以选装 IXEA 公司生产的 PHINS 6000 惯性导航系统。

(a) Fetch Ⅲ小型AUV　　(b) TCM2-50电磁罗经

图 1-20　Fetch Ⅲ及 TCM2-50 电磁罗经

由美国法尔茅斯科学仪器有限公司和俄罗斯科学院海洋技术研究所联合研制的太阳能 AUV SAUV Ⅱ如图 1-21 所示，长 2.3m，宽 1.1m，高 0.5m，重 200kg，最大潜深为 500m。SAUV Ⅱ AUV 导航系统具有水面全时 GPS 导航定位能力以及水下航点间推位导航能力，支持多个航点或航线。其中，推位导航系统定位信息由 SAUV Ⅱ上浮至水面后经 GPS 修正。SAUV Ⅱ导航设备如表 1-1 所示，其中高度计可以提供 100m 以内的高度信息，深度计可以提供 500m 以内的深度信息。SAUV Ⅱ导航计算机为 Persistor CF2 嵌入式计算机，其采用 Motorola 32 位处理器，并安装 PicoDOS 操作系统。

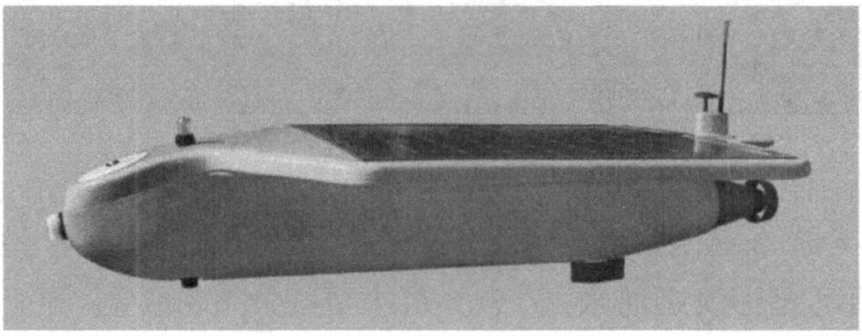

图 1-21 SAUV Ⅱ AUV

表 1-1 SAUV Ⅱ导航设备列表

导航设备	设备品牌
GPS 接收机	Thales A12
电磁罗经	TCM2-50
深度计	FSI Excell OPM
高度计	Benthos PSA-916
DVL	RH Manufacturing

由于北冰洋海域对地球环境的变化起着重要作用，加拿大等国先后研发了两款用于北冰洋科考的大潜深 AUV。图 1-22 所示是加拿大国防部和 ISE 公司联合研制的 Theseus 大潜深 AUV，并于 2010 年完成了超过 450km 的北冰洋海底科学考察任务。

图 1-22 Theseus 大潜深 AUV

英国南安普敦国家海洋中心开发的 AUTOSUB6000AUV 如图 1-23 所示，是目前英国潜深最大的 AUV。如图 1-24 所示，AUTOSUB6000AUV 水下导航系统采用法国 IXSEA 公司研发的 PHINS 水面型捷联惯导系统，定位精度为 0.6nm/h，与美国亚迪仪器公司生产的 Navigator 系列 ADCP 组合构成惯性 ADCP 水下组合导航系统，定位精度为航行距离的 0.1%，与 GPS

组合后，水面校正精度是 GPS 定位精度的 3 倍。AUTOSUB600 采用美国 Linkquest 公司生产的 Tracklink 10000 型超短基线定位系统和双向远程通信系统实现纯距离(range only)声学定位系统，为 AUTOSUB6000 深海下潜提供定位信息。

图 1-23　AUTOSUB6000AUV

Hammerhead 是英国 Cranfield 大学和 Plymouth 大学联合研发的小型 AUV，如图 1-25 所示。Hammerhead 由活动靶标改造而来，长 3m，最大直径为 0.3m，重 250kg，最大潜深为 100m。Cranfield 大学和 Plymouth 大学联合为该 AUV 研发了导航、制导与控制集成一体化系统。其中，导航子系统采用激光条纹照明技术辅助实现水下导航，采用自适应卡尔曼滤波技术实现了 INS/GPS 水面组合导航。制导子系统采用纯追踪和混合导引技术，执行水下电缆或管道探测任务。Hammerhead 小型 AUV 采用的导航设备主要包括美国 PNI 公司的 TCM2-50 电磁罗经、IMU 以及 GPS 接收机。

图 1-24　AUTOSUB6000 组合导航系统

图 1-25　Hammerhead AUV

图 1-26 所示为挪威国防研究所(FFI)研制的 HUGIN3000 探测型 AUV。HUGIN3000 探测型 AUV 采用层流体外形降低航行阻力，具备深海远程航行能力。HUGIN3000 探测型 AUV 水下导航系统包括惯性/DVL 组合导航系统及海底地形导航系统。其中，惯性/DVL 组合导航系统采用如图 1-27(a)所示的霍尼韦尔 HG1700 惯性测量单元，以及法国 IXSEA 公司的 OCTANS 光纤罗经(图 1-27(b))。上述惯性系统与美国派诺斯科技公司研发的 Digiquartz 型深度计和美国亚迪仪器公司研制的 WHN-300 型多普勒测速仪融合后，水下定位精度为航行距离的 0.25%，超短基线定位系统辅助条件下，200m 潜深航行的定位误差为 2m(CEP)，HUGIN3000 水下海底地形导航系统定位精度为 10m(CEP)。可选用长基线定位系统实现大范围的水下导航定位。HUGIN3000 水下海底地形导航系统水面校正采用差分 GPS。

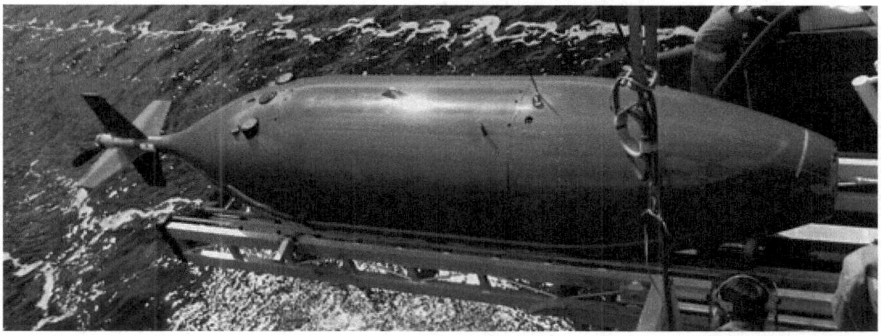

图 1-26　HUGIN3000 探测型 AUV

Theseus 采用法国 IXSEA 公司生产的 PHINS Ⅲ S 水面型捷联惯导系统，并辅以美国亚迪仪器公司生产的 300kHz Navigator 型多普勒测速声呐以及美国派诺斯科技公司生产的深度计构成水下组合导航系统，定位精度为航行距离的 0.1%。同时，Theseus 采用法国 IXSEA 公司研制的超短基线定位系统实现深海水下定位，定位精度为测量距离的 0.5%。Theseus 的回收定位系统则是采用如图 1-28 所示的加拿大国防研究与开发中心研制的短基线定位系统。

(a) 霍尼韦尔HG1700惯性测量单元　　(b) OCTANS光纤罗经

图 1-27　HUGIN3000 探测型 AUV 的惯性测量单元

图 1-28　Theseus 采用的短基线定位系统

由法国 LIRMM 实验室研发的 Taipan(图 1-29(a)) AUV 是一款长 2.1m，直径为 0.15m，重 30kg，最大潜深 100m 的小型水下机器人。Taipan 小型 AUV 采用电磁罗经组合航速信息构成推位导航系统，可满足定深、定向控制以及水面、水下定位，其中，航速信息是通过推进器的控制电压与其有效航速的比例确定的。具体的导航设备如表 1-2 所示。

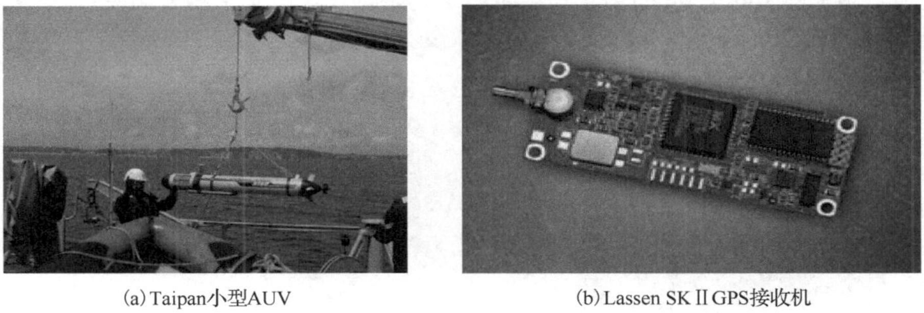

(a) Taipan小型AUV　　(b) Lassen SK II GPS接收机

图 1-29　Taipan 及其 GPS 接收机

表 1-2　Taipan 导航设备列表

导航设备	设备品牌
GPS 接收机	Lassen SK Ⅱ
电磁罗经	Xsens MTi
深度计	Navman DEPTH 100
温盐深	CTD Probe 101

丹麦 Atlas Maridan 公司研制的 Seawolf A 小型 AUV（图 1-30（a））长 2m，最大直径为 0.5m，重 100～110kg，最大潜深为 300m，可用于执行各种水下监测任务。基本导航设备包括 MARPOS 水下定位系统（图 1-30（b））和电磁罗经。MARPOS 水下定位系统是由丹麦 Atlas Maridan 公司和丹麦技术大学联合研发的基于航迹推算的导航系统，其核心采用美国 Kearfott 公司的 KN5053 环形激光陀螺捷联式惯性导航系统（strap-down inertial navigation system，SINS）和亚迪仪器公司的 Navigator 系列 DVL，采用卡尔曼滤波算法构成惯性/DVL 组合导航系统，在深度不超过 200m 的条件下，导航精度可以达到航程的 0.03%。该系统还包括温盐深传感器以及嵌入式差分 GPS 接收机。另外，为了满足水下监测任务对导航系统的高精度需求，Seawolf A 小型 AUV 还可以应用视觉同步定位与建图技术消除惯性/DVL 组合导航系统的累积定位误差。

(a) Seawolf A小型AUV

(b) MARPOS水下定位系统

图 1-30　Seawolf A 及 MARPOS 水下定位系统

由冰岛 Hafmynd 公司研发的 GAVIA（图 1-31（a））是一款功能完全模块化的小型 AUV 系统，基本配置长度为 1.8m，直径 0.2m，重量随有效载荷不同而变化，至少 49kg，通常重 62kg 或 79kg，下潜深度为 200～2000m。GAVIA 导航配置十分丰富，其可以搭载的导航设备包括 GPS 接收机、电磁罗经、航向传感器、SINS/GPS/DVL 组合导航系统（图 1-31（b））以及长基线或超短基线水声定位系统。其中，SINS/GPS/DVL 组合导航系统定位精度为 3m/h，系统的核心部件采用美国 Kearfott 公司生产的 T24 环形激光陀螺仪、亚迪仪器公司生产的 Navigator 系列 DVL 和单轴加速度计。

(a) GAVIA小型AUV

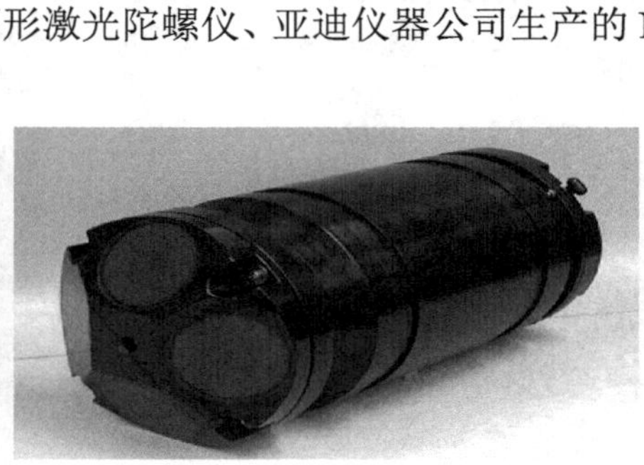

(b) SINS/GPS/DVL组合导航系统

图 1-31　GAVIA 及其组合导航系统

由日本东京大学设计的“淡探”小型AUV如图1-32所示，其长1.85m，重180kg，最大工作深度为100m。“淡探”主要担当两项水下任务：第一，通过机载水下显微镜监测浮游生物沿水体温跃层三维分布结构；第二，水体水质检测。基本导航设备包括电磁罗经、姿态传感器、GPS接收机、DVL以及高度计。

图1-32 “淡探”小型AUV

由日本东京大学设计的TRIDOG(图1-33(a))AUV长1.85m，宽0.58m，高1m，重200kg，最大潜深为100m。其采用的基本导航设备包括亚迪仪器公司的Navigator WN-1200型号DVL、Crossbow公司的AHRS500GA电磁罗经(图1-33(b))、英国Druck公司的深度计以及用于测定航向的光纤陀螺仪(fiber-optical gyro，FOG)。

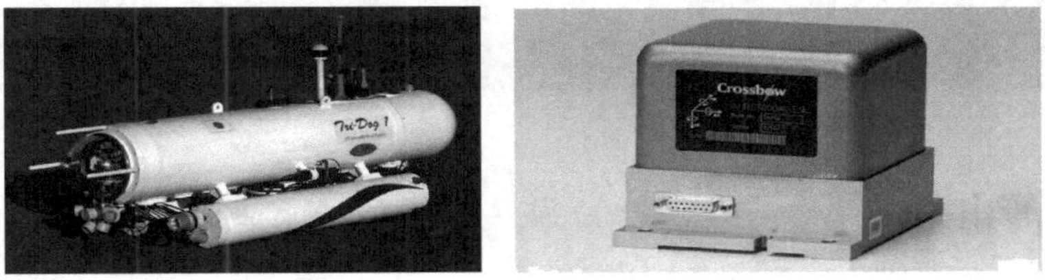

(a) TRIDOG小型AUV (b) AHRS 500GA

图1-33 TRIDOG及AHRS 500GA

1.3.2 我国水下机器人及导航定位系统

随着我国深海资源探测、海洋工程油气管道探测等需求日益强烈，哈尔滨工程大学承担了工业和信息化部(简称工信部)海洋探测AUV工程化项目，研制了“橙鲨”AUV(图1-34)，该AUV长5.66m，直径为0.82m，空气中重量为1400kg，最大航速为7kn，巡航速度为3kn，续航力为200km，工作深度为2000m，搭载设备包括惯性导航系统、DVL、深度计、高度计、避障声呐、前视声呐、水下摄像机、水下灯、USBL、GPS、北斗、无线电、Wi-Fi、水声通信声呐、侧扫声呐、浅剖声呐(可选)。“橙鲨”AUV由锂电池供电，总体布局采用单主推、首尾垂推加水平舵和垂直舵布置。

图1-34 “橙鲨”AUV

2011 年，中科院沈阳自动化研究所联合中科院声学研究所、哈尔滨工程大学正式启动 6000m AUV 项目，该项目是我国国际海域资源调查与开发“十二五”规划项目之一。“潜龙一号”AUV 如图 1-35(a)所示，身长 4.8m，直径 0.8m，重 1500kg，可在 6000m 水下以 2kn 巡航速度连续工作 24h，主要用于海底微地形与地貌精细探测、底质判断和海底水文参数测量等。在此基础上，针对多金属硫化物矿区勘探的需求，研制出“潜龙二号”AUV。“潜龙二号”AUV 如图 1-35(b)所示，形似鱼，长 3.5m，重 1500kg。“潜龙一号”和“潜龙二号”AUV 均装备惯性导航系统、MCP、DVL 以及长基线水声定位系统等导航系统和传感器。2013 年，“潜龙一号”AUV 在首次大洋深潜测试中，由海洋六号科考船为其布设长基线水声定位系统。2015 年，“潜龙一号”AUV 和“潜龙二号”AUV 搭乘向阳红 10 号科考船赴西南印度洋共同执行航次科考任务，两台 AUV 发挥各自优势，互为补充。2016 年，“潜龙二号”AUV 在西南印度洋成功下潜至 1600m 指定位置，并在复杂海底环境下实现自主航行作业，单次下潜最大探测时间达到 32h13min，导航精度达到 0.5%，航向精度达到±1°。

(a)“潜龙一号”AUV

(b)“潜龙二号”AUV

图 1-35　“潜龙”系列 AUV

哈尔滨工程大学研制了“微龙 4”型微小型 AUV，如图 1-36 所示，该 AUV 长 2.6m，直径为 0.34m，空气中重量最大为 160kg，最大航速为 4kn，最大续航力为 37h，最大工作深度为 300m，能够根据需要配备多种传感器设备与声呐。该 AUV 导航设备包括北斗/GPS、罗经、惯性器件、DVL、超短基线水声定位系统(可选)，能执行海底地形地貌测量、环境保护与监控、水下目标搜索定位、海洋环境监测、水文调查、打捞救生、渔业资源调查、科学采样与制图等高精度作业任务。

图 1-36　“微龙 4”型微小型 AUV

第 2 章　水下机器人惯性元件与惯性测量单元

微课

经典力学原理和相对论光速不变原理奠定了加速度计、机械转子陀螺仪和光学陀螺仪的物理学理论基础。加速度计(accelerometer，简称加表)，用于解算水下机器人的线运动加速度。陀螺仪(gyroscope，简称陀螺)，用于测量水下机器人的角运动。加速度计和陀螺仪统称为惯性元件。惯性测量单元(IMU)包含多个加速度计和多个陀螺仪，不需要外部参照信源，即可在同一时钟基准下实时、准确地敏感水下机器人相对惯性空间的角运动和线运动，是惯性系统的核心传感器部件。

2.1　机械转子陀螺仪

陀螺仪是一种测量陀螺仪安装平台相对惯性空间角运动的检测传感器，是水下机器人惯性系统不可缺少的核心测量元件。陀螺仪最初利用高速自转刚体的惯性原理测量载体角运动，属于机械转子陀螺仪。除机械转子陀螺仪外，还有一类非常规陀螺仪，严格来说，非常规陀螺仪只能算作角速度敏感器，不能算作陀螺仪，因为非常规陀螺仪不依赖转子的动力学特性，但是由于非常规陀螺仪可以测量载体旋转角速度，所以也将其称为陀螺仪。

机械转子陀螺仪是将对称平衡刚体用框架和其他辅助装置支撑起来，使刚体绕自转轴高速旋转的同时，能绕与自转轴垂直的一个或两个轴旋转，从而敏感陀螺仪安装平台相对刚体自转轴指示的惯性空间的角运动(角速度或角位移)。1765 年，俄国科学院院士欧拉在其著作《刚体绕定点运动的理论》中，首次利用解析分析法揭示了定点转动刚体的动力学本质，奠定了转子陀螺仪的理论基础。1852 年，法国科学家傅科，在巴黎科学院展示了一台由细线悬挂着装有转子的圆环构成的仪器。通过人工拉动绳索驱动转子绕旋转轴旋转，旋转轴可水平改变指向。若让旋转轴沿子午线朝北保持水平，在无外力矩作用的条件下，旋转轴将相对惯性空间保持指向不变，而由于地球自转，地球上的观测者应能看到旋转轴相对当地水平面顺时针偏转，从而再次证明地球自转现象的存在。傅科把这一测量装置命名为陀螺仪(gyroscope，希腊文意为转动和观察)，如图 2-1 所示。但由于转子转速太低且不稳定，以及悬线的扭矩严重阻碍了转子外部圆环的偏转运动，因此实验并未获得成功。19 世纪末 20 世纪初，电动机和滚珠轴承的发明，为制造高性能机械转子陀螺仪提供了有力的技术支撑。同时，航海事业的发展也极大促进了陀螺仪的发展，汲取傅科陀螺仪失败的教训，1865 年，特鲁维利用电动机驱动解决了陀螺仪转子的旋转速度低和转速稳定性差等问题。1904 年，弗珀在德国利用钢丝悬挂的电动双转子陀螺仪成功证明了地球自转，实现了傅科未完成的愿望。1939 年，苏联布尔佳科夫出版了《陀螺仪实用理论》，是陀螺仪实用理

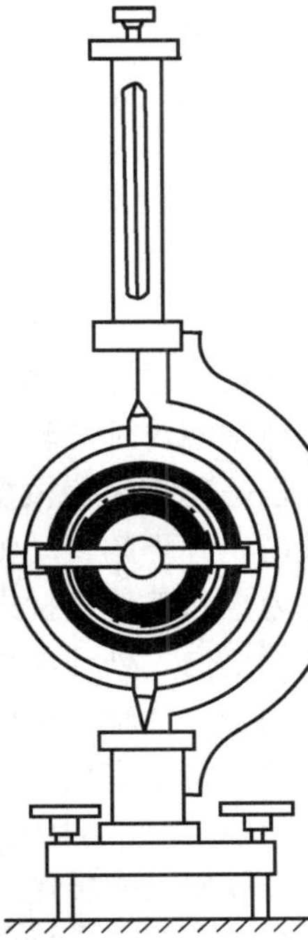

图 2-1　傅科的陀螺仪

论的奠基性著作。

机械转子陀螺仪高速、稳定自转问题解决后，阻碍机械转子陀螺仪发展的瓶颈变为如何保证转子旋转轴精确稳定的空间指向，即减小沿陀螺仪支承轴的干扰力矩，特别是消除摩擦力矩。1942 年，美国麻省理工学院德雷帕实验室采用液浮支承，研制出单自由度液浮速率陀螺仪。由于有效降低了框架支承引起的摩擦力矩，陀螺仪漂移达到了惯性级要求。1959 年，美国利顿公司制造出液浮陀螺仪，用于飞机与舰船惯导系统。1968 年，美国奥托耐提克公司研制出的动压支承陀螺仪的精度水平达到 $0.005°/\mathrm{h}$。此外，人们又先后研制成功了静压气浮陀螺仪、三浮陀螺仪以及静电陀螺仪等，机械转子陀螺仪发展臻于完善。

2.1.1　转子陀螺仪角动量定理

二自由度陀螺仪由陀螺仪转子、内环、外环及基座组成，其结构示意图如图 2-2 所示。转子由内环支承，可高速转动，转子的旋转轴称为陀螺仪主轴或自转轴。

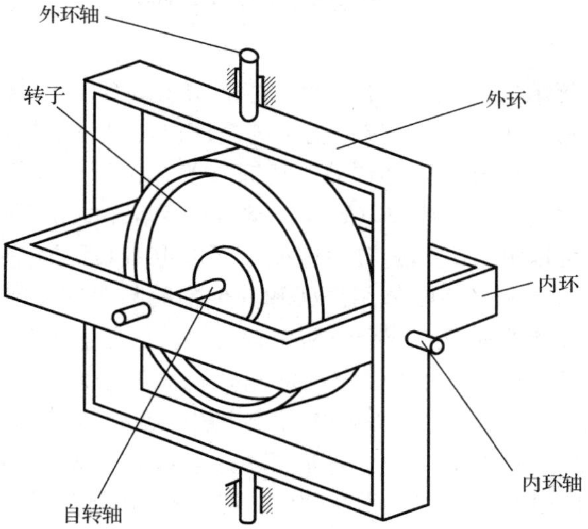

图 2-2　二自由度陀螺仪结构示意图

内环通过内环轴支承在外环上，可相对外环转动。外环通过外环轴支承在基座上，可绕外环轴相对基座转动。陀螺仪主轴、内环轴、外环轴相交于一点，该点称为陀螺仪的支点。设理想化陀螺仪模型的陀螺仪转子及万向支架结构刚度很大，变形微小得足以忽略不计，并且内、外环的转动惯量与转子相比可忽略不计，万向支架系统的支撑为理想支撑，不存在摩擦力矩和其他干扰力矩，陀螺仪主轴，内、外环轴依次严格保持相互垂直，三轴相交于一点，陀螺仪内、外环组件的质心与支点重合，所以不会产生重力力矩和惯性力矩。理想陀螺仪转子为一完全轴对称的旋转体，在自转过程中自转角速度很高，且保持常值，转子的对称轴和陀螺仪主轴完全重合。区别于一般刚体，转子陀螺仪旋转产生角动量，其运动特性服从牛顿力学。

设质点的质量为 $\mathrm{d}m$，质点的速度为 $\boldsymbol{v}$，则质点的动量为 $\boldsymbol{v}\mathrm{d}m$，对某空间点的矩称为该质点对该点的动量矩，即

$$\mathrm{d}\boldsymbol{H} = \boldsymbol{r} \times \boldsymbol{v}\mathrm{d}m \tag{2-1}$$

式中，$\boldsymbol{r}$ 是空间点 O 至质点的距离矢量。

设圆柱体陀螺仪转子为均质刚体，构成质量分布均匀的质点系，因此陀螺仪转子动量矩是其质点系中所有质点动量矩的总和。如图 2-3 所示，对沿圆柱体轴向做定轴转动的陀螺仪转子来说，各质点的旋转角速度 $\boldsymbol{\omega}$ 都相同。设刚体的体积为 V，则

$$\boldsymbol{H}=\iiint_V \boldsymbol{r}\times\boldsymbol{v}\mathrm{d}m=\iiint_V \boldsymbol{r}\times(\boldsymbol{\omega}\times\boldsymbol{r})\mathrm{d}m=-\iiint_V \boldsymbol{r}\times(\boldsymbol{r}\times\boldsymbol{\omega})\mathrm{d}m \tag{2-2}$$

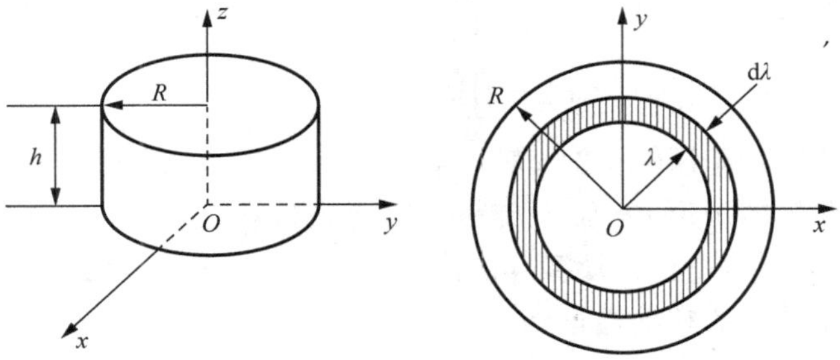

图 2-3　实心圆柱转子的积分微分

设 $O\text{-}x_g y_g z_g$ 为陀螺坐标系，记为 g，陀螺转子以 g 坐标系原点 O 为中心，绕 Oz 轴旋转，则 g 坐标系下原点 O 至陀螺转子上某一点的距离矢量 $\boldsymbol{r}$、陀螺旋转角速度 $\boldsymbol{\omega}$ 和转动惯量 $\boldsymbol{H}$ 可表示为

$$\boldsymbol{r}^g=\begin{bmatrix}x\\y\\z\end{bmatrix},\quad \boldsymbol{\omega}^g=\begin{bmatrix}\omega_x\\\omega_y\\\omega_z\end{bmatrix},\quad \boldsymbol{H}^g=\begin{bmatrix}H_x\\H_y\\H_z\end{bmatrix} \tag{2-3}$$

从而 g 坐标系下式(2-2)可写为

$$\begin{aligned}\begin{bmatrix}H_x\\H_y\\H_z\end{bmatrix}&=-\iiint_V\begin{bmatrix}0&-z&y\\z&0&-x\\-y&x&0\end{bmatrix}\left(\begin{bmatrix}0&-z&y\\z&0&-x\\-y&x&0\end{bmatrix}\begin{bmatrix}\omega_x\\\omega_y\\\omega_z\end{bmatrix}\right)\mathrm{d}m\\&=-\iiint_V\begin{bmatrix}0&z&-y\\-z&0&x\\y&-x&0\end{bmatrix}\begin{bmatrix}0&z&-y\\-z&0&x\\y&-x&0\end{bmatrix}\mathrm{d}m\begin{bmatrix}\omega_x\\\omega_y\\\omega_z\end{bmatrix}\\&=\iiint_V\begin{bmatrix}y^2+z^2&-xy&-xz\\-xy&x^2+z^2&-yz\\-xz&-yz&x^2+y^2\end{bmatrix}\mathrm{d}m\begin{bmatrix}\omega_x\\\omega_y\\\omega_z\end{bmatrix}=\boldsymbol{I}\begin{bmatrix}\omega_x\\\omega_y\\\omega_z\end{bmatrix}\end{aligned} \tag{2-4}$$

式中，$\boldsymbol{I}=\begin{bmatrix}I_x&-I_{xy}&-I_{xz}\\-I_{xy}&I_y&-I_{yz}\\-I_{xz}&-I_{yz}&I_z\end{bmatrix}$ 称为陀螺转子对 g 坐标系的惯性张量，各元定义为

$$\begin{aligned} I_x &= \iiint_V (y^2+z^2)\mathrm{d}m \\ I_y &= \iiint_V (x^2+z^2)\mathrm{d}m \\ I_z &= \iiint_V (x^2+z^2)\mathrm{d}m \\ I_{xy} &= \iiint_V xy\mathrm{d}m \\ I_{xz} &= \iiint_V xz\mathrm{d}m \\ I_{yz} &= \iiint_V yz\mathrm{d}m \end{aligned} \tag{2-5}$$

式中，I_x、I_y、I_z分别为陀螺转子对x轴、y轴、z轴的转动惯量；I_{xy}、I_{xz}、I_{yz}称为刚体的惯性积。由于陀螺仪转子沿Oz轴向旋转，因此惯性积I_{xy}、I_{xz}、I_{yz}为零。在实心转子中取高度为h的微环为积分微元，该微环的内半径为λ，环壁厚为$\mathrm{d}\lambda$，刚体密度为ρ，则由式(2-5)，理想陀螺仪转子的转动惯量为

$$\mathrm{d}m = 2\pi\lambda\mathrm{d}\lambda h\rho = 2\pi h\rho\lambda\mathrm{d}\lambda \tag{2-6}$$

$$I_z = \int_0^R \lambda^2 2\pi\lambda h\rho\mathrm{d}\lambda = \frac{\pi}{2}\rho h R^4 \tag{2-7}$$

$$I_z = \frac{R^2}{2}m, \quad H_z = \frac{R^2}{2}m\omega = \frac{1}{2}Rvm \tag{2-8}$$

陀螺仪转子自转轴称为惯性主轴，陀螺仪转子沿自转轴的转动惯量称为极转动惯量。陀螺仪转子具有的动量矩称为角动量。对于给定陀螺仪的转子，其质量为定值，因此在惯性坐标系内观察陀螺仪转子，其转子角动量(动量矩)的时间变化率为

$$\left.\frac{\mathrm{d}\boldsymbol{H}}{\mathrm{d}t}\right|_i = \left(\boldsymbol{R}\times\frac{\mathrm{d}\boldsymbol{v}}{\mathrm{d}t}\right)m = \boldsymbol{R}\times m\boldsymbol{a} = \boldsymbol{R}\times\boldsymbol{F} = \boldsymbol{M} \tag{2-9}$$

式中，$\boldsymbol{H}$为陀螺转子质点系对旋转定点的角动量总和；$\boldsymbol{M}$为作用在该质点系上对该定点的合外力矩；$\left.\frac{\mathrm{d}\boldsymbol{H}}{\mathrm{d}t}\right|_i$表示在惯性坐标系内观察到的陀螺转子角动量时间变化率。

2.1.2　定轴性、进动性和陀螺仪力矩

机械转子陀螺仪的工作原理主要利用了陀螺仪转子动量矩的定轴性和进动性。

1. 定轴性和表观运动

当$\boldsymbol{M}=\boldsymbol{0}$时，$\boldsymbol{H}$相对惯性空间保持恒定不变，即转子自转轴指向相对惯性空间恒定不变，这就是陀螺仪的定轴性。

根据科氏定理，有

$$\left.\frac{\mathrm{d}\boldsymbol{H}}{\mathrm{d}t}\right|_i = \left.\frac{\mathrm{d}\boldsymbol{H}}{\mathrm{d}t}\right|_e + \boldsymbol{\omega}_{ie}\times\boldsymbol{H} \tag{2-10}$$

式中，e为与地球固连的地球坐标系。

当$\boldsymbol{M}=\boldsymbol{0}$时，有

$$\left.\frac{\mathrm{d}\boldsymbol{H}}{\mathrm{d}t}\right|_e = \boldsymbol{H}\times\boldsymbol{\omega}_{ie} \tag{2-11}$$

式中，$\left.\dfrac{\mathrm{d}\boldsymbol{H}}{\mathrm{d}t}\right|_e$ 是角动量 $\boldsymbol{H}$ 的矢端 E 在地球上观察到的速度 $\boldsymbol{v}$，速度 $\boldsymbol{v}$ 的方向如图 2-4 所示，大小为

$$\boldsymbol{v} = H\omega_{ie}\sin\theta,\quad H = |\boldsymbol{H}|,\quad \omega_{ie} = |\boldsymbol{\omega}_{ie}| \tag{2-12}$$

所以矢端 E 绕 $O'O$ 的旋转角速度大小为

$$\omega_{eG} = \frac{\boldsymbol{v}}{O'E} = \frac{H\omega_{ie}\sin\theta}{H\sin\theta} = \omega_{ie} \tag{2-13}$$

方向自 O' 指向 O，即有

$$\omega_{eG} = -\omega_{ie} \tag{2-14}$$

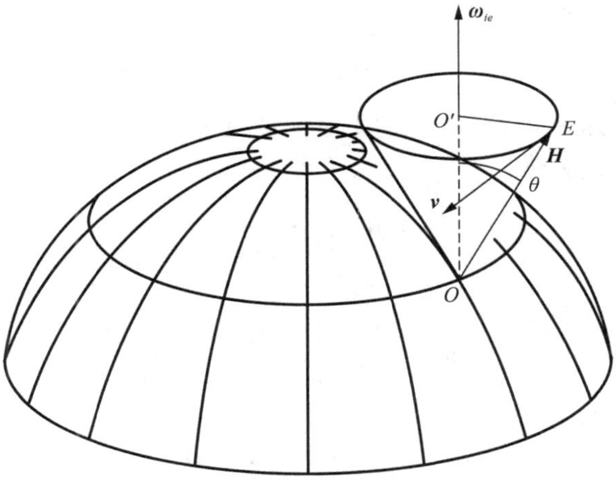

图 2-4　陀螺仪的表观运动

上述分析说明，当自由陀螺仪的角动量与地球自转角速度间的夹角 $\theta \neq 0$ 时，地球上的观察者所看到的陀螺仪自转轴以 $-\omega_{ie}$ 为角速度旋转，旋转所形成的曲面为一圆锥面，对称轴平行于地轴，半锥角为 θ，陀螺仪的这种运动称为表观运动。

2. 进动性

当 $\boldsymbol{M} \neq \boldsymbol{0}$ 时，根据动量矩定理，有

$$\left.\frac{\mathrm{d}\boldsymbol{H}}{\mathrm{d}t}\right|_i = \boldsymbol{M} \tag{2-15}$$

式中，$\left.\dfrac{\mathrm{d}\boldsymbol{H}}{\mathrm{d}t}\right|_i$ 是角动量 $\boldsymbol{H}$ 的矢端 E 的速度，即

$$\boldsymbol{v} = \boldsymbol{M} \tag{2-16}$$

式(2-16)说明角动量的矢端速度大小 $|\boldsymbol{v}| = |\boldsymbol{M}|$，方向平行于 $\boldsymbol{M}$。由于有矢端速度存在，所以 $\boldsymbol{H}$ 绕支点 O 旋转，转子绕 O 点做旋转运动，即陀螺仪发生进动。

设陀螺仪的进动角速度为 O，由图 2-5 可得

$$|\boldsymbol{\omega}| = \frac{|\boldsymbol{v}|}{|\boldsymbol{H}|} = \frac{M}{H} \tag{2-17}$$

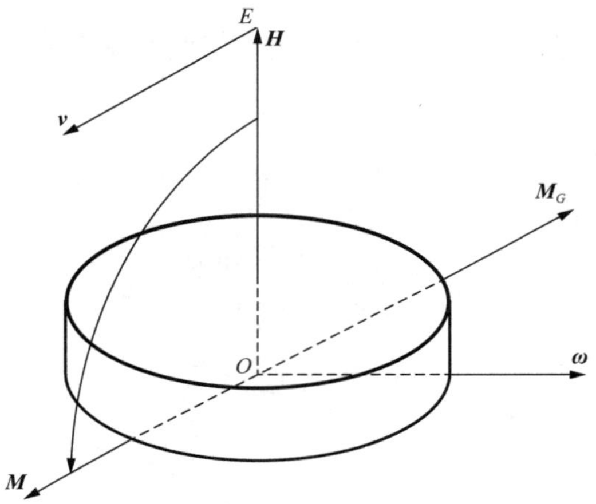

图 2-5　陀螺仪的进动和陀螺仪力矩

由于 $\boldsymbol{\omega}$ 是由矢端以速度 $\boldsymbol{v}$ 运动引起的，$\boldsymbol{\omega}$ 垂直 $\boldsymbol{H}$ 和 $\boldsymbol{v}$ 所在的平面，所以 $\boldsymbol{\omega}$ 位于 $\boldsymbol{H}\times\boldsymbol{M}$ 的方向上，该方向上的单位矢量为

$$\boldsymbol{u}=\frac{\boldsymbol{H}\times\boldsymbol{M}}{|\boldsymbol{H}\times\boldsymbol{M}|} \tag{2-18}$$

因此

$$\boldsymbol{\omega}=|\boldsymbol{\omega}|\boldsymbol{u}=\frac{M}{H}\frac{\boldsymbol{H}\times\boldsymbol{M}}{HM\sin 90^\circ}=\frac{\boldsymbol{H}\times\boldsymbol{M}}{H^2} \tag{2-19}$$

式(2-19)两边叉乘 $\boldsymbol{H}$，得

$$\boldsymbol{\omega}\times\boldsymbol{H}=\frac{(\boldsymbol{H}\times\boldsymbol{M})\times\boldsymbol{H}}{H^2} \tag{2-20}$$

根据三重矢积公式 $(\boldsymbol{a}\times\boldsymbol{b})\times\boldsymbol{c}=(\boldsymbol{a}\cdot\boldsymbol{c})\boldsymbol{b}-(\boldsymbol{b}\cdot\boldsymbol{c})\boldsymbol{a}$，有

$$\begin{aligned}\boldsymbol{\omega}\times\boldsymbol{H}&=\frac{1}{H^2}[(\boldsymbol{H}\cdot\boldsymbol{H})\boldsymbol{M}-(\boldsymbol{M}\cdot\boldsymbol{H})\boldsymbol{H}]\\&=\frac{1}{H^2}(H^2\cos 0^\circ\,\boldsymbol{M}-MH\cos 90^\circ\,\boldsymbol{H})=\boldsymbol{M}\end{aligned} \tag{2-21}$$

式(2-21)即为陀螺仪的进动方程。该式说明，当双自由度陀螺仪在某一环架轴上有作用力矩 $\boldsymbol{M}$ 时，陀螺仪绕另一环架轴以 $\boldsymbol{\omega}$ 做进动运动：角动量 $\boldsymbol{H}$ 以最短路径倒向外力矩 $\boldsymbol{M}$，由此确定进动角速度的方向，进动角速度的大小由式(2-22)确定：

$$|\boldsymbol{\omega}|=\frac{M'}{H} \tag{2-22}$$

式(2-21)还说明，一旦存在外力矩，就马上出现进动角速度，所以陀螺仪进动是一种无惯性运动。

3. 陀螺仪力矩

在陀螺仪的进动方程式(2-21)中，$\boldsymbol{M}$ 是外部施力者(内环)加到陀螺仪转子上去的，根据牛顿第三定律描述的作用和反作用关系，转子一定会对该施力者作用有反作用力矩 $\boldsymbol{M}_G$，该反作用力矩与 $\boldsymbol{M}$ 大小相等、方向相反，即

$$\boldsymbol{M}_G=-\boldsymbol{M} \tag{2-23}$$

$\boldsymbol{M}_G$ 即为陀螺仪力矩。由于转子支承在内环中，所以陀螺仪力矩 $\boldsymbol{M}_G$ 由转子作用在内环上，$\boldsymbol{M}$ 和 $\boldsymbol{M}_G$ 作用在两个不同的对象上，不能互相抵消。由式(2-21)可得陀螺仪力矩计算公式为

$$\boldsymbol{M}_G = \boldsymbol{H} \times \boldsymbol{\omega} \tag{2-24}$$

式中，$\boldsymbol{H}$ 和 $\boldsymbol{\omega}$ 分别是转子的角动量和角速度。

2.1.3　机械陀螺仪结构

二自由度陀螺仪将陀螺仪转子支承在由内、外环构成的卡登万向环架中，转子绕主轴高速自转产生角动量。如图 2-6 所示，转子主轴、内环轴、外环轴与安装座轴之间互相垂直，内、外环轴是其测量轴。由于陀螺仪的主轴指向可随内环绕内环轴的转动及外环绕外环轴的转动而改变，具有两个转动自由度，因此称为二自由度陀螺仪。注意，这里自由度是指陀螺仪主轴的转动自由度，而不是陀螺仪转子的转动自由度，由于转子还可绕主轴转动，因此陀螺仪转子具有三个转动自由度。

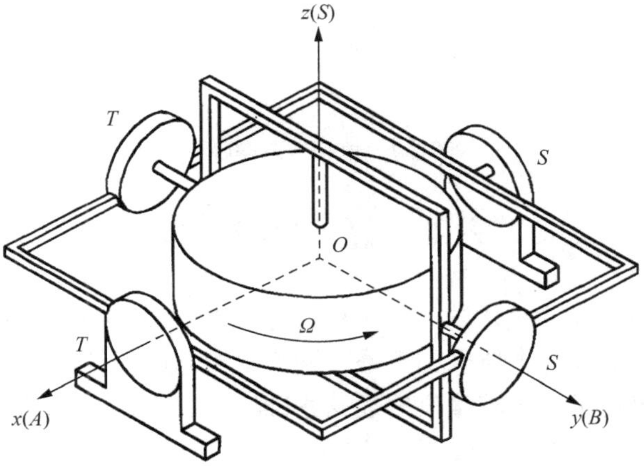

图 2-6　二自由度陀螺仪结构示意图

若将二自由度陀螺仪的外环去掉，内环直接固定在基座上，则陀螺仪主轴只有一个自由度，这样的陀螺仪称为单自由度陀螺仪(或单轴速率陀螺仪)，如图 2-7 所示，单自由度陀螺仪转子被支撑在一个陀螺仪框架上，框架的转轴垂直于自转轴。一根固定在壳体上的弹簧限制框架绕其转轴的运动，一个角度传感器用以测量框架绕其转轴相对于原位(零位)的位移。

二自由度陀螺仪和单自由度陀螺仪利用进动原理可以非常精确地测量运载体转动角度或转动角速率。对于二自由度陀螺仪而言，转子靠框架悬挂在仪表壳体上，陀螺仪主轴相对惯性空间保持方向不变。于是框架角度的变化将会反映壳体相对于陀螺仪主轴方向的任何角度变化。工程实践中，精确的角位移测定装置很难实现，因此二自由度陀螺仪在内环和外环轴上施加适当力矩，使转子陀螺仪主轴进动返回到零位，测量转子主轴归零所需力矩，实现角位置的精确测量。如图 2-6 所示，S 为信号器，用于拾取陀螺仪输出角；T 为力矩器，用于控制转子绕 x 轴和 y 轴的旋转。对于单自由度陀螺仪而言，如图 2-7 所示，用电磁力矩产生器替代约束弹簧，在转子上施加可控力矩，使转子陀螺仪主轴保持与仪表壳体所定义的方向一致，通过测量这个力矩测出角速度，也就测出了运载体角速度。

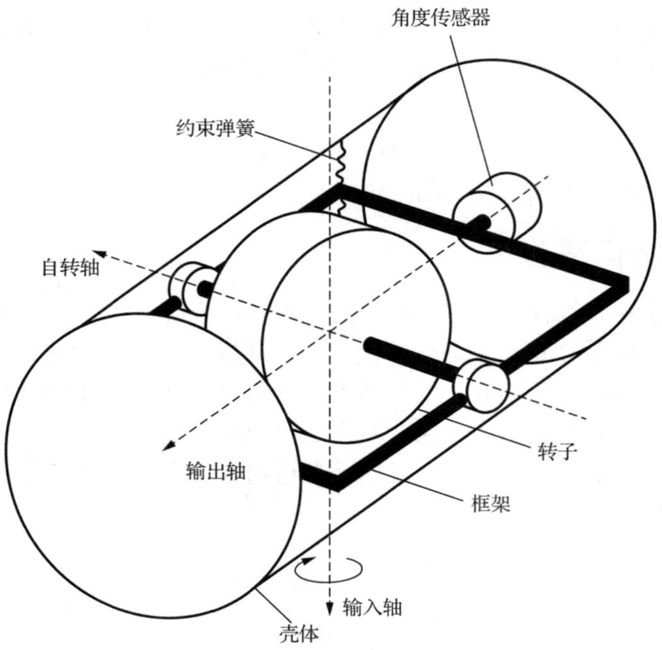

图 2-7　单轴速率陀螺仪

2.2　光学陀螺仪

光学陀螺仪的出现是惯性技术的一场革命，包括激光陀螺仪和光纤陀螺仪。光学陀螺仪工作原理与机械转子陀螺仪有本质区别，是一种全新概念的惯性器件。1905 年，爱因斯坦提出的狭义相对论就已奠定了光学陀螺仪的理论基础。1913 年，萨格奈克(Sagnac)发现 Sagnac 效应并研制出了一种光学干涉仪，从原理和工程实践上证明了光学陀螺仪的可行性。1925 年，美国科学家迈克尔逊和盖尔根据光学干涉仪原理，采用普通光源，研制出 300m×600m 的巨型光学陀螺仪，用于测量地球的自转角速度。1960 年，激光技术得到发展和应用，为后续光学陀螺仪的高精度和小型化发展创造了条件。1961 年，第一台氦氖气体激光器问世，奠定了环形激光陀螺仪的基础。1963 年前后，斯派利陀螺仪公司首次成功演示了环形激光陀螺仪，激光陀螺仪诞生。1982 年，美国霍尼韦尔公司批量生产了 GG1342 型激光陀螺仪，平均故障间隔时间达到机械转子陀螺仪无法比拟的 90000h 时长，标志着激光陀螺仪逐步投入使用并可批量生产。

1966 年，华裔科学家高锟联合同事乔治·霍克汉姆发表了论文《光频率介质纤维表面波导》。该论文明确提出，高损耗并不是光纤本身的固有特性，而是光纤材料中的杂质引起的，降低杂质含量，可有效降低光纤损耗。在电信应用的推动下，低损耗光纤、固态半导体光源和探测器的研发取得了巨大进步，用多匝光纤线圈代替环形激光器，通过多次循环能够有效增强 Sagnac 效应。1967 年，Pircher 和 Hepner 提出了光纤陀螺仪，1976 年，美国犹他州立大学的瓦利(Vali)和肖特希尔(Shorthill)首次完成了光纤陀螺仪的演示试验。1978 年，美国麦道公司研制出第一个实用化光纤陀螺仪。20 世纪 80 年代中期，干涉型光纤陀螺仪(interferometric fiber-optical gyro，IFOG)研制成功。1990 年后，光纤陀螺仪逐步投入使用。光纤陀螺仪与激光陀螺仪的工作原理基本一致，都基于 Sagnac 效应，前者主要采用谐振式方案，后者采用干涉式方案。相比于激光陀螺仪，光纤陀螺仪在轻小型、低功耗、长寿命、高可靠性、批量化生产等方面更有优势，所以受到了世界各国的重视且发展迅速。1990 年后，光纤陀螺仪逐步投入使用并可批量生产。2000 年前后，光学陀螺仪实现批量实用化。

随着光学技术的进步，光纤陀螺仪由分立光学元件逐渐向集成光学元件结构发展，低漂移光纤陀螺仪、零相位光纤陀螺仪、全集成光纤陀螺仪与数字式数据处理光纤陀螺仪等相继出现，目前已形成了从 0.01°/h～10°/h 精度覆盖面较宽的系列产品。光学陀螺仪没有运动部件，为固态陀螺仪，用于角速度测量，不存在动态误差和静态误差，具有成本低、启动快、功耗低、耐冲击、体积重量小、受温度影响小、平均无故障时间长等独特优势，一般只需要温度补偿而不需要温度控制，是目前水下机器人导航系统采用的典型惯性器件。

2.2.1　Sagnac 效应

由于光速相对惯性空间是常值，则沿由反射镜或光纤构成的闭合波导光路上两个相反方向发射光波。若光路所在平面不转动，则两束光传播路径长度相同；如果闭合光路绕其所在平面的垂直轴转动，惯性参照系下，与转动同向的光束和反射面之间的距离变远，相应地，与转动反向的光束和反射面之间的距离变近。因此，沿光束传播的相同方向转动闭合光路，光程增加；沿光束传播的相反方向转动闭合光路，光程减小。这就是 Sagnac 效应，如图 2-8 所示。通过测量光程的变化，闭合光路相对于惯性空间的转动角速度就可以检测出来。若以转动的闭合光路所在的坐标系来看，光程并没有变化，而是光的传播速度发生了改变。光学陀螺仪测量角速率的量程一般超过 ±20rad/s 。

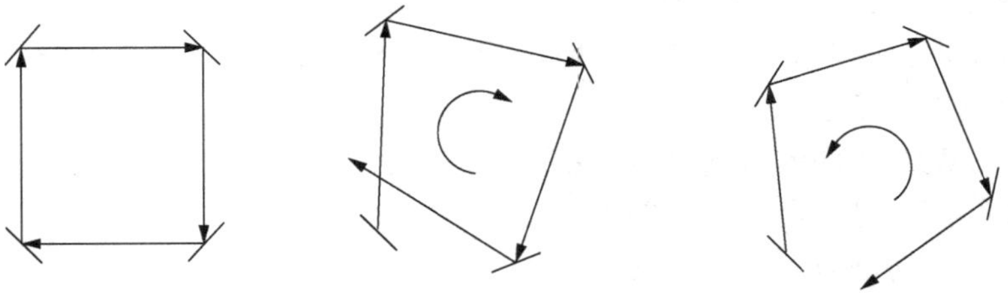

(a) 无转动　　(b) 沿光束传播的相同方向转动，光程变长　　(c) 沿光束传播的相反方向转动，光程变短

图 2-8　转动闭合波导光路对光程的影响

2.2.2　激光陀螺仪

图 2-9 给出了激光陀螺仪的原理图。至少由三条边腔组成一个闭合光路，里面填充氦氖混合气体，在每个拐角处放置高反射率镜片，组成激光腔。阴极和阳极之间，产生很高的电位差，形成穿过氦氖混合气体的电场。

气体原子从电场中吸收能量，成为激发态原子。激发态原子不稳定，最终将回到正常状态，也就是通常所说的基态。从激发态变回基态的过程中，气体原子会释放多余的能量，发射出光子，这一过程称为自发辐射。基态与激发态的势能有变化，自发辐射光子的波长分布形成共振谱线。在激光腔中外来光子的激励下，激发态的原子会产生受激辐射，从而发射出新的光子。受激辐射产生的光子与入射光子具有相同的波长、相同的相位和相同的轨迹，这就是守恒(动量守恒、能量守恒)。

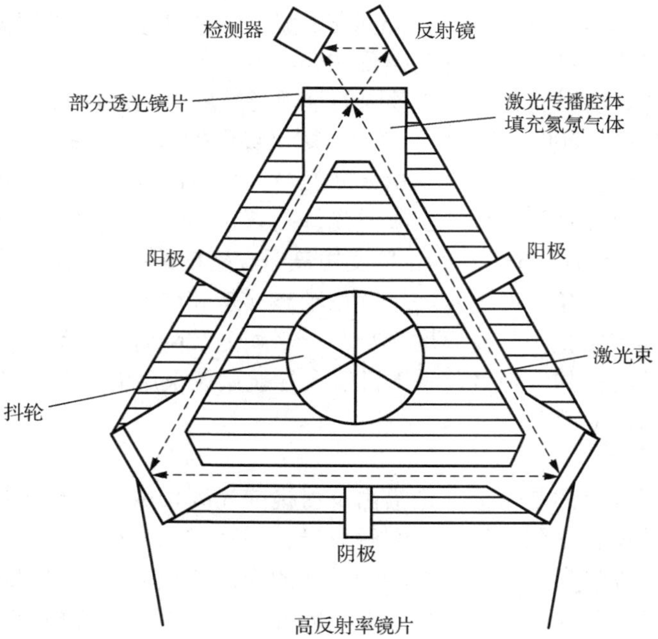

图 2-9　典型的激光陀螺仪

在激光腔内，具有相同波长的光子会产生相互干涉。腔体的长度是整数倍波长时，形成相长干涉(也称全息干涉)，达到谐振模态。否则，光波之间形成相消干涉。对于一个实际的激光器而言，激光腔内谐振模态的带宽必须窄于原子跃迁的共振带宽，而且在原子的共振谱线内，必须有多个谐振模态。激光器工作时选择特定的模态，该模态的谐振波长与原子共振谱线峰值所对应波长最接近。

环形激光器在两个相向的方向有两个激光模态。如果腔体不转动，两个模态具有相同的波长；如果腔体绕闭合光路所在平面的垂直轴发生转动，那么，与转动方向一致的模态，腔体长度会增加，而与转动方向相反的模态，其腔体长度减小。这导致与转动方向一致的激光波束的波长变长、频率降低；而与转动方向相反的波束，波长变短、频率增高。在激光陀螺仪的设计中，构成谐振腔的其中一个反射镜为部分反射，使得两种模态的光子能够集中在同一个检测器上，形成干涉。两路光的差频可以表示为

$$\Delta f \approx \frac{4A\omega_{\perp}}{\lambda_0} \tag{2-25}$$

式中，λ_0 为不转动时激光的波长；A 为不转动时激光陀螺仪闭合光路所围成的面积；$\omega_{\perp}$ 为绕激光腔体平面的垂直轴转动的角速率。

由于激光腔内存在散射，顺时针和逆时针的两路激光会有耦合。在腔体转动角速率较低的情况下，耦合会导致两路激光不能产生差频，形成“闭锁”效应。因此，基本的环形激光腔不能检测低角速率转动。为了消除闭锁，大部分激光陀螺仪采用了机械抖动方式，即在敏感轴向上相对于陀螺仪壳体给激光腔体加入高频、小幅的角振动。此外，利用 Kerr 效应(磁光效应)改变部分腔体的折射率，以达到偏频的目的(磁镜偏频)。这将在陀螺仪壳体的转动角速率以内，持续改变锁区范围，最终实现角速率测量。

大部分激光陀螺仪组合包含 3 个独立的陀螺仪。也有少部分激光陀螺仪，在一个激光腔体内，设计了位于 3 个不同测量平面上的激光模态，实现三轴角速率测量。

2.2.3　光纤陀螺仪

图 2-10 给出了干涉型光纤陀螺仪的主要构成。干涉型光纤陀螺仪往往简称为光纤陀螺仪。分光器将宽频的光源分成两束相同的光波，分别沿两个相反的方向射入光纤线圈。分光器还将两束光集中在检测器上，观测两束光的干涉。采用两个分光器的目的在于，使得两路光形成同样数量的转发和反射。当光纤线圈绕其所在平面垂直轴旋转时，两路光就会产生相位差 ϕ_c：

$$\phi_c \approx \frac{8\pi NA\omega_\perp}{\lambda_0 c_c} \tag{2-26}$$

式中，λ_0 为不变的光源波长；A 为光纤线圈所围成的面积；N 为线圈圈数；c_c 为线圈中的光速；$\omega_\perp$ 与激光陀螺仪中的物理意义相同，为绕垂直轴转动的角速率。

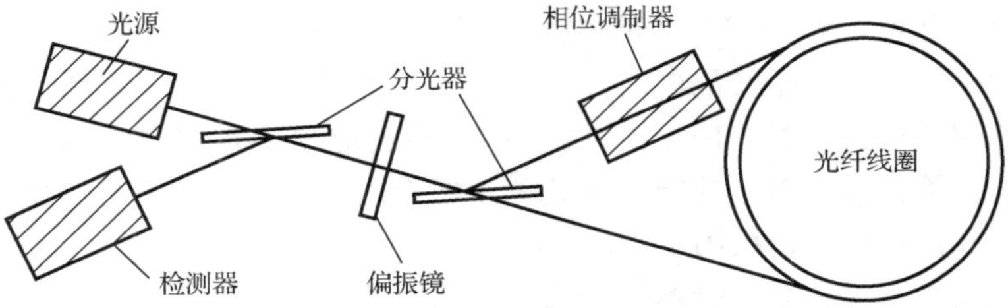

图 2-10　干涉型光纤陀螺仪

在一条光路的光纤线圈的入口处(也是另一条光路的出口)，设置了一个相位调制器。沿相反方向进入线圈的两束光波，一束经过相位调制，另一束则不经过调制。这将导致两束光波通过不同的路径同时到达检测器时，它们之间存在一个时变的相移。两束光波的相移记为 $\phi_p(t)$。调节检测器和相位调制器的占空比，使之同步，就可以获取特定采样值。检测器所收到的信号强度为

$$I_d = I_0\left\{1+\cos[\phi_c(\omega_\perp)+\phi_p(t)]\right\} \tag{2-27}$$

式中，I_0 为常数。

光纤陀螺仪转动导致相移，信号强度是相移的函数。信号强度对相位差求偏导，可以得到测量的比例因子：

$$\frac{\partial I_d}{\partial \phi_c} = -I_0 \sin[\phi_c(\omega_\perp)+\phi_p(t)] \tag{2-28}$$

式(2-28)具有很强的非线性。特别地，如果没有相位调制器，在低角速率条件下，比例因子接近 0。通过选择采样时刻的调制器相移 ϕ_p，使比例因子最大，以优化光纤陀螺仪的灵敏性。通过闭环设计可以获得最佳性能，方法是：持续改变采样时刻的相移 ϕ_p，始终保持比例因子为最大值。为提高光纤陀螺仪的灵敏性，还可以采用增大线圈直径、增加线圈圈数等方法。光纤陀螺仪的可靠性比激光陀螺仪和转子陀螺仪都要高。

2.3　微机械陀螺仪

2.3.1　概述

微机械陀螺仪是一种非旋转的固态陀螺仪，通过获取振动机械元件上的科氏加速度效应，实现角速率检测。1835 年，科里奥利(Coriolis)提出的科氏效应奠定了振动陀螺仪的理论基础。19 世纪中期，傅科发现一根振动的杆件在随车床转动的时候将保持其振动平面不变。19 世纪末期，布赖恩(Brya)发现这一原理可以用来测定角速率和线加速度。自然界中飞虫的稳定器官就是这种形式的陀螺仪。20 世纪 50 年代，美国开始研究如何利用振动元件来检测角速率。振动元件可以选取弦线、空心圆筒、杆件、音叉、梁和半球壳等各种不同的形式。最早采用振动元件的陀螺仪是美国斯佩里公司根据音叉原理设计制造的，所以称为振动陀螺仪。

20 世纪 80 年代初，微米/纳米(micro/nanotechnology，分别为10^{-6} / 10^{-9} m 量级)技术催生了微机电系统(micro electro mechanical systems，MEMS)，为微机械陀螺仪的发展奠定了基础。1989 年，第一个微机械陀螺仪问世，即 MEMS 陀螺仪，也称为硅微陀螺仪。微机械陀螺仪采用微米/纳米技术，在不足1mm^2的硅芯片上，集成了机械装置和电子线路，形成集成电路芯片大小的微型陀螺仪，漂移率达$10°/\text{h}$。微机械陀螺仪是 MEMS 技术中具有代表性的一项重大成果，更带来了惯性技术领域的一次新变革。由于采用了成熟的半导体加工技术，这种陀螺仪从概念提出到批量投产，仅用了五六年时间。

微机械陀螺仪最常见的设计技术是采用一个稳定的石英谐振器，再加上压电驱动线路。零偏较小的微机械陀螺仪，可达到$0.01°/\text{h}$左右。但是小体积微机械陀螺仪零偏将达到$0.1°/\text{h} \sim 1°/\text{h}$。极高的漂移率是妨碍微机械陀螺仪在惯性导航系统中应用的主要因素。然而微机械陀螺仪的直径通常不足15mm，具有成本低、体积小、重量轻、耐冲击、高可靠等特点，因此广泛应用于低成本水下航行器的导航系统。

2.3.2　工作原理

微机械陀螺仪通过检测作用在振动元件上的科氏力测量旋转角速度。振动元件在陀螺仪本体参考平面内受迫做简谐振动，如果参考平面以角速率$\boldsymbol{\omega}$绕与驱动振动方向相垂直的轴转动。结果产生的科氏力的方向(输出轴)既垂直于驱动轴，又垂直于输入轴(转动轴)，幅值正比于$\boldsymbol{\omega}$，如图 2-11 和图 2-12 所示。

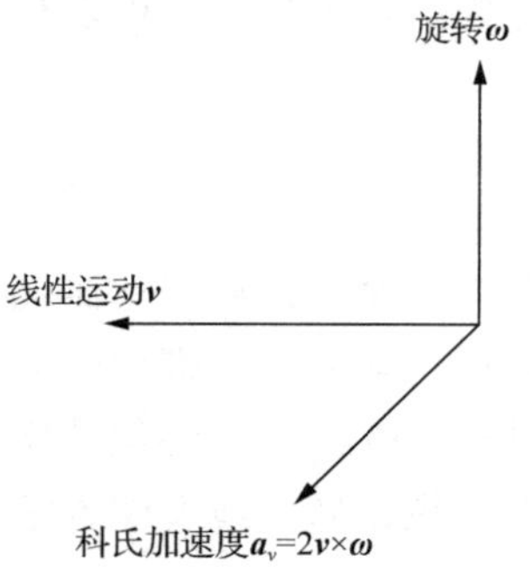

图 2-11　科氏力的形成

如图 2-13 所示，微机械陀螺仪一般采用简单振荡器、平衡振荡器(调谐音叉陀螺仪)、壳式谐振器(酒杯、圆筒、环形振荡器)三种结构。

简单振荡器构成了最基本的一类振动陀螺仪，可用单个振动质量块模型表示。简单振荡器的主要缺陷是机械不平衡极易导致振动轴与输出轴(即测量轴)之间的附加耦合，以及敏感外部振动及振动元件与仪表安装构件之间的相互作用。后者由敏感器壳体施加给振动元件的反作用力引起。简单振荡器比较成功的设计是振动弦敏感器。平衡振荡器基本能够解决简单振荡器的机械不平衡问题。调谐音叉陀螺仪基于平衡振荡器原理，采用石英或硅构件，性能得到了显著提升。壳式谐振器的振动特性虽然比简单振荡器或平衡振荡器复杂，但这种器件对外来振动及振动元件、安装构件间相互作用的影响不敏感。壳式谐振器多为相对转动轴对称的振动壳或振动环，易于提高精度，包括酒杯式、振动圆筒或振动环式陀螺仪。目前，微机械陀螺仪的振动敏感器均以调谐音叉陀螺仪和振动环陀螺仪原理为基础。

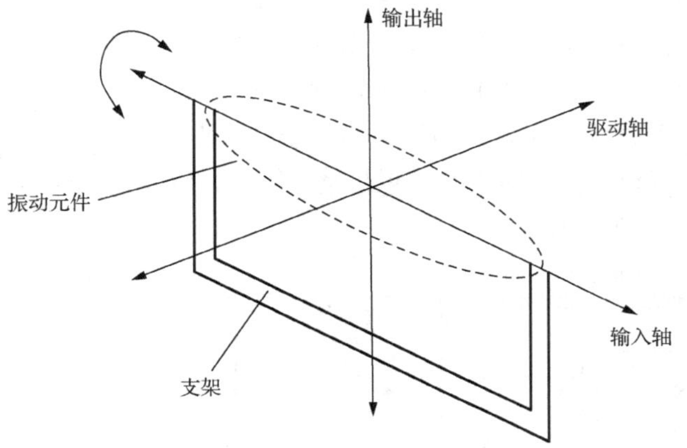

图 2-12　振动陀螺仪轴系关系

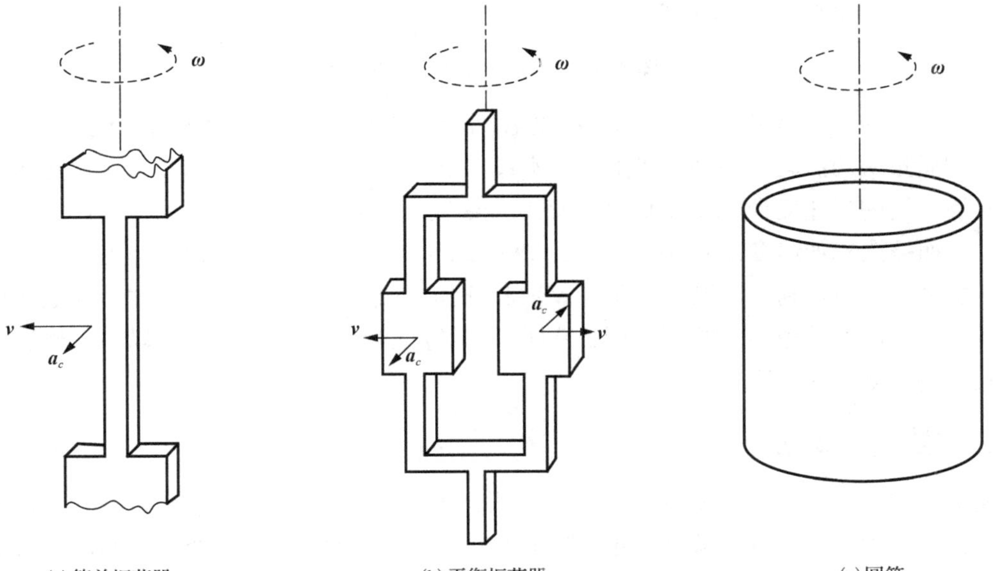

图 2-13　微型振荡器分类

2.4　加 速 度 计

在陀螺仪技术发展的同时，加速度计技术也在不断发展。目前应用较多的加速度计有摆式加速度计、振梁式加速度计(vibrating-beam accelerometer，VBA)等。

图 2-14 是简化的加速度计原理图。两端受弹簧约束的检测质量块，可以沿加速度计敏感轴方向、相对于加速度计壳体滑动。位移指示器测量质量块相对于壳体的位置变化。沿敏感轴方向给壳体施加一个外力，在开始加力的一瞬间，检测质量块将保持原有的速度不变，但壳体会产生相对于质量块的运动，从而压缩一端的弹簧并拉伸另一端的弹簧。弹簧的变形改变了质量块和壳体之间的受力状况，壳体相对质量块持续运动，直至非对称的弹簧力导致的质量块加速度与外力导致的壳体加速度相当。结果是，质量块相对于壳体的位移与壳体加速度成正比。通过位移指示器测量位移，就可以间接获取壳体加速度的测量值。上述测量过程存在例外情况：它无法测量由引力导致的加速度。这是由于引力直接作用于质量块本身，而不是通过弹簧施加给质量块，而且引力同样施加于加速度计的每一个部分，所以加速度计受到引力作用时，质量块和壳体之间没有相对运动。因此，所有的加速度计敏感的只是比力(非引力加速度)，而不是全加速度。

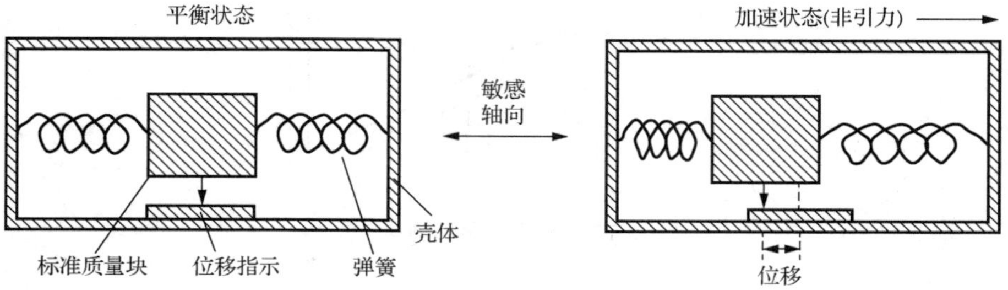

图 2-14　简化的加速度计原理图

图 2-14 所示的加速度计是不完整的。检测质量块在垂直于敏感轴的方向需要支撑，此外，为了限制质量块的振动，还需要有阻尼。不过，所有加速度计的设计都基于上述基本原理。目前实际应用的加速度计，要么是摆式设计，要么是振梁式设计。摆式加速度计已有数十年的历史，而振梁式加速度计的设计起源于 20 世纪 80 年代，两种类型的加速度计既可以采用传统的机械设计技术制造，也可以采用 MEMS 技术制造。采用 MEMS 技术设计这两种加速度计时，加速度计的敏感轴既可平行于基面，也可垂直于基面，甚至还可以将三轴加速度计和相关电路蚀刻于同一块芯片上。

2.4.1　摆式加速度计

图 2-15 给出了开环摆式加速度计的结构图。检测质量块通过摆臂和铰链与壳体连接，形成一个摆。这种结构使得质量块只能沿敏感轴方向自由滑动，另外两个轴向的运动则受到限制。在敏感轴向，一对弹簧(或单弹簧)传递壳体与质量块之间的相互作用力，铰链则提供阻尼。还可以通过往壳体内部注油的方式，增强阻尼效果。

按图 2-15 设计的开环加速度计的性能受三个因素制约。其一，线位移指示器的分辨率很差；其二，弹簧产生的力与弹簧伸缩量之间，只是近似线性关系，从而表现出滞后性和非线性特性；其三，由于加速度计敏感轴始终垂直于摆臂，如果摆臂运动，那么敏感轴就会相对于壳体发生变化，这将导致沿敏感轴方向的比力测量存在干扰。

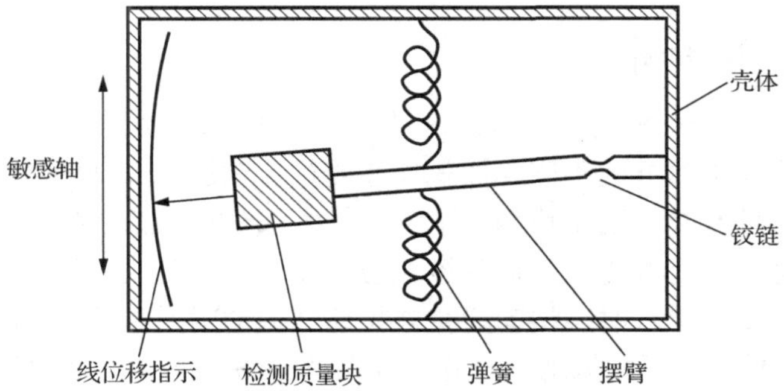

图 2-15　开环摆式加速度计结构图

为了解决上述问题，高精度的加速度计采用闭环结构，或者称力反馈结构。力反馈加速度计采用力矩装置，不论加速度计承受的比力多大，力矩装置都将摆臂保持在一个相对壳体固定的平衡位置上。位移指示器检测质量块与平衡位置的相对位移，力矩器则调整摆臂重新恢复到平衡位置。不同于开环加速度计中直接测量位移信号，力反馈加速度计中，力矩器施加的力与加速度计需要测量的比力成正比。图 2-16 展示了一个力反馈摆式加速度计的结构图。力矩器由两部分组成：一个与摆直接固连的电磁铁；一对安装于壳体两侧的极性相反的永磁体。图中采用电容式位移指示装置，4 个电容片在壳体和标准质量块之间形成两组电容。当标准质量块相对壳体的位置发生变化时，一组电容的电量增加，另一组电容的电量减少。除了采用电容式位移指示外，还可以采用电感式或光学式位移指示。

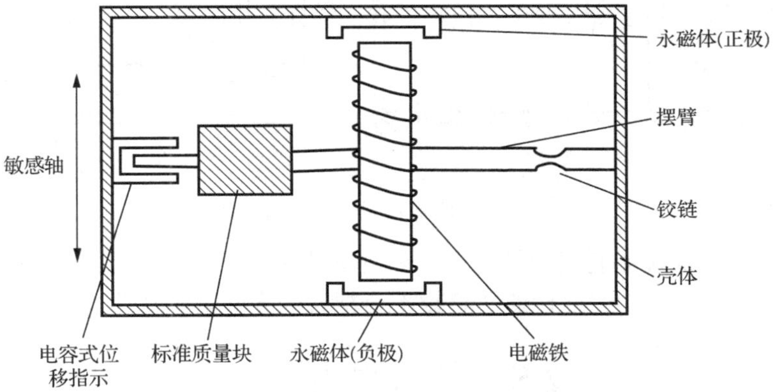

图 2-16　力反馈摆式加速度计结构图

闭环设计可以保证加速度计的敏感轴与壳体的夹角固定，且闭环方式的力矩器比开环的弹簧和线位移指示具有更大的动态范围和更好的线性度。然而，闭环方式也有缺点：当闭环加速度计不通电时，摆臂不受约束，运输过程中有被损坏的危险，尤其在壳体内部采用气体填充而不是注油填充的情况下，摆臂更容易损坏。铰链、摆臂、标准质量块、力矩器、位移指示器以及控制电路，各个元件的设计都会影响加速度计的性能。选择不同品质的元件，可以生产出不同精度的加速度计，相应的价格也会有差别。

采用 MEMS 技术，同样可以设计出开环和闭环摆式加速度计，后者采用静电方式取代常规的磁和力矩器方式。MEMS 加速度计的位移指示，既可以采用上述电容方式，也可以采用与铰链固连的电阻元件实现，电阻元件的阻值随拉伸和压缩的程度变化。

2.4.2　振梁式加速度计

振梁式加速度计，又称为共振加速度计，保留了摆式加速度计的检测质量块和摆管设计。但是，振梁式的质量块支撑方式不同于摆式加速度计。在加速度计的敏感轴方向，振梁式的检测质量块受振动梁的支撑，质量块相对于壳体的大部分运动都被振动梁约束。沿敏感轴方向对加速度计壳体施加一个外力时，振动梁就会推或者拉质量块。推动质量块时，振动梁会被压缩；相应地，拉动质量块时，振动梁会被拉伸。振动梁原本受加速度计电路的驱动，在其谐振频率下振动。然而，压缩振动梁会降低其振动频率；拉伸振动梁会使其振动频率升高。因此，通过测量梁的振动频率，沿加速度计敏感轴方向的比力大小就能被检测出来。

为了提高振梁式加速度计的精度，通常采用一对振动梁的设计方案，一个梁被压缩时，另一个梁同时被拉伸。振梁式加速度计既可采用单个检测质量块，也可采用两个独立的质量块，如图 2-17 所示。由于双臂音叉比单臂梁更加平衡，图中的振动梁采用了双臂音叉设计。由于石英能产生尖锐的谐振峰，较大体积的振梁式加速度计都采用石英材料。MEMS 振梁式加速度计既可采用石英材料制造，也可采用硅材料制造。

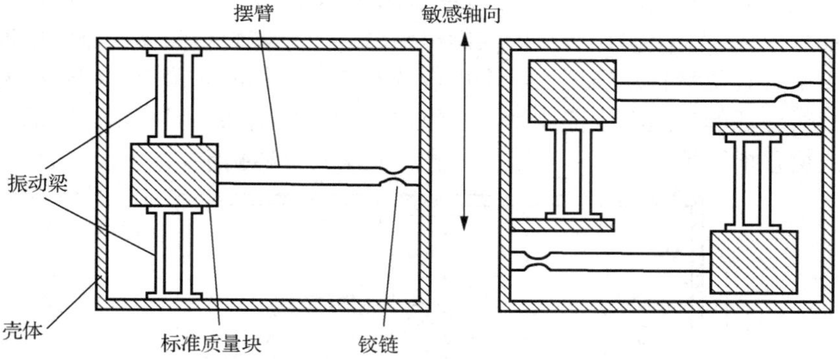

图 2-17　振梁式加速度计结构图

从本质上说，振梁式加速度计是一个开环测量装置。然而，检测质量块实际上被振动梁约束固定，因此，振梁式加速度计的敏感轴不会相对于壳体发生变化。

2.5　惯性测量单元

惯性测量单元包含 3 个单轴陀螺仪(或 2 个双轴陀螺仪)和 3 个单轴加速度计。惯性仪表全部装在一个刚性块上，该刚性块可直接或通过减振基座安装在运载体内部。大多数情况下，仪表的敏感轴在笛卡儿坐标系中是相互正交的，如图 2-18 所示。正交的敏感器结构使角速率和比力在 3 个相互垂直正交方向上的分量能被直接测量出来，提供执行捷联导航解算任务所需的比力和角(速)度信息。只有陀螺仪和加速度计而没有其他元件的装置，也称作惯性传感器组合(inertial sensor assembly，ISA)。大多数 IMU 包含 3 个加速度计和 3 个单自由度陀螺仪，安装在 3 个正交敏感轴向上。少于 6 个传感器的 IMU 称为非完整 IMU。

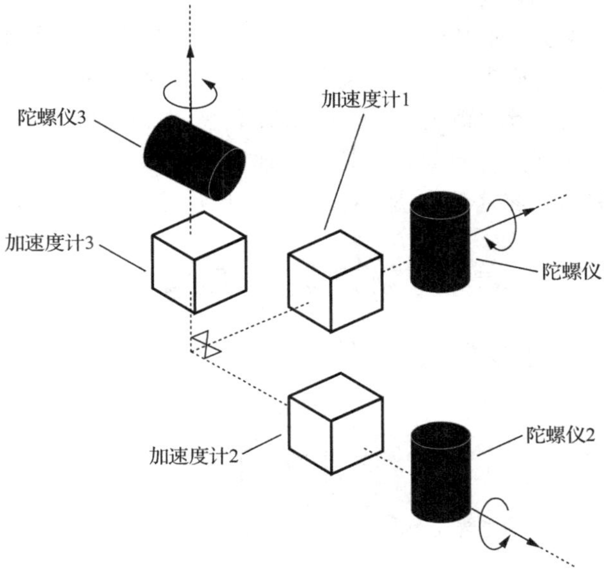

图 2-18　正交的仪表组件结构

如图 2-19 所示，典型惯性测量单元主要由加速度计、陀螺仪、IMU 处理器、标定参数存储器、温度传感器和相关电源系统构成。

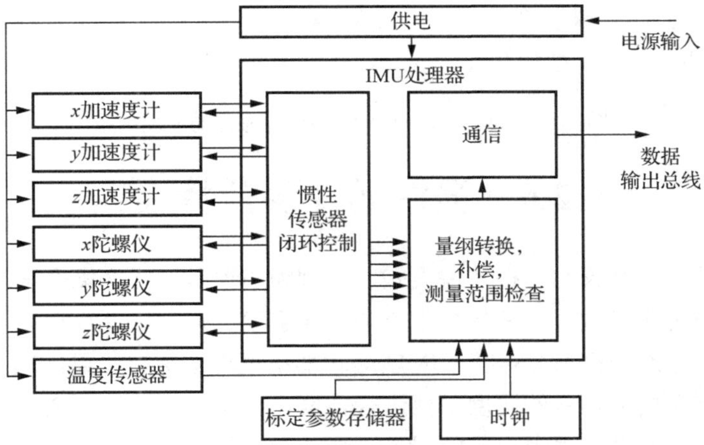

图 2-19　惯性测量单元(IMU)示意图

惯性传感器的常值误差在内场标定，并存放在存储器中。实际工作时，IMU 处理器根据事先标定的误差结果，对传感器输出进行修正。标定参数一般包括加速度计和陀螺仪零偏、比例因子和交叉耦合误差，以及陀螺仪与 g 有关的偏值误差。这些误差项都会随温度变化，因而需要在一定的温度范围内实施标定，并且还要在 IMU 中安装温度传感器。然而，每一个惯性传感器内部的温度不一定与 IMU 的环境温度匹配，因此某些高精度的 IMU 采取温度控制措施，代替温度补偿。将一套 IMU 的标定系数应用于同批次生产的所有 IMU 上，可以最大限度地降低标定费用。确定交叉耦合误差需要通过 IMU 层级的标定，因此为了获取高精度，需要对每一个 IMU 或传感器单独标定。能被 IMU 处理器补偿的、更深层的加速度计误差是尺寸效应误差。为了计算空间中某个点的导航参数，IMU 的角速率和比力必须是基于一个参考点测量的，有些时候称为撞击中心。在实际应用中，惯性传感器的结构布局，导致各个传感器的测量点之间存在几厘米的距离(对于 MEMS 传感器，距离会更小)，如图 2-20 所示。对于陀螺仪测量而言，这不会有问题。但是，加速度计绕参考点的转动，会导致其敏感到向心力和欧拉力，而这些力在参考点处是不存在的。加速度计相对于参考点的伪加速度可以由式(2-29)给出：

$$\boldsymbol{a}^{bP} = -\left(\left[\boldsymbol{\omega}_{ib}^{b}\times\right]\left[\boldsymbol{\omega}_{ib}^{b}\times\right]+\left[\dot{\boldsymbol{\omega}}_{ib}^{b}\times\right]\right)\boldsymbol{r}^{b} \tag{2-29}$$

式中，$\boldsymbol{a}^{bP}=\begin{bmatrix}a_{bx}^{bP} & a_{by}^{bP} & a_{bz}^{bP}\end{bmatrix}^{\mathrm{T}}$；$\boldsymbol{r}^{b}=\begin{bmatrix}r_{bx}^{b} & r_{by}^{b} & r_{bz}^{b}\end{bmatrix}^{\mathrm{T}}$。

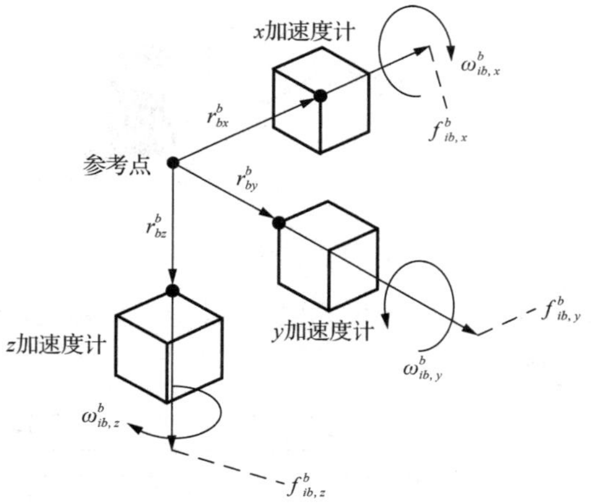

图 2-20　加速度计相对于 IMU 参考点的安装关系

2.6　惯性元件误差特性

各种加速度计和陀螺仪均存在零偏误差、比例因子误差、交叉耦合误差和一定程度的随机噪声误差。每一种系统性误差都包含常值项、随温度变化项、逐次启动项和工作期间变化项四部分。常值项每次开机都会存在，IMU 处理器根据内场标定结果，对其进行修正。随温度变化项也可以结合内场标定的温度参数进行补偿。如果不补偿温度变化项，传感器在开机之后几分钟之内，一般都会表现出系统误差。这是因为传感器需要预热过程，以使其达到正常工作温度。

2.6.1　零偏与零漂

零偏(bias)是所有的加速度计和陀螺仪都表现出的常值误差。零偏与载体实际的比力和角速率都没有关系。传感器零偏与输入、输出之间的关系如图 2-21 所示。在大多数情况下，零偏误差项是惯性仪表所有误差的主要成分。零偏误差还可细分为“与 g 无关的零偏”和“与 g 有关的零偏”。

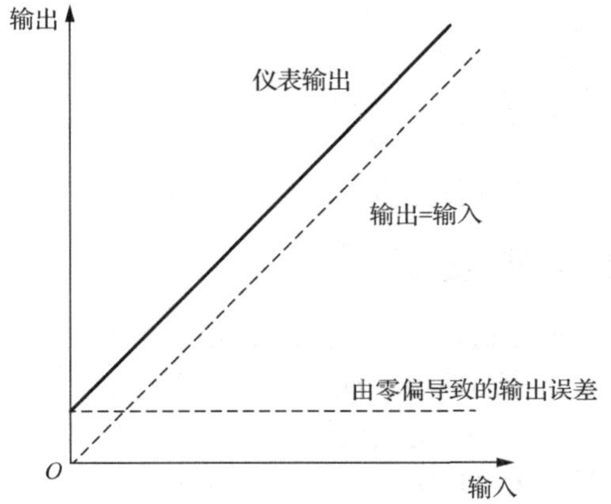

图 2-21　含零偏误差的传感器输入输出关系

标定补偿之后，IMU 中加速度计和陀螺仪的零偏用矢量形式表示，分别记为 $\boldsymbol{b}_a=\begin{bmatrix}b_{ax} & b_{ay} & b_{az}\end{bmatrix}^{\mathrm{T}}$ 和 $\boldsymbol{b}_g=\begin{bmatrix}b_{gx} & b_{gy} & b_{gz}\end{bmatrix}^{\mathrm{T}}$。若在载体系中表示 IMU 误差，则省略上标 b。如果加速度计和陀螺仪安装在正交的三个轴上，则 b_{ax} 表示载体系 x 轴向加速度计零偏，b_{gy} 表示载体系 y 轴陀螺仪零偏，其余变量的含义以此类推。对于传感器采用斜交配置安装的 IMU，其零偏仍然可以用三维矢量表示，只不过其分量不再与惯性仪表一一对应。将零偏分成静态分量$(\boldsymbol{b}_{as}$、$\boldsymbol{b}_{gs})$和动态分量$(\boldsymbol{b}_{ad}$、$\boldsymbol{b}_{gd})$两部分：

$$\begin{cases}\boldsymbol{b}_a=\boldsymbol{b}_{as}+\boldsymbol{b}_{ad}\\ \boldsymbol{b}_g=\boldsymbol{b}_{gs}+\boldsymbol{b}_{gd}\end{cases} \tag{2-30}$$

零偏的静态分量，也称为固定零偏、启动零偏或者零偏重复性，包含逐次启动零偏和经标定补偿之后的剩余常值项零偏。零偏的静态分量在一次启动的整个工作过程中都保持不变，但逐次启动则会有变化。零偏的动态分量，也称为工作期间零偏变化量或零偏不稳定性，在数分钟的工作时间内就会有变化。零偏的动态分量包含经标定补偿之后的温变零偏剩余项。一般地，动态零偏占静态零偏的10%。一般采用 mg 和 μg 作为加速度计零偏单位，$1g=9.80665\mathrm{m/s^2}$。而采用“度/小时”（或$(°)/\mathrm{h}$）作为陀螺仪零偏单位，$1°/\mathrm{h}=4.848\times10^{-6}\mathrm{rad/s}$。对于精度特别低的陀螺仪，其零偏则用“度/秒”表示。

摆式加速度计的精度范围覆盖了绝大部分应用领域，而振梁式加速度计的零偏在 0.1mg 以上。对于 MEMS 加速度计而言，不管采用摆式还是振梁式技术，其零偏都是所有加速度计中最大的，分布范围为$0.3\sim10\mathrm{mg}$。高精度激光陀螺仪的零偏可以达到$0.001°/\mathrm{h}$，而低成本激光陀螺仪的零偏则达$10°/\mathrm{h}$。干涉式光纤陀螺仪的零偏为$0.01\sim100°/\mathrm{h}$。未经标定的 MEMS 加速度计和陀螺仪，会表现出很大的温变零偏。在传感器的工作温度范围内，MEMS 加速度计的温变零偏可达几 mg，而 MEMS 陀螺仪的温变零偏每秒可达几度。同一批次生产的 MEMS 传感器，会表现出相同的零偏特性。因而，将同一批次的两个传感器的敏感轴反向安装、一起使用，将输出的结果作差后，大部分零偏误差可以被抵消掉，将误差影响减小一个数量级。一组 12 个传感器的输出可以利用如下公式组合：

$$\tilde{\boldsymbol{f}}_{ib}^{b}=\frac{1}{2}\begin{bmatrix}\tilde{f}_{ibx}^{b+}-\tilde{f}_{ibx}^{b-}\\ \tilde{f}_{iby}^{b+}-\tilde{f}_{iby}^{b-}\\ \tilde{f}_{ibz}^{b+}-\tilde{f}_{ibz}^{b-}\end{bmatrix},\quad \tilde{\boldsymbol{\omega}}_{ib}^{b}=\frac{1}{2}\begin{bmatrix}\tilde{\omega}_{ibx}^{b+}-\tilde{\omega}_{ibx}^{b-}\\ \tilde{\omega}_{iby}^{b+}-\tilde{\omega}_{iby}^{b-}\\ \tilde{\omega}_{ibz}^{b+}-\tilde{\omega}_{ibz}^{b-}\end{bmatrix} \tag{2-31}$$

式中，上标+和−分别表示沿敏感轴正向和反向安装的传感器输出。

2.6.2 比例因子和交叉耦合误差

比例因子误差(scale factor error)是指经过 IMU 单位转换之后，惯性仪表输入-输出的单位斜率的偏差，如图 2-22 所示。由加速度计比例因子误差导致的加速度计输出误差，与沿敏感轴方向的真实比力成正比；同样，由陀螺仪比例因子误差导致的陀螺仪输出误差，与绕敏感轴的真实转动角速率成正比。IMU 中，加速度计和陀螺仪的比例因子误差分别记为矢量 $\boldsymbol{s}_a=\begin{bmatrix}s_{ax} & s_{ay} & s_{az}\end{bmatrix}^{\mathrm{T}}$ 和 $\boldsymbol{s}_g=\begin{bmatrix}s_{gx} & s_{gy} & s_{gz}\end{bmatrix}^{\mathrm{T}}$。

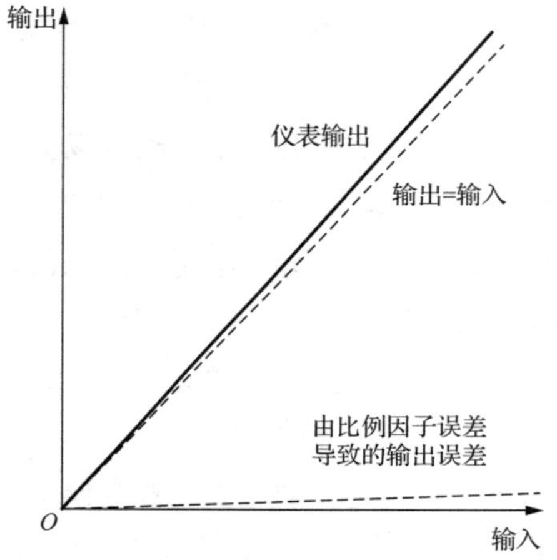

图 2-22 比例因子误差

在各种类型的 IMU 中，交叉耦合误差(cross-coupling errors)都是由惯性传感器的敏感轴与载体坐标系的正交轴之间不对准造成的。导致轴与轴之间不对准的本质原因是加工工艺，如图 2-23 所示，轴与轴之间不对准，导致每个加速度计会测量到与其敏感轴向正交方向上的比力分量；同样，每个陀螺仪会测量到与其敏感轴向正交方向上的角速率分量。轴间的不对准误差也会产生附加的比例因子误差，这部分误差比交叉耦合误差小 2~4 个数量级。在振动型惯性传感器中，各个单独的传感器之间的串扰，也可能导致交叉耦合误差。对于消费级的 MEMS 传感器，传感器自身的交叉耦合误差，可能会超过安装不对准导致的误差。α 轴加速度计敏感 β 轴向上比力的交叉耦合系数，用符号 $m_{a\alpha\beta}$ 表示；类似地，α 轴陀螺仪敏感 β 轴向上角速率的交叉耦合系数，用 $m_{g\alpha\beta}$ 表示。则对于名义上三轴正交的加速度计和陀螺仪组合而言，比例因子和交叉耦合误差可以用下面的矩阵形式表示：

$$\boldsymbol{M}_a=\begin{bmatrix}s_{ax} & m_{axy} & m_{axz}\\ m_{ayx} & s_{ay} & m_{ayz}\\ m_{azx} & m_{azy} & s_{az}\end{bmatrix},\quad \boldsymbol{M}_g=\begin{bmatrix}s_{gx} & m_{gxy} & m_{gxz}\\ m_{gyx} & s_{gy} & m_{gyz}\\ m_{gzx} & m_{gzy} & s_{gz}\end{bmatrix} \tag{2-32}$$

根据式(2-32)，由比例因子和交叉耦合误差导致的比力、角速率测量总误差分别为$\boldsymbol{M}_a\boldsymbol{f}_{ib}^b$和$\boldsymbol{M}_g\boldsymbol{\omega}_{ib}^b$。比例因子和交叉耦合误差均没有单位，一般用百万分之多少(ppm)或百分之多少表示。某些生产厂商描述交叉耦合误差时，也使用“轴间不对准角”的概念，注意本书的交叉耦合误差是“轴间不对准角”的正弦表示。

既然交叉耦合误差仅由轴间的不对准造成，则可以通过沿传感器敏感轴方向定义载体坐标系的重合坐标轴，消除 12 项交叉耦合误差中的 3 项，即可将 z 向陀螺仪的敏感轴正向定义为载体坐标系的 z 轴正向，载体坐标系的 y 轴与载体坐标系的 z 轴正交，并且 y 轴陀螺仪的敏感轴位于载体坐标系的 y 轴、z 轴所构成的 yz 平面内。这种定义载体坐标系的方式，可以消除 m_{gzx}、m_{gzy} 和 m_{gyx} 三项误差。大多数惯性传感器的比例因子和交叉耦合误差为 $10^{-4}\sim10^{-3}$ (100~1000ppm)。但一些未经标定的消费级 MEMS 陀螺仪的比例因子误差可以达到 0.1(10%)，交叉耦合误差达到 0.02(2%)；而激光陀螺仪的该项误差可以小至 $10^{-6}\sim10^{-4}$ (1~100ppm)。成本极低的惯性传感器还表现出严重的比例因子非对称性，意味着在正、反两向输入激励时，比例因子误差不相同，如图 2-24 所示。

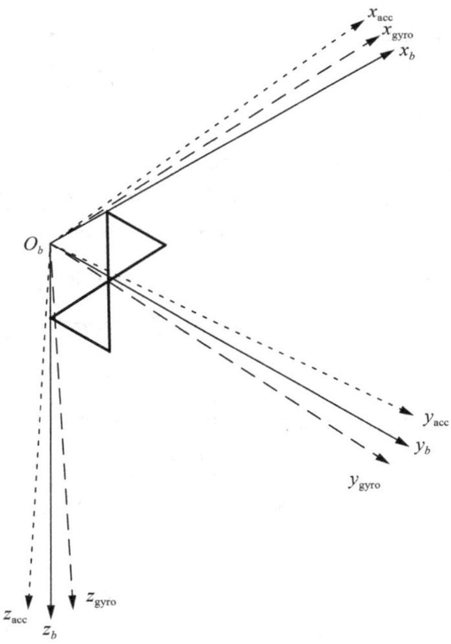

图 2-23　加速度计和陀螺仪的敏感轴与载体坐标系不对准

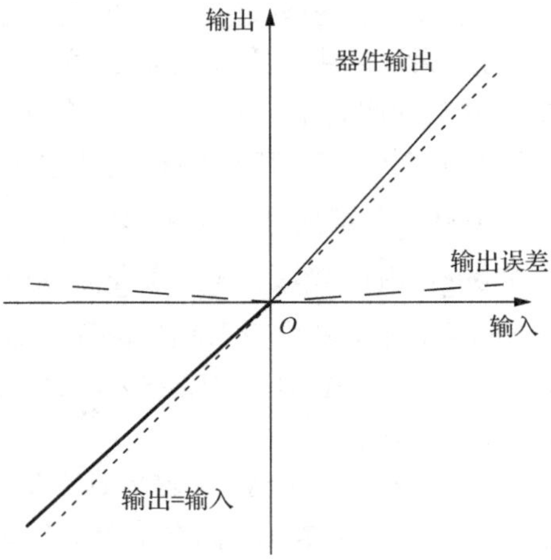

图 2-24　比例因子不对称

2.6.3 随机噪声

受多种误差源的影响，所有的惯性传感器都有随机噪声。电气方面的噪声限制了惯性传感器的分辨率，对于 MEMS 传感器而言更是如此。由于机械结构不稳定，摆式加速度计会输出噪声，为了克服闭锁效应，激光陀螺仪在补偿了随动之后的残余项也会产生噪声，振梁式加速度计和振动陀螺仪也表现出高频共振。此外，激光陀螺仪的抖轮振动、转子陀螺仪的转子振动都会产生测量噪声。在 IMU 的每个采样输出中，陀螺仪和加速度计的随机噪声矢量形式分别表示为 $\boldsymbol{w}_g = \begin{bmatrix} w_{gx} & w_{gy} & w_{gz} \end{bmatrix}^{\mathrm{T}}$，$\boldsymbol{w}_a = \begin{bmatrix} w_{ax} & w_{ay} & w_{az} \end{bmatrix}^{\mathrm{T}}$。

在陀螺仪和加速度计的噪声谱中，频率低于1Hz 的分量近似为白噪声。因而，比力和角速率平均噪声的标准偏差与平均时间的平方根成反比。惯性传感器的噪声通常用“功率谱密度”(PSD) 平方根的形式来表征。加速度计随机噪声的常用单位是 $\mu g / \sqrt{\mathrm{Hz}}$ (g 为地球重力加速度)，且 $1\mu g / \sqrt{\mathrm{Hz}} = 9.80665 \times 10^{-5} \mathrm{m \cdot s^{-1.5}}$；陀螺仪随机噪声的常用单位是 $° / \sqrt{\mathrm{h}}$ 或 $° / (\mathrm{h} \cdot \sqrt{\mathrm{Hz}})^{-1}$，其中 $1° / \sqrt{\mathrm{h}} = 2.909 \times 10^{-4} \mathrm{rad \cdot s^{-0.5}}$，$1° / (\mathrm{h} \cdot \sqrt{\mathrm{Hz}})^{-1} = 4.8487 \times 10^{-6} \mathrm{rad \cdot s^{-0.5}}$。对应功率谱密度的平方根乘以采样频率的平方根或者除以采样周期的平方根，就得到随机噪声采样的标准偏差。由于惯性传感器的随机白噪声与过去和将来的取值都不相关，因此其既不能被标校，也无法补偿。

MEMS 传感器同样也表现出很显著的高频噪声。在 IMU 载体系中，这些高频噪声以秒级的时间被平滑掉。传感器的输出经过惯性导航方程后，绝大部分高频噪声都会被消除。然而，如果 IMU 存在转动，在惯性导航计算坐标系中，噪声被平滑掉的程度就会不一致。因此，在高动态应用中，选用 MEMS 传感器时须慎重。低动态条件下，直接用低通滤波器对传感器或者 IMU 滤波，会减小高频噪声的影响。小波滤波技术或者人工神经网络等方法，比传统的低通滤波的效果要好。然而，这些技术在引入时间滞后的同时，也减小了传感器的有效带宽。解决有效带宽不足问题的一种手段是根据动态水平实时地调节滤波器的通带范围。

加速度计和陀螺仪的随机噪声有时也被描述为随机游走，它可能是引发混淆的原因。比力测量的随机噪声积分之后，产生惯导速度计算的随机游走误差；同样，角速率测量的随机噪声积分之后，产生姿态随机游走误差。随机游走过程的标准偏差正比于积分时间的平方根。对 IMU 输出的比力积分和速度增量的随机噪声分别求和，同样可以得到随机游走误差。加速度计随机噪声的功率谱密度平方根(PSD 平方根) 的变化范围从航空级 IMU 的 $20\mu g / \sqrt{\mathrm{Hz}}$，到战术级 IMU 中摆式或石英振梁式加速度计的 $100\mu g / \sqrt{\mathrm{Hz}}$ 左右，再到 MEMS 传感器的 $80 \sim 1000\mu g / \sqrt{\mathrm{Hz}}$ 量级。环形激光陀螺仪的随机噪声在 $0.001 \sim 0.02° / \sqrt{\mathrm{h}}$ 的范围，取决于精度级别。采用光纤陀螺仪或石英振动陀螺仪的战术级 IMU，其陀螺仪随机噪声的 PSD 平方根在 $0.03 \sim 0.1° / \sqrt{\mathrm{h}}$ 的范围。MEMS 硅质振动陀螺仪随机噪声一般为 $0.06 \sim 2° / \sqrt{\mathrm{h}}$，且随输入角速率的增大而增大。

对于消费级的 MEMS 加速度计和陀螺仪，许多生产商采用一定传感器输出频率下全体噪声(白噪声和高频噪声) 的标准偏差来描述随机噪声，而不提供 PSD 信息。对于输出频率为 1kHz 或更高频率的器件，加速度计的噪声水平一般在 $2.5 \sim 10\mathrm{mg}$ 的范围，陀螺仪的噪声水平一般为 $0.3 \sim 1° / \mathrm{s}$。

IMU 数据总线输出采样值时，量化过程是另一个噪声来源。量化是将传感器的输出化为某个常值的整数倍，该常值称作量化因子。对于战术级 IMU 而言，比力积分 $\boldsymbol{v}_{ib}^b$ 和姿态增量 $\boldsymbol{\alpha}_{ib}^b$，输出的字长一般为16bit，这使得各自量化因子的数量级分别为 $10^{-4} \mathrm{m/s}$ 和 $2 \times 10^{-6} \mathrm{rad}$。而 IMU 内部的处理器运算精度高于量化因子，因此量化后的剩余误差被转移到下一个计算周期。这样一来，在达到 IMU 内部的量化极限以前，在连续的 IMU 输出上，被平滑的量化噪声标准偏差与采样次数成反比，而不是与采样周期的平方根成反比。

对于消费级传感器，一般采用 8～12bit 的短字长，因此量化误差会更大一些，对于 $\boldsymbol{v}_{ib}^{b}$ 和 $\boldsymbol{\alpha}_{ib}^{b}$ 的量化因子，分别为 $10^{-3}\,\mathrm{m/s}$ 和 $2\times10^{-5}\,\mathrm{rad}$ 。然而，量化因子一般略小于提供的噪声标准偏差。在这类传感器中，量化后的剩余误差一般不会转移到下一个周期，因此，IMU 连续输出的平均量化噪声的标准偏差与采样数目的平方根成反比。尽管量化误差具有线性分布，但根据中心极限定理，其均值(采样足够多)呈现高斯分布。

2.6.4　惯性元件误差模型

下面的公式给出了加速度计和陀螺仪输出值的主要误差构成：

$$\tilde{\boldsymbol{f}}_{ib}^{b}=\boldsymbol{b}_{a}+(\boldsymbol{I}_{3}+\boldsymbol{M}_{a})\boldsymbol{f}_{ib}^{b}+\boldsymbol{w}_{a} \tag{2-33}$$

$$\tilde{\boldsymbol{\omega}}_{ib}^{b}=\boldsymbol{b}_{g}+(\boldsymbol{I}_{3}+\boldsymbol{M}_{g})\boldsymbol{\omega}_{ib}^{b}+\boldsymbol{G}_{g}\boldsymbol{f}_{ib}^{b}+\boldsymbol{w}_{g} \tag{2-34}$$

式中，$\tilde{\boldsymbol{f}}_{ib}^{b}$ 和 $\tilde{\boldsymbol{\omega}}_{ib}^{b}$ 为 IMU 的比力和角速度矢量；$\boldsymbol{f}_{ib}^{b}$ 和 $\boldsymbol{\omega}_{ib}^{b}$ 则为对应的真实值；$\boldsymbol{I}_{3}$ 为单位阵。

加速度计和陀螺仪的总误差为

$$\begin{cases}\delta\boldsymbol{f}_{ib}^{b}=\tilde{\boldsymbol{f}}_{ib}^{b}-\boldsymbol{f}_{ib}^{b}\\ \delta\boldsymbol{\omega}_{ib}^{b}=\tilde{\boldsymbol{\omega}}_{ib}^{b}-\boldsymbol{\omega}_{ib}^{b}\end{cases} \tag{2-35}$$

如果零偏、比例因子和交叉耦合误差、陀螺仪的与 g 相关误差等误差项都可以估计出来，那么经过补偿之后的比力和角速度分别为

$$\hat{\boldsymbol{f}}_{ib}^{b}=(\boldsymbol{I}_{3}+\hat{\boldsymbol{M}}_{a})^{-1}(\tilde{\boldsymbol{f}}_{ib}^{b}-\hat{\boldsymbol{b}}_{a})\approx(\boldsymbol{I}_{3}+\hat{\boldsymbol{M}}_{a})^{-1}\tilde{\boldsymbol{f}}_{ib}^{b}-\hat{\boldsymbol{b}}_{a} \tag{2-36}$$

$$\hat{\boldsymbol{\omega}}_{ib}^{b}=(\boldsymbol{I}_{3}+\hat{\boldsymbol{M}}_{g})^{-1}(\tilde{\boldsymbol{\omega}}_{ib}^{b}-\hat{\boldsymbol{b}}_{g}-\hat{\boldsymbol{G}}_{g}\hat{\boldsymbol{f}}_{ib}^{b})\approx(\boldsymbol{I}_{3}+\hat{\boldsymbol{M}}_{g})^{-1}\tilde{\boldsymbol{\omega}}_{ib}^{b}-\hat{\boldsymbol{b}}_{g}-\hat{\boldsymbol{G}}_{g}\hat{\boldsymbol{f}}_{ib}^{b} \tag{2-37}$$

式中，上三角符号 ^ 表示估计值。

微课

第3章 水下机器人航姿测量原理与系统

1778年，法国科学家拉格朗日在《分析力学》一书中推导了重力力矩作用下定点转动刚体的运动学微分方程组，奠定了下重摆式陀螺罗经的理论基础。1908年，德国探险家、发明家安修茨计划乘潜艇到北极探险，因而发明了第一型机械摆式陀螺罗经。1909年，美国发明家、航空仪表与导航专家斯佩里采用带控制的钢丝悬挂支承，成功研制出船用机械摆式陀螺罗经。1910年，德国数学家舒勒发现舒勒调谐原理，指出固有振荡周期为84.4min的陀螺罗经的指北精度不受外界加速度影响。1923年，舒勒发表论文《运输工具的加速度对于摆和陀螺仪的干扰》，进一步阐释了舒勒调谐原理的普适性，奠定了陀螺罗经和惯性导航系统的理论基础。1949年，捷联惯性系统概念被提出。1980年后，激光捷联航姿系统逐步投入使用，并批量生产。1990年后，光纤捷联航姿系统逐步投入使用并批量生产。2000年前后，MEMS惯性器件开始广泛应用于硅微航姿系统，随着水下机器人技术的不断发展和应用领域的持续扩展，光学捷联航姿系统、硅微航姿系统等捷联式航姿系统已经成为目前水下机器人常用的航姿测量系统。

3.1 水下机器人导航定位常用坐标系

坐标系统(coordinate system)是为描述物体所在位置和运动规律而选取的参考基准。导航解算的本质是计算载体坐标系相对于给定坐标系的线运动和角运动。诸如位置、航向、速度、姿态、加速度和角速度等导航参数或导航参量均需通过定义坐标系表示。本书涉及的水下机器人导航坐标系数学基础和坐标系定义如下。

1. 坐标系数学基础

为了描述物体运动需要选取参考空间，该参考空间一般称为参照系。在参照系中可以设定与参照系固联的原点和轴系，原点和轴系一起构成了坐标系(coordinate frame)来描述参照系。坐标系是为在参照系中描述或度量物理量而引入的数学工具，利用坐标系统规则能够描述物理量在坐标系下的坐标值，因此坐标系是相应坐标系统的实现。

若坐标系采用右手正交规则定义轴系，则称为正交坐标系。正交坐标系的x、y、z轴相互垂直并且有6个自由度，包括相对原点O的三维线位移和x、y、z三个轴向的角位移。导航问题涉及的坐标系通常不止一个，解决导航问题，必须对坐标系进行合理建模。本节定义了水下机器人导航与定位中常用的坐标系，包括载体坐标系、导航坐标系、地固坐标系以及惯性坐标系。其中，地固坐标系包括地心地固坐标系、当地切平面坐标系，惯性坐标系包括天球惯性坐标系、地球惯性坐标系、载体惯性坐标系等。

2. 载体坐标系

载体坐标系表征的是导航结果所描述的对象，是水下机器人导航问题的基础坐标系。水下机器人是本书最关注的导航对象，其对应的载体坐标系一般用符号b表示。水下机器人载体坐标系的原点位于艇体质心，坐标轴与载体固联。如图 3-1 所示，定义 x_b 轴为水下机器人的横滚轴，指向水下机器人艇艏方向；y_b 轴为俯仰轴，指向水下机器人艇体右侧；z_b 轴为偏航轴，与 x_b、y_b 轴构成右手直角坐标系，沿水下机器人艇体竖轴向下。水下机器人导航问题也会关注其他对象，每个对象都可以根据需要定义自身的载体坐标系，并选择适当的符号表示。例如，陀螺仪坐标系可以用 g 表示，多波束声呐坐标系可以用 s 表示等。

3. 导航坐标系

导航坐标系是描述水下机器人航向和姿态的参照坐标系，用符号 n 表示。导航坐标系原点位于水下机器人艇体质心所在经纬度坐标点(λ,L)，与载体坐标系重合。坐标轴定义与地形方向(北、东、地)一致。如图 3-2 所示，定义 x_n 轴沿当地经线(子午线)指北；y_n 轴沿当地纬线指东，z_n 轴与 x_n、y_n 轴构成右手直角坐标系，沿当地地理垂线垂直向下。导航坐标系可以作为投影坐标系表示位置和速度，但是不能作为位置或速度的参考坐标系使用。

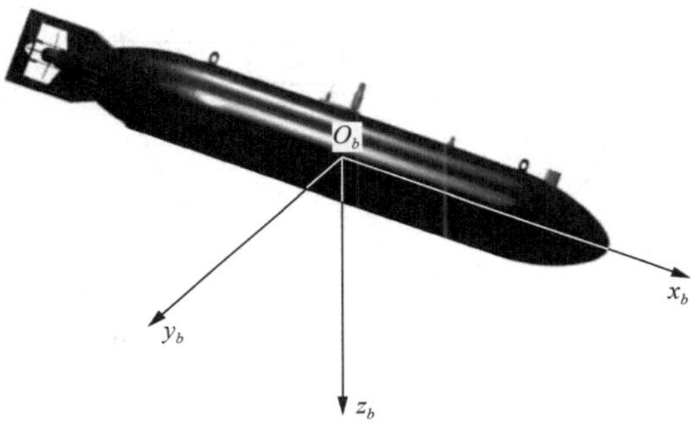

图 3-1　载体坐标系示意图

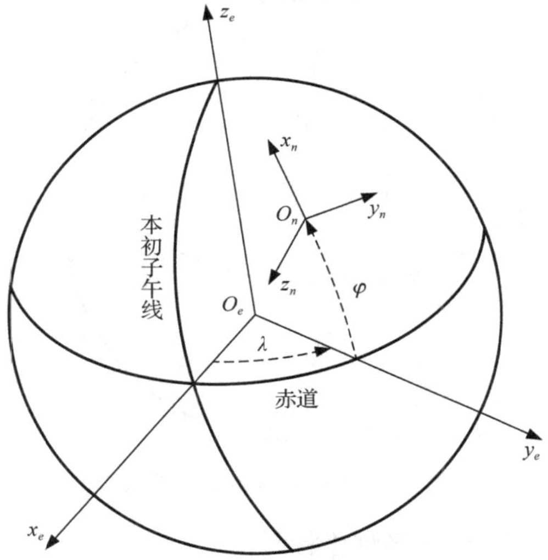

图 3-2　导航坐标系示意图

由于北向轴和东向轴在地球两极处的不确定性，导航坐标系的一个主要问题是在地球两极存在奇异性。因此，基于导航坐标系的导航方程机械编排不适合在极区附近使用。实际应用中，极区导航通常采用其他坐标系，导航数据处理结束后，再将其他坐标系下的导航结果转换为导航坐标系。在多体导航问题中，严格来讲，不同的水下机器人的导航坐标系也不同，但在小尺度水下空间内，或在人为设定某一导航坐标系作为基准的情况下，各导航坐标系的轴向差异可以忽略不计。

4. 地球坐标系

地心地固(earth-centered earth-fixed，ECEF)坐标系包括地心地固直角坐标系和地心地固大地坐标系，用符号 e 表示。地心地固直角坐标系，一般简称地球坐标系。原点位于地球表面椭球体模型的中心，大致与地球质心重合，坐标轴与地球固联。如图 3-3 所示，定义 z_e 轴沿地球自转轴方向从地心指向北极点；x_e 轴过地球球心与 z_e 轴垂直，指向赤道与本初子午线的交点(本初子午线上定义经度为 0°)；y_e 轴与 x_e、z_e 轴构成右手直角坐标系，从地心指向赤道与 90° 东经子午线的交点。水下机器人导航确定的是水下机器人相对于地球的位置，因此 ECEF 坐标系可作为位置和速度的参考坐标系。

5. 当地切平面坐标系

当地切平面坐标系是另一种地球固定坐标系(地固系)，当地切平面是指 t_0 时刻与大地参考椭球面相切的平面，用符号 l 表示。当地切平面坐标系原点及轴系与导航解算初始化 t_0 时刻水下机器人的当地导航坐标系重合，相对地球固定。原点选为 t_0 时刻当地导航坐标系的原点。如图 3-4 所示，x_l 轴在切平面内，与 t_0 时刻的 x_n 轴指向一致，指向当地真北，y_l 轴在切平面内，与 t_0 时刻的 y_n 轴指向一致，指向当地东向；z_l 轴与 x_l、y_l 轴构成右手直角坐标系垂直向下。

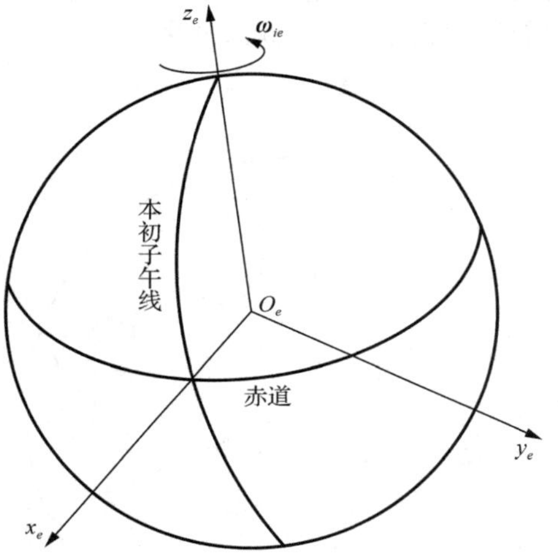

图 3-3　地心地固直角坐标系示意图

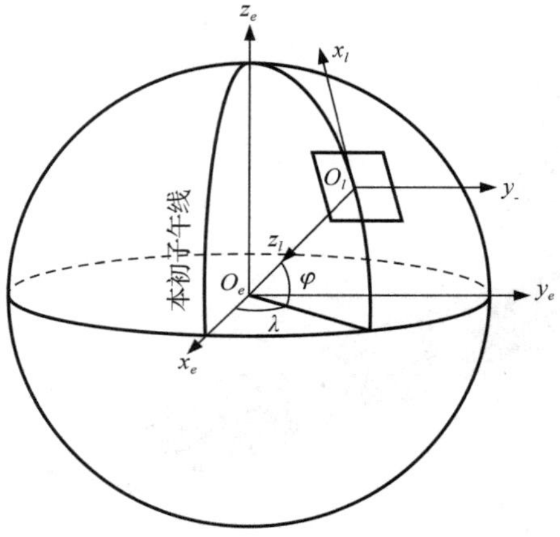

图 3-4　当地切平面坐标系示意图

6. 天球惯性坐标系

惯性参照系相对于宇宙的其他部分而言无加速度和转动，处于绝对静止或匀速直线运动状态，是惯性元件的测量参照系。惯性坐标系是与惯性参照系固联的坐标系，用符号 i 表示。惯性坐标系的原点可任意选取，坐标轴指向三个互相垂直的方向，当研究载体在地球附近空间运动的导航问题时，通常选择地球质心作为惯性坐标系原点，这样的惯性坐标系称为地心惯性坐标系(earth-centered inertial frame，ECI)。严格地讲，地心惯性坐标系并不是一个真正的惯性坐标系，考虑到整个银河系是旋转的，而且地球受太阳、月球及其他星体的引力公转，地心位置发生移动，另外，这些引力对地球运动轨道也产生影响。但两个因素产生的地球公转角速度约为$1.16\times10^{-4}\circ/\mathrm{s}$，万有引力加速度约为$10^{-7}g$ 量级(g 为地球重力加速度)，相对于地球上惯性导航系统精度的实际需求和惯性元件测量精度是可以忽略不计的，因此近似认为地心相对惯性空间固定不动，地心惯性坐标系可认为是真惯性坐标系。

天球是以地心为球心，以任意长为半径的球面，天轴为地球自转轴，天极是天轴与天球面的交点，天球赤道面是过天球球心且与天轴垂直的平面，黄道面为地球公转轨道所在平面，其与天球相交的大圆称为黄道，黄道面与天球赤道面的夹角为 23.5°，太阳从南半球向北半球运行时，黄道与天球赤道的交点是春分点。由于春分点的方向不随地球自转和公转等发生变化，因此春分点是天文学和大地测量学中的一个重要空间基准点。天球惯性坐标系与天球固联，是地心惯性坐标系的一种。其中，z_i 轴为天轴，与地球自转轴方向一致，x_i 轴过地球球心与 z_i 轴垂直，指向春分点，y_i 轴与 x_i、z_i 轴构成右手直角坐标系。卫星导航系统将春分点和天球赤道面作为建立参照系的重要基准点和基准面。因此天球惯性坐标系适用于描述卫星导航系统中的卫星位置和运动状态。

7. 地球惯性坐标系

地球惯性坐标系是另一种地心惯性坐标系，用符号 i_{e0} 表示。地球惯性坐标系将导航解算初始 t_0 时刻的地心地固坐标系 e_0 在惯性系中凝固成惯性坐标系 i_{e0}，原点及轴系与 t_0 时刻地球坐标系重合，相对惯性参照系固定。原点选为 t_0 时刻地球坐标系原点。x_{ie0} 轴与 t_0 时刻地球坐标系 x_e 轴指向一致，且相对惯性参照系指向不变，y_{ie0} 轴与 t_0 时刻地球坐标系 y_e 轴指向一致，且相对惯性参照系指向不变，z_{ie0} 轴与地球自转轴重合。

8. 载体惯性坐标系

载体惯性坐标系作为一种惯性坐标系，用符号 i_{b0} 表示。载体惯性坐标系将导航解算初始 t_0 时刻的载体坐标系 b_0 在惯性系中凝固成惯性坐标系 i_{b0}，原点及轴系与 t_0 时刻载体坐标系重合，相对惯性参照系固定。原点选为 t_0 时刻载体坐标系原点。x_{ib0} 轴与 t_0 时刻载体坐标系 x_b 轴指向一致，且相对惯性参照系指向不变，y_{ib0} 轴与 t_0 时刻载体坐标系 y_b 轴指向一致，且相对惯性参照系指向不变，z_{ib0} 轴与 t_0 时刻载体坐标系 z_b 轴指向一致，且相对惯性参照系指向不变。

3.2　地球特征描述与位置表示

3.2.1　地球几何形状与自转矢量

地心地固(ECEF)坐标系使得水下机器人可以参照地心在覆盖地球表面的海洋中进行定位。地球表面一般近似为一种接近地球平均海平面的扁的旋转椭球体。“扁”的意思是其赤道平面比自转轴方向宽，“椭圆球”的意思是与圆球体非常接近。参考椭球的横截面如图 3-5 所示。

参考椭球关于地球自转轴旋转对称，关于赤道面镜像对称。参考椭球横截面用两个半径来定义，一个是椭圆长轴半径，即赤道半径 R_o，为从地心到赤道上任一点的距离，也是地心到地球表面的最远距离；另一个为椭圆短轴半径，即极轴半径 R_p，是从地球中心到任一极点的距离，是地心到地球表面的最近距离。参考椭球模型为确定水下机器人在水下的位置提供了参考，同时对定义导航坐标系也具有至关重要的作用，因为导航坐标系的向下方向为指向赤道平面的椭球面法线方向。注意除极点和赤道上的点外，球体上其他点的法线与参考椭球中心并不相交。建立椭球模型需要大量的地球表面测点位置。随着卫星导航系统的出现，整个地球表面的测量以卫星星座为同一参考基准，为全球范围椭球模型的开发奠定了基础。全球范围椭球模型的两个主要标准是世界测地坐标系 1984(world geodetic system 1984，WGS 84)和国际地球参考框架(international terrestrial reference frame，ITRF)。两者都将原点定义在地球质心，其中 WGS 84 是美国军用标准，由原美国国防部地图绘制中心(现在的美国国家地理空间情报中心(National Geospatial-Intelligence Agency，NGA))开发。WGS 84 不仅可用于定义 ECEF 坐标系和椭球体，还提供了地球大地水准面、重力场及一系列基本常数。WGS 84 模型利用赤道半径和扁率定义椭球体，进而导出极轴半径和偏心率。ITRF 由国际地球自转服务(International Earth Rotation Service，IERS)维持，是科学家特别是地理学家的首选，利用包括卫星激光测距、月球激光测距、超长基线干涉测量和 GPS 在内的混合测量法构建椭球模型。ITRF 比 WGS 84 更精确，WGS 84 被认为是 ITRF 的成果。目前，世界主要全球卫星导航系统中，美国 GPS 卫星导航系统采用 WGS 84 世界测地坐标系，欧盟伽利略卫星导航系统采用伽利略大地参考坐标系(Galileo terrestrial reference fame，GTRF)，该坐标系也是 ITRF 的成果，俄罗斯的 GLONASS 卫星导航系统，采用 PZ-90.02 坐标系，与 ITRF 的原点偏差约为 0.4m。我国的北斗卫星导航系统采用国家大地坐标系 2000(China geodetic coordinate system 2000，CGCS 2000)，基本与 ITRF 一致。

如图 3-6 所示，地球相对惯性空间绕地心惯性坐标系或地心地固坐标系的 z 轴自西向东旋转，地球自转矢量在地心惯性坐标系或地心地固坐标系中的投影坐标为

$$\boldsymbol{\omega}_{ie}^{i} = \boldsymbol{\omega}_{ie}^{e} = \begin{bmatrix} 0 \\ 0 \\ \omega_{ie} \end{bmatrix} \tag{3-1}$$

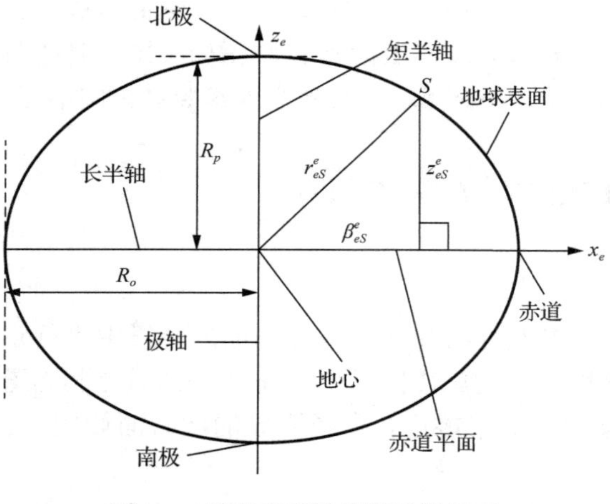

图 3-5　地球表面椭球模型横截面

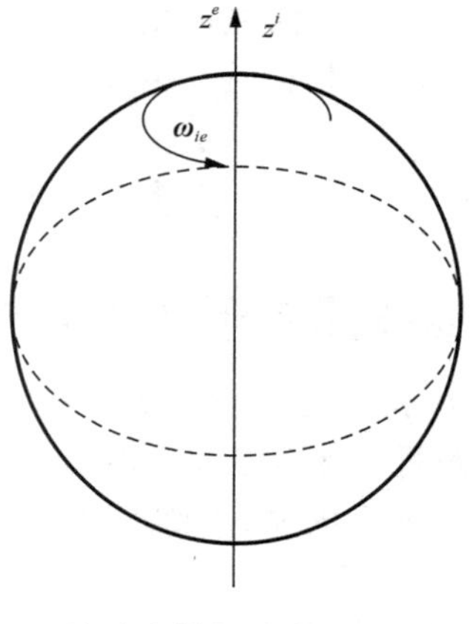

图 3-6　地球自转矢量在 ECI 坐标系和 ECEF 坐标系中的表示

地球自转矢量在导航坐标系下的投影为

$$\boldsymbol{\omega}_{ie}^{n} = \boldsymbol{C}_{e}^{n}\boldsymbol{\omega}_{ie}^{e} = \begin{bmatrix} \omega_{ie}\cos L \\ 0 \\ -\omega_{ie}\sin L \end{bmatrix} \tag{3-2}$$

地球相对于惯性空间的自转周期为一个恒星日。如图 3-7 所示，恒星日表示地球在空间转动到相同方位所历经的时间周期，时长 23h56min4.1s。太阳日略长于恒星日，指地球上同一固定点连续两次指向太阳所历经的时间周期，时长 24h。地球自转速度不是恒定不变的，而是随恒星日以每天几毫秒的速度不断变化。在导航领域，基于平均恒星日假设，地球自转为一个恒定矢量。WGS 84 中设定地球自转速度为 $\omega_{ie} = 7.292115 \times 10^{-5}\,\text{rad/s}$。

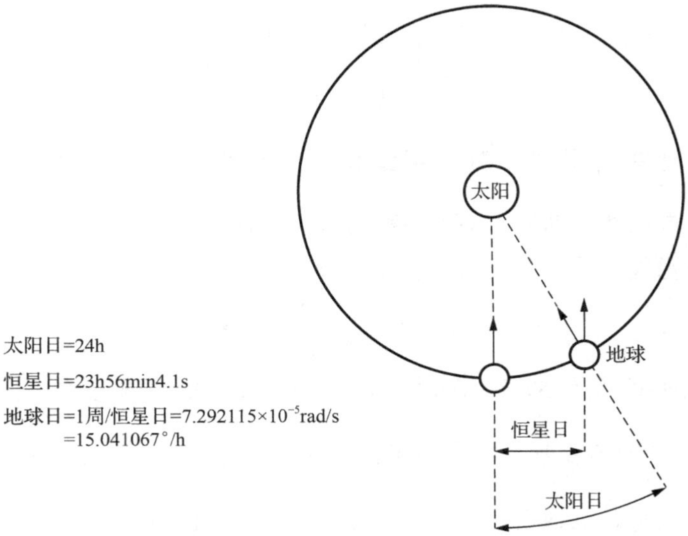

图 3-7　太阳日和恒星日

3.2.2　引力与重力

全球范围椭球模型假设重力矢量垂直向下，即沿参考椭球的法线方向。实际上，重力矢量的大小和方向随着地球表面的位置和高度而变化。一方面，这是由于离心加速度是纬度的函数；另一方面，由于地球质量分布不均匀，地心引力随地球上的位置而变化。重力矢量垂线偏差是影响导航精度的非常重要的因素，地球表面的重力垂线偏差可达30″，为满足某些水下机器人高精度导航需求，精确的重力矢量信息非常重要，需要建立精确的地球重力场模型。

重力随纬度变化的各种国际模型已在有关文献中给出。史泰勒和温特给出了在海平面内$(h=0)$，重力矢量的大小随纬度的变化关系和重力矢量随高度的变化率表达式：

$$g(0)=9.780318(1+5.3024\times10^{-3}\sin^2 L-5.9\times10^{-6}\sin^2 2L)\quad(\mathrm{m/s^2}) \tag{3-3}$$

$$\frac{\mathrm{d}g(0)}{\mathrm{d}h}=-0.0000030877(1-1.39\times10^{-3}\sin^2 L)\quad(\mathrm{s^{-2}}) \tag{3-4}$$

在很多应用中，不需要知道重力的精确信息，利用式(3-5)假设的重力随高度的变化关系就足够了：

$$g(h)=g(0)/(1+h/R_0)^2 \tag{3-5}$$

式中，$g(0)$ 由式(3-3)得到。

3.2.3　大地坐标系

与地球坐标系不同，地心地固大地坐标系(简称大地坐标系)是一种球面坐标系。水下机器人的大地坐标可用导航坐标系 n 原点在参考椭球面下的经纬度球面坐标表示。椭球体表面以南北极轴为中心的圆圈，称为纬线或卯酉线。同样，椭球体表面连接地球南北两极的半圆，称为经线或子午线。经线和纬线间的夹角为90°。经线和纬线所围成的平面分别称为子午面和卯酉面。水下机器人沿南北向经线运动的曲率半径称为子午面曲率半径 R_N，子午面曲率半径为

$$R_N(L)=\frac{R_0\left(1-e^2\right)}{\left(\sqrt{1-e^2\sin^2 L}\right)^3} \tag{3-6}$$

水下机器人以速度 $\boldsymbol{v}_{ebx}^n$ 沿子午圈北向运动，其大地坐标的纬度变化角速度为 $\boldsymbol{\omega}_{eny}^e=-\frac{\boldsymbol{v}_{enx}^n}{R_N}$。水下机器人沿东西向纬线运动的曲率半径称为卯酉面曲率半径 R_E，卯酉面曲率半径等于从参考椭球体表面一点沿表面法线到极轴的长度，即

$$R_E(L)=\frac{R_0}{\sqrt{1-e^2\sin^2 L}} \tag{3-7}$$

水下机器人以速度 $\boldsymbol{v}_{ebx}^n$ 沿纬度圈顺时针运动，其在地心地固坐标系 e 下的经度变化角速度为 $\boldsymbol{\omega}_{enz}^e=\frac{\boldsymbol{v}_{eny}^n}{R_E\cos L}$。如图 3-8 所示，导航坐标系 n 轴向相对地心地固坐标系 e 的轴向方向会随着水下机器人位置的变化而改变，导航坐标系 n 随着水下机器人运动产生的相对地心地固坐标系 e 的旋转角速度在导航坐标系 n 下的投影矢量 $\boldsymbol{\omega}_{en}^n$ 称为位置速率。

$$\boldsymbol{\omega}_{en}^n=\boldsymbol{C}_e^n\boldsymbol{\omega}_{en}^e=\begin{bmatrix}-\sin L & 0 & \cos L\\ 0 & 1 & 0\\ -\cos L & 0 & -\sin L\end{bmatrix}\begin{bmatrix}0\\ -\frac{\boldsymbol{v}_{enx}^n}{R_N}\\ \frac{\boldsymbol{v}_{eny}^n}{R_E\cos L}\end{bmatrix}=\begin{bmatrix}\frac{\boldsymbol{v}_{enx}^n}{R_E}\\ -\frac{\boldsymbol{v}_{enx}^n}{R_N}\\ -\frac{\boldsymbol{v}_{eny}^n}{R_E}\tan L\end{bmatrix} \tag{3-8}$$

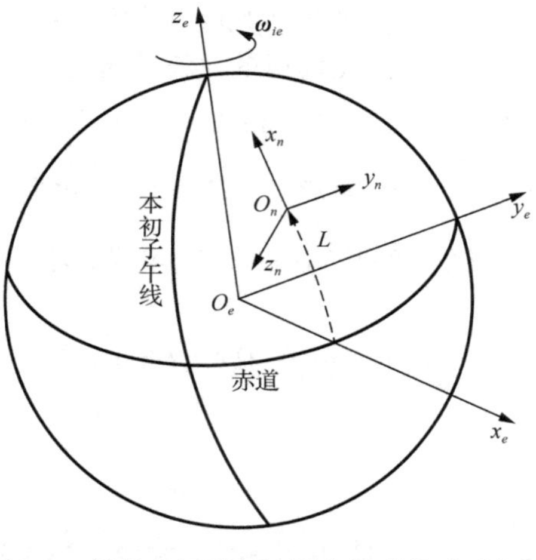

图 3-8　导航坐标系与地固坐标系关系示意图

地球参考椭球面法线与赤道平面的夹角称为纬度(latitude)，用 L 表示；子午面与本初子午线在赤道平面上的夹角称为经度(longitude)，用 λ 表示，如图 3-9 所示。本初子午线经过英国伦敦格林尼治天文台，其经度值是世界上许多天文台所用平均经度零值的近似值。

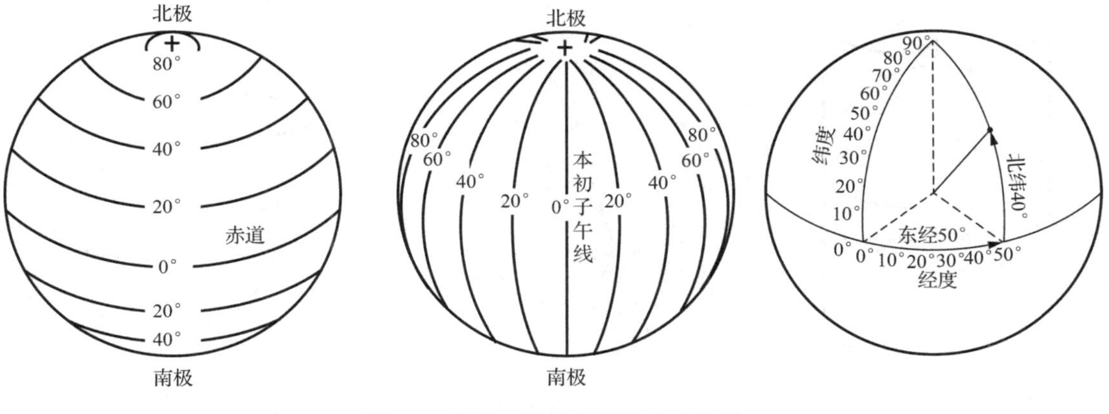

图 3-9　经线、纬线与经纬度示意图

本初子午线以东经为正，因此东半球经度为正，西半球经度为负。与欧拉角在±90°有奇异类似，在极点没有定义经度，如图 3-10 所示。当试图计算非常接近北极或南极点位置的经度时，会出现显著的数值计算误差。

水下机器人沿着地球参考椭球表面法线，从平均海平面到水下机器人质心的距离称为深度或潜深。在 NED 导航坐标系下，水下机器人处于下潜状态时在椭球内部深度为正，水下机器人下潜深度由深度计测定。经度、纬度和深度合称为大地坐标或曲线位置，用矢量 $\boldsymbol{p}=\begin{bmatrix}L & \lambda & d\end{bmatrix}^{\mathrm{T}}$ 表示，考虑到水下机器人的深潜运动，位置速率 $\boldsymbol{\omega}_{en}^{n}$ 可修正为

$$\boldsymbol{\omega}_{en}^{n}=\begin{bmatrix}\dfrac{\boldsymbol{v}_{enx}^{n}}{R_E-d}\\ -\dfrac{\boldsymbol{v}_{enx}^{n}}{R_N-d}\\ -\dfrac{\boldsymbol{v}_{eny}^{n}}{R_E-d}\tan L\end{bmatrix}\tag{3-9}$$

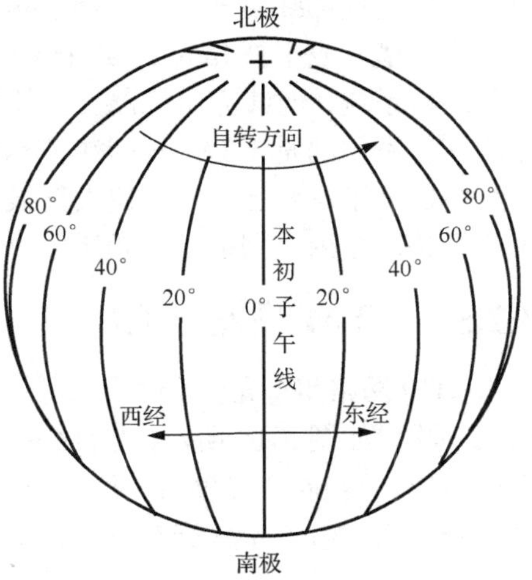

图 3-10　东经与西经示意图

3.2.4　投影坐标系

大地坐标系采用的地球参考椭球面可以通过投影映射到平直空间的直角坐标系中。与经纬度对应的平直空间直角坐标系称为网格坐标。地球参考椭球表面可以通过不同方法投影到二维平直空间中，常用的地图投影方法包括圆柱投影、圆锥投影和方位投影，分别如图 3-11、图 3-12 和图 3-13 所示。这些地图投影方法将参考椭球映射到一个圆柱体、圆锥体或平面上，得到平面网格坐标系统。地图投影会导致距离和面积的形变。地图投影可分为三类：等角投影(角度形变为零)、等积投影(面积形变为零)和任意投影。一般等角就不等积，等积就不等角，任意投影既不等角也不等积。

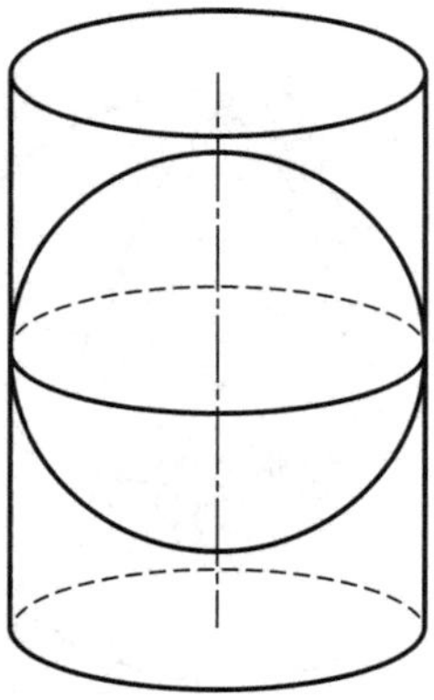

图 3-11　圆柱投影法

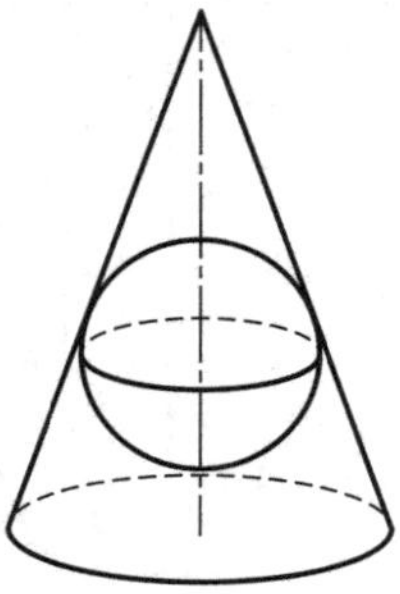

图 3-12　圆锥投影法

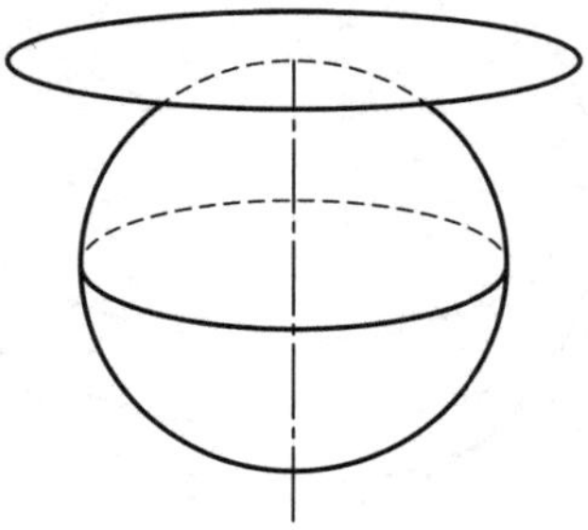

图 3-13　方位投影法

标准麦卡托(Mercator)圆柱投影法是以图 3-11 为原理的正轴圆柱投影法，通过将圆柱体放置在地球上，并在赤道相切的方法实现。地球上的某一个点，通过地心和该点的连线将其投影到圆柱体内侧。麦卡托法对导航来说是很有用的投影方法，因为地球上的方位基准跟麦卡托投影的方位基准十分相似。利用标准麦卡托圆柱投影法，沿赤道的距离可以精确地表示出来，但是更高纬度地区的距离会被放大。

通用横向麦卡托(universal transverse Mercator，UTM)投影法通过建立适用于关注位置的直角网格系统，能够克服标准麦卡托投影的区域地图失真。UTM 投影原理与标准麦卡托投影法相同，不同的是 UTM 投影法将标准麦卡托投影圆柱体旋转了 90°，这使得圆柱体和地球的交线位于子午线上。为了使失真最小并保证精度，UTM 投影法仅在给定中央子午线附近很小的带状区域内使用麦卡托投影。

3.2.5　UTM 网格坐标

UTM 网格坐标是一种利用 2 维笛卡儿坐标系统定位地球参考椭球面上任意一点的投影坐标的方法。如图 3-14 所示，UTM 网格坐标从东经(或西经)180° 开始自西向东沿经线将参考椭球面分割为 60 个经度带，每一带横跨 6 个经度。每一条经度带内的参考椭球面通过横轴麦卡托投影到二维直角坐标系下，每个经度带在地球上都是楔形。

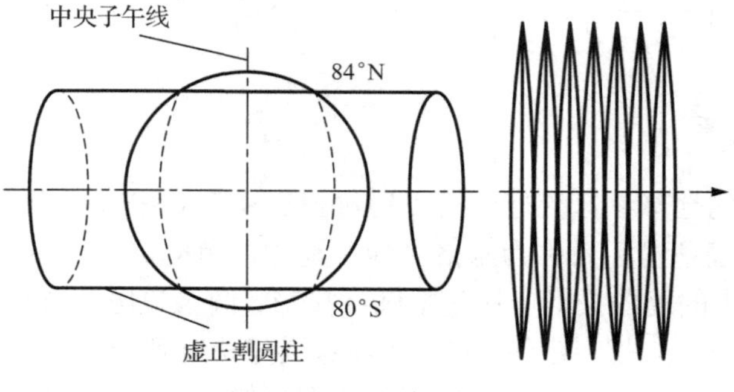

图 3-14　UTM 网格坐标投影法

由于 UTM 只在比较小的椭球区域投影，因此在接近切线圆的地方几乎没有形变，即网格北向与真北方向在中央子午线方向和沿赤道方向上是一致的。但是远离切线圆的椭球表面投影会存在形变，如图 3-15 所示：在中央子午线的右边，真北向处于网格北向的西边；在中央子午线的左边，真北向处于网格北向的东边，但形变的方向和面积均比较小。

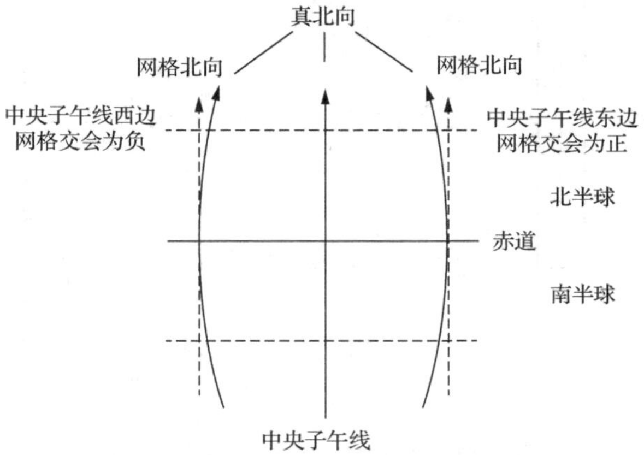

图 3-15　通用横向麦卡托网格区域

UTM 网格坐标系统以字母和数字组合的方式进行标注。如图 3-16 所示，UTM 采用数字 1～60 对经度带进行编号，从东经 180°（或西经 180°）开始，自西向东，西经 180° 至西经 174° 区域编号为 1 带，1 带的中央经线为西经 177°。东经 174° 至东经 180° 区域编号为 60 带，60 带的中央经线为东经 177°。而 0° 经线为 30 带和 31 带的分界线，这两带的中央经线分别是西经 3° 和东经 3°，可见各个经度带的中央子午线经度值均为 3 的倍数。

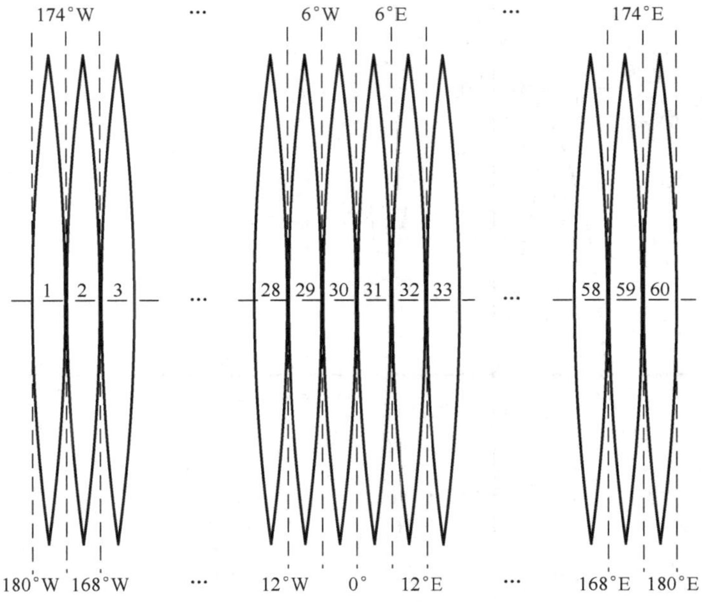

图 3-16　UTM 网格坐标系统标注示意图

如图 3-17 示，UTM 采用字母对纬度带进行编号，UTM 网格系统从南纬 80° 到北纬 84° 自南向北将纬度按 8° 分带，共分为 20 个纬度带，用英文字母 C～X 编号，其中北纬的 X 带多 4°。为了避免和数字 0 和 1 混淆，字母 I 和 O 并没有纳入纬度带编号体系。

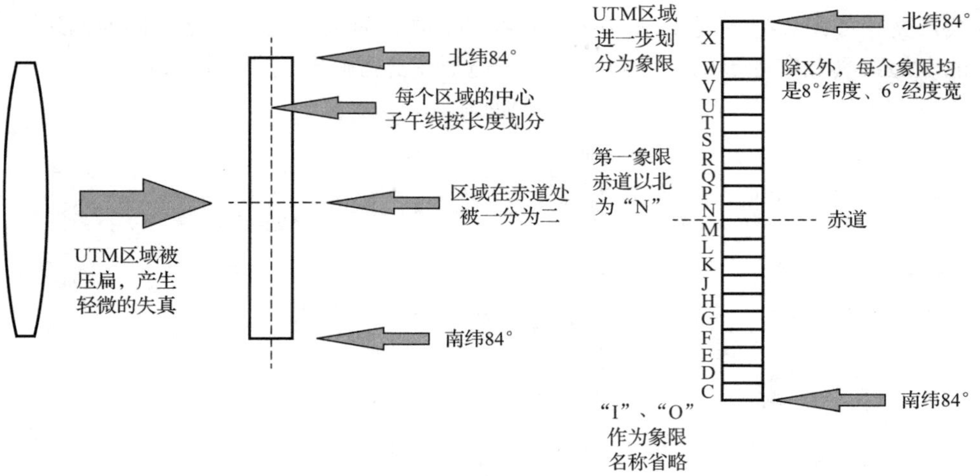

图 3-17　UTM 纬度带字母编号示意图

UTM 网格坐标系统通过 3 个量定位地球上任意一点：UTM 经度带编号、东距、北距。东距是该点到中央经线的距离，北距是该点到赤道的距离。每一个 UTM 经度带的中心都是赤道与中央经线的交点。如图 3-18 所示，为了避免中央经线西侧的所有点的东距为负值，以及赤道以南所有点的北距为负值，UTM 系统定义了一个伪原点，即原点的横坐标不再是 0，而是 500000m。于是，经度带与赤道的西侧交点横坐标变为 167000(167000=500000−333000)m 和东侧交点横坐标变为 833000(833000=500000+333000)m。北半球原点纵坐标在赤道处仍然为 0，

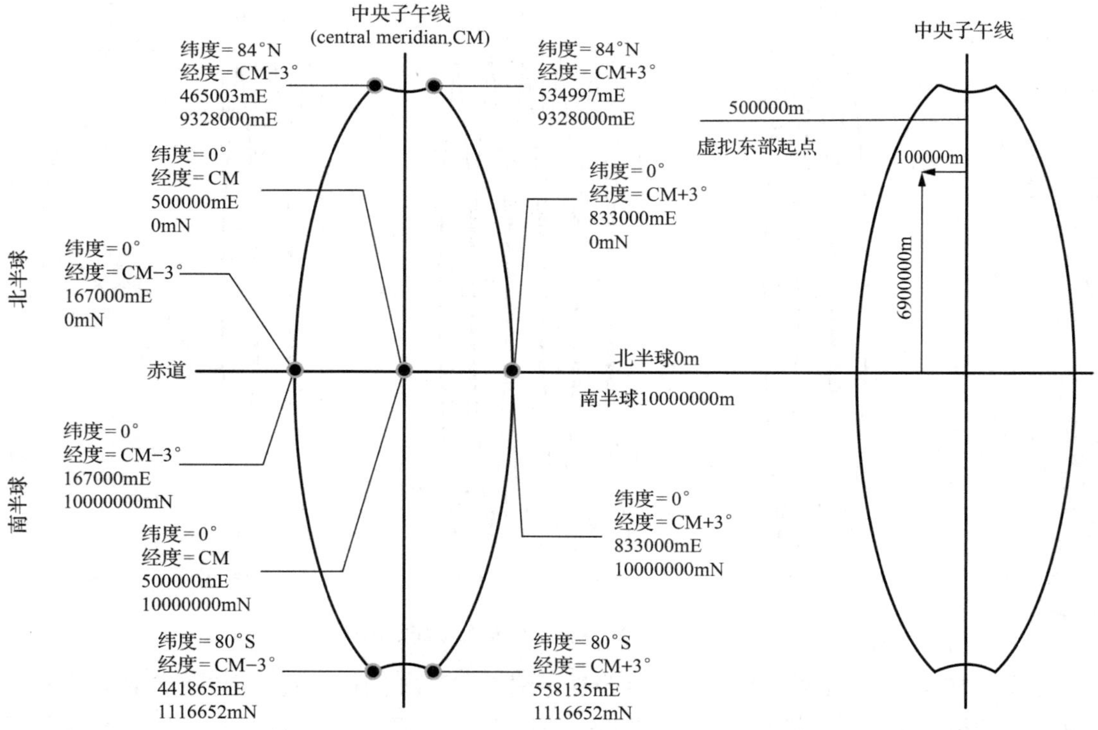

图 3-18　UTM 系统伪原点示意图

其余点的纵坐标从赤道开始向北逐渐增加到北纬 84°，大约 9328000m。南半球原点纵坐标在赤道处为 10000000m，其余点的纵坐标等于 10000000m 减该点到赤道的距离，从而保证南半球所有点的纵坐标大于零。可见，UTM 网格坐标系统的东伪偏移值为 500km，而南半球 UTM 带的北伪偏移值为 10000km。

3.2.6 位置坐标变换

1. 大地坐标与 UTM 坐标间的变换

设大地坐标经度为 λ，纬度为 L，单位为弧度，UTM 坐标东距为 x，北距为 y，单位为米。则从大地坐标到 UTM 坐标的变换首先需计算 UTM 分带的经度带编号，即

$$\text{zoneNumber} = \text{取整}\left(\frac{\lambda \cdot 30}{\pi}\right) + 31 \tag{3-10}$$

其次计算东距和北距，即

$$\begin{aligned} x &= N\cos(L\ell) + \frac{1}{6}N\cos^3\left[L(1-t^2+\eta^2)\ell^3\right] \\ &\quad + \frac{1}{120}N\cos^5\left[(5-18t^2+t^4+14\eta^2-58t^2\eta^2)\ell^5\right] \\ &\quad + \frac{1}{5040}N\cos^7\left[L(61-479t^2+179t^4-t^6)\ell^7\right] + \cdots \end{aligned} \tag{3-11}$$

$$\begin{aligned} y &= B(L) + \frac{t}{2}\cos^2(L\ell^2) + \frac{t}{24}N\cos^4\left[L(5-t^2+9\eta^2+4\eta^4)\ell^4\right] \\ &\quad + \frac{t}{720}N\cos^6\left[L(61-58t^2+t^4+270\eta^2-330t^2\eta^2)\ell^6\right] \\ &\quad + \frac{t}{40320}N\cos^8\left[L(1385-3111t^2+543t^4-t^6)\ell^8\right] + \cdots \end{aligned} \tag{3-12}$$

$$x = x \times \text{scale} + 500000 \tag{3-13}$$

$$y = \begin{cases} y \times \text{scale}(\text{北半球}) \\ y \times \text{scale} + 10000000(\text{南半球}) \end{cases} \tag{3-14}$$

式中，$B(L)$ 为子午线弧长；$\eta^2 = e'^2\cos^2\varphi$ 为辅助变量，其中 $e'^2 = (a^2-b^2)/b^2$ 为第二偏心率的平方；$N = \dfrac{a^2}{b\sqrt{1+\eta^2}}$ 为在给定纬度 L 处的卯酉圈曲率半径(即垂直于赤道平面的曲率半径)；$t = \tan L$ 为辅助变量；$\ell = \lambda - \lambda_0$ 为中央经线的经度差，其中 λ_0 为中央经线的经度值；比例因子 $\text{scale} = 0.9996$。

子午线的弧长 $B(L)$ 为从赤道到待映射点的椭球距离，可以通过级数展开计算：

$$B(L) = \alpha\left(L + \beta\sin 2L + \gamma\sin 4L + \delta\sin 6L + \epsilon\sin 8L + \cdots\right) \tag{3-15}$$

式中，$\alpha = \dfrac{a+b}{2}\left(1+\dfrac{1}{4}n^2+\dfrac{1}{64}n^4+\cdots\right)$；$\beta = -\dfrac{3}{2}n+\dfrac{9}{16}n^3-\dfrac{3}{32}n^5+\cdots$；$\gamma = \dfrac{15}{16}n^2-\dfrac{15}{32}n^4+\cdots$；$\delta = -\dfrac{35}{48}n^3+\dfrac{105}{256}n^5-\cdots$；$\epsilon = \dfrac{315}{512}n^4+\cdots$；$n = \dfrac{a-b}{a+b}$。

如表 3-1 所示，给出了对应的参数。

表 3-1　对应参数值

参数	WGS 84 椭球
α /m	6367449.1458
β	-2.51882792×10^{-3}
γ	2.64354×10^{-6}
δ	-3.45×10^{-9}
ϵ	5×10^{-12}
长半径 a/m	6378137
短半径 b/m	6356752.3142451795

而由 UTM 坐标到大地坐标的变换过程如下：

$$x=\frac{x-500000}{\text{scale}} \tag{3-16}$$

$$y=\begin{cases}\dfrac{y}{\text{scale}}(\text{北半球})\\ \dfrac{y-10000000}{\text{scale}}(\text{南半球})\end{cases} \tag{3-17}$$

$$\begin{aligned}L=L_f&+\frac{t_f}{2N_f^2}\left(-1-\eta_f^2\right)x^2+\frac{t_f}{24N_f^4}\left(5+3t_f^2+6\eta_f^2-6t_f^2\eta_f^2-3\eta_f^4-9t_f^2\eta_f^4\right)x^4\\&+\frac{t_f}{720N_f^6}\left(-61-90t_f^2-45t_f^4-107\eta_f^2+162t_f^2\eta^2+45t_f^4\eta^2\right)x^6\\&+\frac{t_f}{40320N_f^8}\left(1385+3633t_f^2+4095t_f^4+1575t_f^6\right)x^8+\cdots\end{aligned} \tag{3-18}$$

$$\begin{aligned}\lambda=\lambda_0&+\frac{1}{N_f\cos\varphi_f}x+\frac{1}{6N_f^3\cos\varphi_f}\left(-1-2t_f^2-\eta_f^2\right)x^3\\&+\frac{1}{120N_f^5\cos\varphi_f}\left(5+28t_f^2+24t_f^4+6\eta^2+8t_f^2\eta_f^2\right)x^5\\&+\frac{1}{5040N_f'\cos\varphi_f}\left(-61-662t_f^2-1320t_f^4-720t_f^6\right)x^7+\cdots\end{aligned} \tag{3-19}$$

L_f 由级数展开计算：

$$L_f=\overline{y}+\overline{\beta}\sin2\overline{y}+\overline{\gamma}\sin4\overline{y}+\overline{\delta}\sin6\overline{y}+\overline{\epsilon}\sin8\overline{y}+\cdots \tag{3-20}$$

式中，$\overline{y}=\dfrac{y}{\overline{\alpha}}$，其中 $\overline{\alpha}=\dfrac{a+b}{2}\left(1+\dfrac{1}{4}n^2+\dfrac{1}{64}n^4+\cdots\right)$；$\overline{\beta}=\dfrac{3}{2}n-\dfrac{27}{32}n^3+\dfrac{269}{512}n^5+\cdots$；$\overline{\gamma}=\dfrac{21}{16}n^2-\dfrac{55}{32}n^4+\cdots$；$\overline{\delta}=\dfrac{151}{96}n^3-\dfrac{417}{128}n^5+\cdots$；$\overline{\epsilon}=\dfrac{1097}{512}n^4+\cdots$。注意系数 $\overline{\alpha}$ 与 α 相同，带有下标 f 的项必须根据 L_f 计算。

$$t_f=\tan\varphi_f \tag{3-21}$$

$$\eta_f^2=e'^2\cos^2\varphi_f \tag{3-22}$$

$$N_f = \frac{a^2}{b\sqrt{1+\eta_f^2}} \tag{3-23}$$

如表 3-2 所示，给出了两种椭球对应的参数。

表 3-2　对应参数值

参数	WGS 84 椭球
$\bar{\alpha}$ /m	6367449.1458
$\bar{\beta}$	2.51882658×10^{-3}
$\bar{\gamma}$	3.70095×10^{-6}
$\bar{\delta}$	7.45×10^{-9}
$\bar{\epsilon}$	17×10^{-12}

2. 大地坐标与地球坐标间的变换

1）地球坐标到大地坐标的变换

从大地坐标 (L,λ,d) 到直角坐标 (x,y,z) 的变换，需要先计算参数，使用基准椭球体的长半径 a 和短半径 b，计算椭球偏心率 e，$e=\frac{a^2-b^2}{a^2}$，再计算基准椭球体的曲率半径 N，$N=\frac{a}{\sqrt{1-e^2\sin^2 L}}$，再使用公式如下：

$$\begin{cases} x=(N-d)\cos L\cos\lambda \\ y=(N-d)\cos L\sin\lambda \\ z=\left[N(1-e^2)-d\right]\sin L \end{cases} \tag{3-24}$$

2）大地坐标到地球坐标系的变换

从直角坐标 (x,y,z) 到大地坐标 (L,λ,d) 的变换，需要先计算参数，使用基准椭球体的长半径 a 和短半径 b，计算椭球偏心率 e，$e=\frac{a^2-b^2}{a^2}$，再计算基准椭球体的曲率半径 N，$N=\frac{a}{\sqrt{1-e^2\sin^2 L}}$，中间变量 p，$p=\sqrt{x^2+y^2}$，再使用公式如下：

$$\begin{cases} \lambda=\arctan\left(\dfrac{y}{x}\right) \\ d=N-\dfrac{p}{\cos\varphi} \\ L=\arctan\left[\dfrac{z}{p}\left(1-e^2\dfrac{N}{N-d}\right)^{-1}\right] \end{cases} \tag{3-25}$$

3.3　姿态参数化表示与坐标系变换

姿态描述的是一个坐标系统轴系与另一个坐标系统轴系间的角位置关系，而与坐标系统原点间的线位移无关。导航数学运算的重要基本特征之一是实现运动学参数坐标系间的转换。

姿态参数化既可以通过方向余弦表示，也可以通过绕特定轴系的旋转表示。水下机器人常用的姿态参数化方法包括欧拉角、姿态矩阵、单位四元数和旋转矢量。

3.3.1 参照系 · 目标系 · 投影系

水下机器人导航问题涉及的坐标系线运动和角运动都是相对另外一个坐标系而言的。位置、速度、加速度和角速度等运动学参数均涉及目标坐标系(简称目标系)、参照坐标系(简称参照系)和投影坐标系(简称投影系)三种坐标系。

目标系 α 是与运动目标固联的坐标系。参照系 β 是目标运动所参照的坐标系。投影系 γ 是描述目标运动参数的坐标系。目标系 α 与参照系 β 不能相同，否则不存在相对运动；投影系 γ 可以是目标系或参照系，也可以是其他坐标系，投影系 γ 的选择不影响矢量的幅度。要完整地描述导航参数，必须明确定义这三个坐标系。本书中的笛卡儿位置、速度、加速度和角速度通常采用符号 $x_{\beta\alpha}^{\gamma}$ 表示。$x_{\beta\alpha}^{\gamma}$ 描述了目标坐标系 α 相对于参照坐标系 β 的运动学参数 x 在投影坐标系 γ 中的坐标值。

3.3.2 矢量叉乘

矢量是既有大小又有方向的量，常用两种方式来描述矢量。设有矢量 $\boldsymbol{r}$，可用 $\boldsymbol{r}$ 的模 $r=|\boldsymbol{r}|$ 和 $\boldsymbol{r}$ 的单位矢量 $\boldsymbol{u}=\dfrac{\boldsymbol{r}}{r}$ 来描述：$\boldsymbol{r}=r\boldsymbol{u}$，如此描述的矢量常称为物理矢量。也可以用 $\boldsymbol{r}$ 在坐标系 n 的各轴上的投影来描述：$\boldsymbol{r}^n=\begin{bmatrix} r_x^n & r_y^n & r_z^n \end{bmatrix}^{\mathrm{T}}$，如此描述的矢量称为数学矢量。矢量间的叉乘可用叉乘矩阵来表示。

设有数学矢量 $\boldsymbol{r}^n=\begin{bmatrix} r_z^n & r_y^n & r_z^n \end{bmatrix}^{\mathrm{T}}$，$\boldsymbol{s}^n=\begin{bmatrix} s_z^n & s_y^n & s_z^n \end{bmatrix}^{\mathrm{T}}$，若 $\boldsymbol{t}^n=\boldsymbol{r}^n\times\boldsymbol{s}^n$，则矢量叉乘可用矩阵形式表示为

$$\begin{bmatrix} t_x^n \\ t_y^n \\ t_z^n \end{bmatrix}=\begin{bmatrix} 0 & -r_z^n & r_y^n \\ r_z^n & 0 & -r_x^n \\ -r_y^n & r_x^n & 0 \end{bmatrix}\begin{bmatrix} s_x^n \\ s_y^n \\ s_z^n \end{bmatrix} \tag{3-26}$$

式中，$\boldsymbol{t}^n=\begin{bmatrix} t_x^n & t_y^n & t_z^n \end{bmatrix}^{\mathrm{T}}$；$\begin{bmatrix} 0 & -r_z^n & r_y^n \\ r_z^n & 0 & -r_x^n \\ -r_y^n & r_x^n & 0 \end{bmatrix}$ 为矢量 $\boldsymbol{r}^n$ 的叉乘矩阵，记为 $[\boldsymbol{r}^n\times]$，显然矢量的叉乘矩阵是反对称矩阵。

3.3.3 欧拉角

水下机器人导航用一组欧拉角描述载体坐标系 b 相对导航坐标系 n 的姿态。欧拉角将姿态分解为滚动、俯仰、偏航三次序贯转动过程，每次旋转所围绕的轴与前后旋转所围绕的轴正交。如图 3-19 所示，通过两个过渡坐标系 ψ 和 θ，将与导航坐标系 n 对齐的坐标系旋转到与载体坐标系 b 对齐。

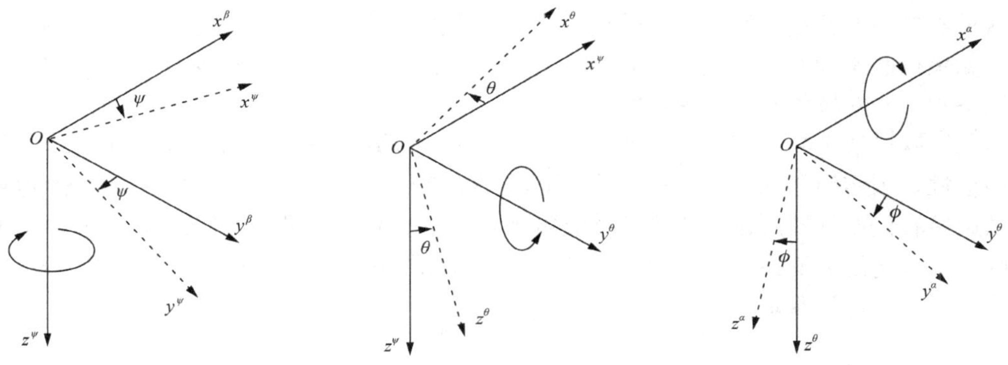

（a）偏航　　（b）俯仰　　（c）滚动

图 3-19　欧拉角的旋转

γ 被称作横倾角(bank)，θ 被称作纵倾角(pitch)，ψ 被称作航向角(heading)。本书使用的“姿态”概念只包含横倾角和纵倾角，而不包含航向角。横倾角和纵倾角也可统称为倾斜角，而倾斜角与航向角统称为航姿角。

第一次的转动角度 ψ 是航向角，绕导航坐标系 n 和第一个过渡坐标系共同的 z 轴旋转，x 轴和 y 轴转动，z 轴保持不变；下一个旋转角为纵倾角 θ，绕第一个过渡坐标系和第二个过渡坐标系共同的 y 轴旋转，x 轴和 z 轴转动；最后一个旋转角为横倾角 γ，绕第二个过渡坐标系和载体坐标系 b 共同的 x 轴旋转，y 轴和 z 轴转动。

欧拉角也可以用来表示矢量 $\boldsymbol{x}=(x,y,z)$ 从导航坐标系 n 到载体坐标系 b 的转换。伴随着旋转，该转换过程可分为三步：第一步为偏航旋转，通过转动航向角 ψ 完成矢量的 x 和 y 分量转换，保持 z 分量不变。矢量旋转结果投影到第一个过渡坐标系 ψ：

$$\begin{cases} x^\psi = x^n\cos\psi + y^n\sin\psi \\ y^\psi = -x^n\sin\psi + y^n\cos\psi \\ z^\psi = z^n \end{cases} \tag{3-27}$$

第二步为俯仰旋转，通过转动纵倾角 θ 完成矢量的 x 和 z 分量转换，矢量旋转结果投影到第二个过渡坐标系 θ：

$$\begin{cases} x^\theta = x^\psi\cos\theta - z^\psi\sin\theta \\ y^\theta = y^\psi \\ z^\theta = x^\psi\sin\theta + z^\psi\cos\theta \end{cases} \tag{3-28}$$

第三步为滚动旋转，通过转动横倾角 γ 完成矢量的 y 和 z 分量转换，矢量旋转结果投影到载体坐标系 b：

$$\begin{cases} x^\alpha = x^\theta \\ y^\alpha = y^\theta\cos\gamma + z^\theta\sin\gamma \\ z^\alpha = -y^\theta\sin\gamma + z^\theta\cos\gamma \end{cases} \tag{3-29}$$

将导航坐标系到载体坐标系的欧拉角旋转表示为矢量：

$$\boldsymbol{\Omega} = \begin{bmatrix} \gamma \\ \theta \\ \psi \end{bmatrix} \tag{3-30}$$

这里需要注意的是：欧拉角按转动顺序的倒序排列。在使用时，三个旋转角的顺序不能改变。如果按照不同的次序旋转(举例来说，第一次进行滚动旋转)，转换完成后坐标轴的姿态往往不同，即欧拉角旋转没有互换性。

欧拉角旋转 $(\gamma+\pi,\pi-\theta,\psi+\pi)$ 的结果与 (γ,θ,ψ) 相同，所以为了避免表示相同变换的欧拉角的多值性，限定纵倾角 θ 取值范围为 $-90°\leqslant\theta\leqslant 90°$。欧拉角的另一个特性是俯仰旋转导致滚动旋转和偏航旋转所围绕的旋转轴通常不正交，然而两者又都与俯仰旋转所围绕的轴垂直。因此欧拉角的逆变换，需从滚动旋转开始，按原操作转动顺序反转。如果仅对欧拉角简单取反，将无法得到原始的姿态，即

$$\begin{bmatrix}\gamma\\ \theta\\ \psi\end{bmatrix}\neq\begin{bmatrix}-\gamma\\ -\theta\\ -\psi\end{bmatrix} \tag{3-31}$$

同样，连续的转换不能简单地表示为欧拉角相加：

$$\begin{bmatrix}\phi_{\beta\gamma}\\ \theta_{\beta\gamma}\\ \psi_{\beta\gamma}\end{bmatrix}\neq\begin{bmatrix}\phi_{\beta\alpha}+\phi_{\alpha\gamma}\\ \theta_{\beta\alpha}+\theta_{\alpha\gamma}\\ \psi_{\beta\alpha}+\psi_{\alpha\gamma}\end{bmatrix} \tag{3-32}$$

值得注意的是，当纵倾角为±90°时，欧拉角变换存在奇异值，这时横倾角与航向角不能区分，产生万向轴死锁问题，因此水下机器人姿态解算中很少使用欧拉角。

3.3.4 姿态矩阵

坐标变换矩阵(coordinate transformation matrix)是一个 3×3 的矩阵，用符号 $\boldsymbol{C}_\alpha^\beta$ 表示。通过左乘适当的坐标变换矩阵，一步就可以完成矢量在两个投影坐标系之间的转换，即对任意矢量 $\boldsymbol{x}$，有

$$\boldsymbol{x}^\beta=\boldsymbol{C}_\alpha^\beta\boldsymbol{x}^\alpha \tag{3-33}$$

式中，$\boldsymbol{x}$ 的上标表示投影坐标系；矩阵 $\boldsymbol{C}_\alpha^\beta$ 的下标表示源投影坐标系，上标表示目标投影坐标系。坐标变换矩阵的行对应目标投影坐标系，列对应源投影坐标系。

$C_\alpha^\beta=$

$\alpha_x\to\beta_x$	$\alpha_y\to\beta_x$	$\alpha_z\to\beta_x$
$\alpha_x\to\beta_y$	$\alpha_y\to\beta_y$	$\alpha_z\to\beta_y$
$\alpha_x\to\beta_z$	$\alpha_y\to\beta_z$	$\alpha_z\to\beta_z$

图 3-20　坐标变换矩阵元素的功能

当坐标变换矩阵用于表示姿态时，通常用上标 β 表示导航坐标系 n，用下标 α 表示载体坐标系 b，此时坐标变换矩阵称为姿态矩阵。如图 3-20 所示，为坐标变换矩阵的每个元素在将一个矢量从坐标系 α 变换到坐标系 β 投影轴上时所起的作用。

坐标变换矩阵各元素，可由两个坐标系的坐标基矢量点乘得到，分别等于两个坐标系相应坐标轴间夹角的方向余弦：

$$\boldsymbol{C}_\alpha^\beta=\begin{bmatrix}\boldsymbol{e}_{\beta1}^{\mathrm{T}}\boldsymbol{e}_{\alpha1} & \boldsymbol{e}_{\beta1}^{\mathrm{T}}\boldsymbol{e}_{\alpha2} & \boldsymbol{e}_{\beta1}^{\mathrm{T}}\boldsymbol{e}_{\alpha3}\\ \boldsymbol{e}_{\beta2}^{\mathrm{T}}\boldsymbol{e}_{\alpha1} & \boldsymbol{e}_{\beta2}^{\mathrm{T}}\boldsymbol{e}_{\alpha2} & \boldsymbol{e}_{\beta2}^{\mathrm{T}}\boldsymbol{e}_{\alpha3}\\ \boldsymbol{e}_{\beta3}^{\mathrm{T}}\boldsymbol{e}_{\alpha1} & \boldsymbol{e}_{\beta3}^{\mathrm{T}}\boldsymbol{e}_{\alpha2} & \boldsymbol{e}_{\beta3}^{\mathrm{T}}\boldsymbol{e}_{\alpha3}\end{bmatrix}=\begin{bmatrix}\cos\mu_{\beta1,\alpha1} & \cos\mu_{\beta1,\alpha2} & \cos\mu_{\beta1,\alpha3}\\ \cos\mu_{\beta2,\alpha1} & \cos\mu_{\beta2,\alpha2} & \cos\mu_{\beta2,\alpha3}\\ \cos\mu_{\beta3,\alpha1} & \cos\mu_{\beta3,\alpha2} & \cos\mu_{\beta3,\alpha3}\end{bmatrix} \tag{3-34}$$

式中，$\boldsymbol{e}_{\alpha i}$ 和 $\boldsymbol{e}_{\beta i}$ 分别表示坐标系 α 和坐标系 β 的第 i 个坐标轴对应的单位矢量；$\mu_{\beta i,\alpha j}$ 表示坐标系 α 的 i 轴和坐标系 β 的 j 轴间的夹角，因此姿态矩阵本身就是方向余弦阵(direction cosine matrix，DCM）。

由式(3-34)可知，坐标变换矩阵为单位正交阵，可以通过矩阵转置来实现坐标变换的逆变换，即

$$\boldsymbol{C}_{\beta}^{\alpha}=(\boldsymbol{C}_{\alpha}^{\beta})^{-1}=(\boldsymbol{C}_{\alpha}^{\beta})^{\mathrm{T}} \tag{3-35}$$

从而

$$\boldsymbol{C}_{\alpha}^{\beta}\boldsymbol{C}_{\beta}^{\alpha}=\boldsymbol{I}_3 \tag{3-36}$$

式中，$\boldsymbol{I}_3$ 表示 3×3 的单位矩阵。

通过坐标变换矩阵简单相乘即可实现矢量投影坐标系的连续变换：

$$\boldsymbol{C}_{\alpha}^{\gamma}=\boldsymbol{C}_{\beta}^{\gamma}\boldsymbol{C}_{\alpha}^{\beta} \tag{3-37}$$

如同一般矩阵的乘积一样，姿态矩阵相乘的顺序非常重要：

$$\boldsymbol{C}_{\alpha}^{\gamma}=\boldsymbol{C}_{\beta}^{\gamma}\boldsymbol{C}_{\alpha}^{\beta}\neq\boldsymbol{C}_{\alpha}^{\beta}\boldsymbol{C}_{\beta}^{\gamma} \tag{3-38}$$

这反映了旋转的不可交换性。坐标变换矩阵也可用于矩阵的坐标变换。设矩阵 $\boldsymbol{M}$ 将矢量 $\boldsymbol{a}$ 变换为矢量 $\boldsymbol{b}$，在坐标系 α 和 β 下，矩阵 $\boldsymbol{M}$ 以及矢量 $\boldsymbol{a}$ 和 $\boldsymbol{b}$ 分别表示为 $\boldsymbol{M}^{\alpha}$、$\boldsymbol{a}^{\alpha}$、$\boldsymbol{b}^{\alpha}$ 和 $\boldsymbol{M}^{\beta}$、$\boldsymbol{a}^{\beta}$、$\boldsymbol{b}^{\beta}$，则转换过程可写为

$$\boldsymbol{b}^{\alpha}=\boldsymbol{M}^{\alpha}\boldsymbol{a}^{\alpha} \tag{3-39}$$

或

$$\boldsymbol{b}^{\beta}=\boldsymbol{M}^{\beta}\boldsymbol{a}^{\beta} \tag{3-40}$$

这时，$\boldsymbol{M}$ 的行和列必须与 $\boldsymbol{a}$ 和 $\boldsymbol{b}$ 的维数相同。将式(3-33)代入式(3-39)可得

$$\boldsymbol{C}_{\beta}^{\alpha}\boldsymbol{b}^{\beta}=\boldsymbol{M}^{\alpha}\boldsymbol{C}_{\beta}^{\alpha}\boldsymbol{a}^{\beta} \tag{3-41}$$

左乘 $\boldsymbol{C}_{\beta}^{\alpha}$，考虑式(3-38)，并将结果代入式(3-40)可得

$$\boldsymbol{M}^{\beta}=\boldsymbol{C}_{\alpha}^{\beta}\boldsymbol{M}^{\alpha}\boldsymbol{C}_{\beta}^{\alpha} \tag{3-42}$$

从而将矩阵 $\boldsymbol{M}$ 从 α 坐标系转换到 β 坐标系。其中，矩阵左边的坐标变换矩阵 $\boldsymbol{C}_{\alpha}^{\beta}$ 转换 $\boldsymbol{M}$ 的行，矩阵右边的坐标变换矩阵 $\boldsymbol{C}_{\beta}^{\alpha}$ 转换 $\boldsymbol{M}$ 的列。而当只需要转换矩阵的行或列时，仅分别应用左边或右边的坐标变换矩阵即可。例如，数学平台旋转角速度 $\boldsymbol{\omega}_{in}$ 一般在导航坐标系内计算。应用式(3-41)，得到旋转角速度 $\boldsymbol{\omega}_{in}^{n}$ 的叉乘矩阵 $\left[\boldsymbol{\omega}_{in}^{n}\times\right]$ 的坐标变换关系：

$$\left[\boldsymbol{\omega}_{in}^{b}\times\right]=\boldsymbol{C}_{n}^{b}\left[\boldsymbol{\omega}_{in}^{n}\times\right]\boldsymbol{C}_{b}^{n} \tag{3-43}$$

虽然一个坐标变换矩阵有 9 个元素，但要满足式(3-36)，只有其中的 3 个元素是独立的。因此，姿态矩阵与欧拉角有相同数目的独立元素。一组欧拉角可通过下面的方法转换为姿态矩阵：首先把式(3-27)～式(3-29)的每次旋转依次表示成方向余弦矩阵，然后按旋转顺序从右至左相乘，注意第一个矩阵一定要放在右边。从而欧拉角通过式(3-44)就可以转化为姿态矩阵：

$$\begin{aligned}\boldsymbol{C}_{n}^{b}&=\begin{bmatrix}1&0&0\\0&\cos\gamma&\sin\gamma\\0&-\sin\gamma&\cos\gamma\end{bmatrix}\begin{bmatrix}\cos\theta&0&-\sin\theta\\0&1&0\\\sin\theta&0&\cos\theta\end{bmatrix}\begin{bmatrix}\cos\psi&\sin\psi&0\\-\sin\psi&\cos\psi&0\\0&0&1\end{bmatrix}\\&=\begin{bmatrix}\cos\theta\cos\psi&\cos\theta\sin\psi&-\sin\theta\\\sin\gamma\sin\theta\cos\psi-\cos\gamma\sin\psi&\cos\gamma\cos\psi+\sin\gamma\sin\theta\sin\psi&\sin\gamma\cos\theta\\\sin\gamma\sin\psi+\cos\gamma\sin\theta\cos\psi&\cos\gamma\sin\theta\sin\psi-\sin\gamma\cos\psi&\cos\gamma\cos\theta\end{bmatrix}\end{aligned} \tag{3-44}$$

从而可以通过式(3-45)求取水下机器人的姿态欧拉角：

$$\begin{cases}\gamma=\arctan_2(C_{n2,3}^b,C_{n3,3}^b)\\ \theta=-\arcsin C_{n1,3}^b\\ \psi=\arctan_2(C_{n1,2}^b,C_{n1,1}^b)\end{cases}\tag{3-45}$$

显然姿态矩阵为

$$\boldsymbol{C}_b^n=\left(\boldsymbol{C}_n^b\right)^{\mathrm{T}}=\left(\boldsymbol{C}_n^b\right)^{-1}$$

$$=\begin{bmatrix}\cos\theta\cos\psi & \sin\gamma\sin\theta\cos\psi-\cos\gamma\sin\psi & \sin\gamma\sin\psi+\cos\gamma\sin\theta\cos\psi\\ \cos\theta\sin\psi & \cos\gamma\cos\psi+\sin\gamma\sin\theta\sin\psi & \cos\gamma\sin\theta\sin\psi-\sin\gamma\cos\psi\\ -\sin\theta & \sin\gamma\cos\theta & \cos\gamma\cos\theta\end{bmatrix}\tag{3-46}$$

和

$$\begin{cases}\gamma=\arctan_2(C_{b3,2}^n,C_{n3,3}^b)\\ \theta=-\arcsin C_{b3,1}^n\\ \psi=\arctan_2(C_{b2,1}^n,C_{b1,1}^n)\end{cases}\tag{3-47}$$

式中，$\arctan_2(a,b)$是四象限反正切函数。当用姿态矩阵和欧拉角描述一个小角度的扰动时，考虑到小角度近似，式(3-44)可表示为

$$\boldsymbol{C}_n^b\approx\begin{bmatrix}1 & \psi & -\theta\\ -\psi & 1 & \gamma\\ \theta & -\gamma & 1\end{bmatrix}=\boldsymbol{I}_3-[\boldsymbol{\Omega}\times]\tag{3-48}$$

式(3-46)变为

$$\boldsymbol{C}_b^n\approx\boldsymbol{I}_3+[\boldsymbol{\Omega}\times]\tag{3-49}$$

式中，$[\boldsymbol{\Omega}\times]$表示欧拉角的叉乘矩阵。

3.3.5 单位四元数

单位四元数(quaternion)表示，是由四个元素组成的单位超复数：

$$\boldsymbol{q}=(q_0,q_1,q_2,q_3)\tag{3-50}$$

显然，单位四元数的模等于 1。一个单位四元数表示一次转动，则式中q_0表示转动幅度的函数，其他三个元素是旋转轴上转动幅度的函数。与坐标变换矩阵一样，单次旋转的目标坐标系与源坐标系的旋转轴是一致的，用矢量$\boldsymbol{e}_{\beta\alpha}^{\alpha/\beta}$表示。单位四元数表示法与其他的姿态表示法一样，只有三个元素是独立的。单位四元数姿态变换定义为

$$\boldsymbol{q}_\beta^\alpha=\begin{bmatrix}\cos(\mu_{\beta\alpha}/2)\\ \boldsymbol{e}_{\beta\alpha,1}^{\alpha/\beta}\sin(\mu_{\beta\alpha}/2)\\ \boldsymbol{e}_{\beta\alpha,2}^{\alpha/\beta}\sin(\mu_{\beta\alpha}/2)\\ \boldsymbol{e}_{\beta\alpha,3}^{\alpha/\beta}\sin(\mu_{\beta\alpha}/2)\end{bmatrix}\tag{3-51}$$

式中，$\mu_{\beta\alpha}$和$\boldsymbol{e}_{\beta\alpha}^{\alpha/\beta}$分别表示旋转幅度和旋转轴。

反之

$$\mu_{\beta\alpha}=2\arccos(q_{\beta0}^\alpha),\qquad \boldsymbol{e}_{\beta\alpha}^{\alpha/\beta}=\frac{\boldsymbol{q}_{\beta1:3}^\alpha}{|\boldsymbol{q}_{\beta1:3}^\alpha|}\tag{3-52}$$

式中，$\boldsymbol{q}_{1:3}=q_1,q_2,q_3$。

由于只有四个元素，四元数比坐标变换矩阵的计算效率高，也避免了欧拉角中固有的奇异值问题。但四元数运算不直观，如果用它替换坐标变换矩阵，会使得导航方程的运算难以理解，增加了出错的概率。因此，这里对四元数的讨论仅限于它们与姿态矩阵之间的转换关系。通过式(3-53)可完成四元数与坐标变换矩阵之间的变换：

$$\boldsymbol{C}_\beta^\alpha=\begin{bmatrix} q_{\beta 0}^{\alpha 2}+q_{\beta 1}^{\alpha 2}-q_{\beta 2}^{\alpha 2}-q_{\beta 3}^{\alpha 2} & 2(q_{\beta 1}^\alpha q_{\beta 2}^\alpha+q_{\beta 3}^\alpha q_{\beta 0}^\alpha) & 2(q_{\beta 1}^\alpha q_{\beta 3}^\alpha-q_{\beta 2}^\alpha q_{\beta 0}^\alpha) \\ 2(q_{\beta 1}^\alpha q_{\beta 2}^\alpha-q_{\beta 3}^\alpha q_{\beta 0}^\alpha) & q_{\beta 0}^{\alpha 2}-q_{\beta 1}^{\alpha 2}+q_{\beta 2}^{\alpha 2}-q_{\beta 3}^{\alpha 2} & 2(q_{\beta 2}^\alpha q_{\beta 3}^\alpha+q_{\beta 1}^\alpha q_{\beta 0}^\alpha) \\ 2(q_{\beta 1}^\alpha q_{\beta 3}^\alpha+q_{\beta 2}^\alpha q_{\beta 0}^\alpha) & 2(q_{\beta 2}^\alpha q_{\beta 3}^\alpha-q_{\beta 1}^\alpha q_{\beta 0}^\alpha) & q_{\beta 0}^{\alpha 2}-q_{\beta 1}^{\alpha 2}-q_{\beta 2}^{\alpha 2}+q_{\beta 3}^{\alpha 2} \end{bmatrix} \tag{3-53}$$

$$\begin{cases} q_{\beta 0}^\alpha=\dfrac{1}{2}\sqrt{1+C_{\beta 1,1}^\alpha+C_{\beta 2,2}^\alpha+C_{\beta 3,3}^\alpha}=\dfrac{1}{2}\sqrt{1+C_{\alpha 1,1}^\beta+C_{\alpha 2,2}^\beta+C_{\alpha 3,3}^\beta} \\ q_{\beta 1}^\alpha=\dfrac{C_{\beta 2,3}^\alpha-C_{\beta 3,2}^\alpha}{4q_{\beta 0}^\alpha}=\dfrac{C_{\alpha 3,2}^\beta-C_{\alpha 2,3}^\beta}{4q_{\beta 0}^\alpha} \\ q_{\beta 2}^\alpha=\dfrac{C_{\beta 3,1}^\alpha-C_{\beta 1,3}^\alpha}{4q_{\beta 0}^\alpha}=\dfrac{C_{\alpha 1,3}^\beta-C_{\alpha 3,1}^\beta}{4q_{\beta 0}^\alpha} \\ q_{\beta 3}^\alpha=\dfrac{C_{\beta 1,2}^\alpha-C_{\beta 2,1}^\alpha}{4q_{\beta 0}^\alpha}=\dfrac{C_{\alpha 2,1}^\beta-C_{\alpha 1,2}^\beta}{4q_{\beta 0}^\alpha} \end{cases} \tag{3-54}$$

当 $q_{\beta 0}^\alpha$ 趋近于 0 时，式(3-54)可替换为

$$\begin{cases} q_{\beta 1}^\alpha=\dfrac{1}{2}\sqrt{1+C_{\beta 1,1}^\alpha-C_{\beta 2,2}^\alpha-C_{\beta 3,3}^\alpha}=\dfrac{1}{2}\sqrt{1+C_{\alpha 1,1}^\beta-C_{\alpha 2,2}^\beta-C_{\alpha 3,3}^\beta} \\ q_{\beta 0}^\alpha=\dfrac{C_{\beta 2,3}^\alpha-C_{\beta 3,2}^\alpha}{4q_{\beta 1}^\alpha}=\dfrac{C_{\alpha 3,2}^\beta-C_{\alpha 2,3}^\beta}{4q_{\beta 1}^\alpha} \\ q_{\beta 2}^\alpha=\dfrac{C_{\beta 2,1}^\alpha+C_{\beta 1,2}^\alpha}{4q_{\beta 1}^\alpha}=\dfrac{C_{\alpha 1,2}^\beta+C_{\alpha 2,1}^\beta}{4q_{\beta 1}^\alpha} \\ q_{\beta 3}^\alpha=\dfrac{C_{\beta 3,1}^\alpha+C_{\beta 1,3}^\alpha}{4q_{\beta 1}^\alpha}=\dfrac{C_{\alpha 1,3}^\beta+C_{\alpha 3,1}^\beta}{4q_{\beta 1}^\alpha} \end{cases} \tag{3-55}$$

四元数和欧拉角之间的变换为

$$\begin{cases} \gamma=\arctan_2[2(q_{\beta 0}^\alpha q_{\beta 1}^\alpha+q_{\beta 2}^\alpha q_{\beta 3}^\alpha),(1-2q_{\beta 1}^{\alpha 2}-2q_{\beta 2}^{\alpha 2})] \\ \theta=\arcsin[2(q_{\beta 0}^\alpha q_{\beta 2}^\alpha-q_{\beta 1}^\alpha q_{\beta 3}^\alpha)] \\ \psi=\arctan_2[2(q_{\beta 0}^\alpha q_{\beta 3}^\alpha+q_{\beta 1}^\alpha q_{\beta 2}^\alpha),(1-2q_{\beta 2}^{\alpha 2}-2q_{\beta 3}^{\alpha 2})] \end{cases} \tag{3-56}$$

注意必须用四象限反正切函数，且

$$\begin{cases} q_{\beta 0}^\alpha=\cos\dfrac{\gamma}{2}\cos\dfrac{\theta}{2}\cos\dfrac{\psi}{2}+\sin\dfrac{\gamma}{2}\sin\dfrac{\theta}{2}\sin\dfrac{\psi}{2} \\ q_{\beta 1}^\alpha=\sin\dfrac{\gamma}{2}\cos\dfrac{\theta}{2}\cos\dfrac{\psi}{2}-\cos\dfrac{\gamma}{2}\sin\dfrac{\theta_{\beta\alpha}}{2}\sin\dfrac{\psi}{2} \\ q_{\beta 2}^\alpha=\cos\dfrac{\gamma}{2}\sin\dfrac{\theta}{2}\cos\dfrac{\psi}{2}+\sin\dfrac{\gamma}{2}\cos\dfrac{\theta}{2}\sin\dfrac{\psi}{2} \\ q_{\beta 3}^\alpha=\cos\dfrac{\gamma}{2}\cos\dfrac{\theta}{2}\sin\dfrac{\psi}{2}-\sin\dfrac{\gamma}{2}\sin\dfrac{\theta}{2}\cos\dfrac{\psi}{2} \end{cases} \tag{3-57}$$

3.3.6 旋转矢量

旋转矢量(rotation vector)是本节介绍的最后一种表示姿态的方法。旋转矢量是一个三元素的矢量，常用$\boldsymbol{\sigma}$表示，实际上是旋转轴单矢量和旋转幅度的简单组合，因此有

$$\boldsymbol{\sigma}_{\beta\alpha}=\mu_{\beta\alpha}\boldsymbol{e}_{\beta\alpha}^{\alpha/\beta} \tag{3-58}$$

反之

$$\mu_{\beta\alpha}=|\boldsymbol{\sigma}_{\beta\alpha}|,\quad \boldsymbol{e}_{\beta\alpha}^{\alpha/\beta}=\frac{\boldsymbol{\sigma}_{\beta\alpha}}{|\boldsymbol{\sigma}_{\beta\alpha}|} \tag{3-59}$$

式中，$\boldsymbol{e}_{\beta\alpha}^{\alpha/\beta}$称为旋转轴单位矢量。

旋转矢量与四元数之间的变换关系为

$$q_{\beta 0}^{\alpha}=\cos\frac{|\boldsymbol{\sigma}_{\beta\alpha}|}{2},\quad \boldsymbol{q}_{\beta 1:3}^{\alpha}=\sin\left(\frac{|\boldsymbol{\sigma}_{\beta\alpha}|}{2}\right)\frac{\boldsymbol{\sigma}_{\beta\alpha}}{|\boldsymbol{\sigma}_{\beta\alpha}|} \tag{3-60}$$

$$\boldsymbol{\sigma}_{\beta\alpha}=\frac{2\arccos(q_{\beta 0}^{\alpha})}{\sqrt{1-\left(q_{\beta 0}^{\alpha}\right)^2}}\boldsymbol{q}_{\beta 1:3}^{\alpha} \tag{3-61}$$

旋转矢量可通过式(3-61)变换为坐标变换矩阵：

$$\boldsymbol{C}_{\beta}^{\alpha}=\exp[-\boldsymbol{\sigma}_{\beta\alpha}\times]=\boldsymbol{I}_3-\frac{\sin|\boldsymbol{\sigma}_{\beta\alpha}|}{|\boldsymbol{\sigma}_{\beta\alpha}|}[\boldsymbol{\sigma}_{\beta\alpha}\times]+\frac{1-\cos|\boldsymbol{\sigma}_{\beta\alpha}|}{|\boldsymbol{\sigma}_{\beta\alpha}|^2}[\boldsymbol{\sigma}_{\beta\alpha}\times]^2 \tag{3-62}$$

坐标变换矩阵到旋转矢量的变换为

$$\boldsymbol{\sigma}_{\beta\alpha}=\frac{\mu_{\beta\alpha}}{2\sin\mu_{\beta\alpha}}\begin{bmatrix}C_{\beta 2,3}^{\alpha}-C_{\beta 3,2}^{\alpha}\\ C_{\beta 3,1}^{\alpha}-C_{\beta 1,3}^{\alpha}\\ C_{\beta 1,2}^{\alpha}-C_{\beta 2,1}^{\alpha}\end{bmatrix} \tag{3-63}$$

$$\mu_{\beta\alpha}=\arccos\frac{C_{\beta 1,1}^{\alpha}+C_{\beta 2,2}^{\alpha}+C_{\beta 3,3}^{\alpha}-1}{2} \tag{3-64}$$

由式(3-64)可将旋转矢量变换为欧拉角表示的姿态：

$$\begin{cases}\gamma=\arctan_2\left[\left(\dfrac{\sin|\boldsymbol{\sigma}_{\beta\alpha}|}{|\boldsymbol{\sigma}_{\beta\alpha}|}\boldsymbol{\sigma}_{\beta\alpha 1}+\dfrac{1-\cos|\boldsymbol{\sigma}_{\beta\alpha}|}{|\boldsymbol{\sigma}_{\beta\alpha}|^2}\boldsymbol{\sigma}_{\beta\alpha 2}\boldsymbol{\sigma}_{\beta\alpha 3}\right),\dfrac{\boldsymbol{\sigma}_{\beta\alpha 3}^2-\cos|\boldsymbol{\sigma}_{\beta\alpha}|(\boldsymbol{\sigma}_{\beta\alpha 1}^2+\boldsymbol{\sigma}_{\beta\alpha 2}^2)}{|\boldsymbol{\sigma}_{\beta\alpha}|^2}\right]\\ \theta=\arcsin\left(\dfrac{\sin|\boldsymbol{\sigma}_{\beta\alpha}|}{|\boldsymbol{\sigma}_{\beta\alpha}|}\boldsymbol{\sigma}_{\beta\alpha 2}-\dfrac{1-\cos|\boldsymbol{\sigma}_{\beta\alpha}|}{|\boldsymbol{\sigma}_{\beta\alpha}|^2}\boldsymbol{\sigma}_{\beta\alpha 1}\boldsymbol{\sigma}_{\beta\alpha 3}\right)\\ \psi=\arctan_2\left[\left(\dfrac{\sin|\boldsymbol{\sigma}_{\beta\alpha}|}{|\boldsymbol{\sigma}_{\beta\alpha}|}\boldsymbol{\sigma}_{\beta\alpha 3}+\dfrac{1-\cos|\boldsymbol{\sigma}_{\beta\alpha}|}{|\boldsymbol{\sigma}_{\beta\alpha}|^2}\boldsymbol{\sigma}_{\beta\alpha 1}\boldsymbol{\sigma}_{\beta\alpha 2}\right),\dfrac{\boldsymbol{\sigma}_{\beta\alpha 1}^2-\cos|\boldsymbol{\sigma}_{\beta\alpha}|(\boldsymbol{\sigma}_{\beta\alpha 2}^2+\boldsymbol{\sigma}_{\beta\alpha 2}^2)}{|\boldsymbol{\sigma}_{\beta\alpha}|^2}\right]\end{cases} \tag{3-65}$$

小角度近似时，旋转矢量和欧拉角是一致的。旋转矢量反向变换一般比较复杂，因此最好通过四元数或坐标变换矩阵来完成。

在几种姿态表示方法中，旋转矢量是唯一可以对旋转过程线性插值的方法，因此旋转矢量在姿态插值中非常有用。例如，坐标系γ处于从坐标系β旋转到坐标系α的k倍方位处，

则表示三者之间的相对姿态的旋转矢量可写为

$$\begin{cases} \boldsymbol{\sigma}_{\beta\gamma} = k\boldsymbol{\sigma}_{\beta\alpha} \\ \boldsymbol{\sigma}_{\gamma\alpha} = (1-k)\boldsymbol{\sigma}_{\beta\alpha} \end{cases} \tag{3-66}$$

注意，非共线旋转矢量既不互易也不可累加。

3.3.7 地球惯性坐标系和地球坐标系间变换

地球惯性坐标系和地球坐标系的原点及 z 轴相同，x 轴和 y 轴在 t_0 时刻一致且地球坐标系以 ω_{ie} 的角速度绕 z 轴旋转，因此有

$$\begin{cases} \boldsymbol{C}_i^e = \begin{bmatrix} \cos\omega_{ie}(t-t_0) & \sin\omega_{ie}(t-t_0) & 0 \\ -\sin\omega_{ie}(t-t_0) & \cos\omega_{ie}(t-t_0) & 0 \\ 0 & 0 & 1 \end{bmatrix} \\ \boldsymbol{C}_e^i = \begin{bmatrix} \cos\omega_{ie}(t-t_0) & -\sin\omega_{ie}(t-t_0) & 0 \\ \sin\omega_{ie}(t-t_0) & \cos\omega_{ie}(t-t_0) & 0 \\ 0 & 0 & 1 \end{bmatrix} \end{cases} \tag{3-67}$$

以这两个坐标系为参考的位置是一样的，只有投影轴系需要转换：

$$\boldsymbol{r}_{eb}^e = \boldsymbol{C}_i^e \boldsymbol{r}_{ib}^i,\quad \boldsymbol{r}_{ib}^i = \boldsymbol{C}_e^i \boldsymbol{r}_{eb}^e \tag{3-68}$$

速度和加速度的转换要复杂一些：

$$\begin{cases} \boldsymbol{v}_{eb}^e = \boldsymbol{C}_i^e(\boldsymbol{v}_{ib}^i - \boldsymbol{\Omega}_{ie}^i \boldsymbol{r}_{ib}^i) \\ \boldsymbol{v}_{ib}^i = \boldsymbol{C}_e^i(\boldsymbol{v}_{eb}^e + \boldsymbol{\Omega}_{ie}^e \boldsymbol{r}_{eb}^e) \end{cases} \tag{3-69}$$

$$\begin{cases} \boldsymbol{a}_{eb}^e = \boldsymbol{C}_i^e(\boldsymbol{a}_{ib}^i - 2\boldsymbol{\Omega}_{ie}^i \boldsymbol{v}_{ib}^i + \boldsymbol{\Omega}_{ie}^i \boldsymbol{\Omega}_{ie}^i \boldsymbol{r}_{ib}^i) \\ \boldsymbol{a}_{ib}^i = \boldsymbol{C}_e^i(\boldsymbol{a}_{eb}^e + 2\boldsymbol{\Omega}_{ie}^e \boldsymbol{v}_{eb}^e + \boldsymbol{\Omega}_{ie}^e \boldsymbol{\Omega}_{ie}^e \boldsymbol{r}_{eb}^e) \end{cases} \tag{3-70}$$

角速度转换为

$$\boldsymbol{\omega}_{eb}^e = \boldsymbol{C}_i^e \left[\boldsymbol{\omega}_{ib}^i - \begin{bmatrix} 0 \\ 0 \\ \omega_{ie} \end{bmatrix} \right],\quad \boldsymbol{\omega}_{ib}^i = \boldsymbol{C}_e^i \left[\boldsymbol{\omega}_{eb}^e + \begin{bmatrix} 0 \\ 0 \\ \omega_{ie} \end{bmatrix} \right] \tag{3-71}$$

3.3.8 地球坐标系和导航坐标系间变换

地球坐标系与当地导航坐标系的相对姿态，是由其相应的载体坐标系的大地纬度 L_b 和经度 λ_b 确定的。载体坐标系的原点与相应的当地导航坐标系的原点是重合的，故

$$\begin{cases} \boldsymbol{C}_e^n = \begin{bmatrix} -\sin L_b\cos\lambda_b & -\sin L_b\sin\lambda_b & \cos L_b \\ -\sin\lambda_b & \cos\lambda_b & 0 \\ -\cos L_b\cos\lambda_b & -\cos L_b\sin\lambda_b & -\sin L_b \end{bmatrix} \\ \boldsymbol{C}_n^e = \begin{bmatrix} -\sin L_b\cos\lambda_b & -\sin\lambda_b & -\cos L_b\cos\lambda_b \\ -\sin L_b\sin\lambda_b & \cos\lambda_b & -\cos L_b\sin\lambda_b \\ \cos L_b & 0 & -\sin L_b \end{bmatrix} \end{cases} \tag{3-72}$$

反之，也可通过坐标变换矩阵由式(3-73)得到经纬度：

$$\begin{cases} L_b = \arctan(-C_{e3,3}^n / C_{e1,3}^n) = \arctan(-C_{e3,3}^e / C_{e3,1}^e) \\ \lambda_b = \arctan_2(-C_{e2,1}^n, C_{e2,2}^n) = \arctan_2(-C_{e1,2}^e, C_{e2,2}^e) \end{cases} \tag{3-73}$$

以当地导航坐标系为参考坐标系的位置、速度和加速度是无意义的，因为载体坐标系的原点和当地导航坐标系的原点是重合的。以地球为参考的位置、速度和加速度的投影坐标系转换公式为

$$\begin{cases} \boldsymbol{r}_{eb}^n = \boldsymbol{C}_e^n \boldsymbol{r}_{eb}^e, \quad \boldsymbol{r}_{eb}^e = \boldsymbol{C}_n^e \boldsymbol{r}_{eb}^n \\ \boldsymbol{v}_{eb}^n = \boldsymbol{C}_e^n \boldsymbol{v}_{eb}^e, \quad \boldsymbol{v}_{eb}^e = \boldsymbol{C}_n^e \boldsymbol{v}_{eb}^n \\ \boldsymbol{a}_{eb}^n = \boldsymbol{C}_e^n \boldsymbol{a}_{eb}^e, \quad \boldsymbol{a}_{eb}^e = \boldsymbol{C}_n^e \boldsymbol{a}_{eb}^n \end{cases} \tag{3-74}$$

角速度的转换公式如下：

$$\begin{cases} \boldsymbol{\omega}_{nb}^n = \boldsymbol{C}_e^n (\boldsymbol{\omega}_{eb}^e - \boldsymbol{\omega}_{en}^e) = \boldsymbol{C}_e^n \boldsymbol{\omega}_{eb}^e - \boldsymbol{\omega}_{en}^n \\ \boldsymbol{\omega}_{eb}^e = \boldsymbol{C}_n^e (\boldsymbol{\omega}_{nb}^n + \boldsymbol{\omega}_{en}^n) \end{cases} \tag{3-75}$$

3.3.9　地球惯性坐标系和导航坐标系间变换

地球惯性坐标系和当地导航坐标系的坐标变换矩阵由式(3-67)和式(3-72)相乘得到：

$$\begin{cases} \boldsymbol{C}_i^n = \begin{bmatrix} -\sin L_b \cos(\lambda_b + \omega_{ie}(t-t_0)) & -\sin L_b \sin(\lambda_b + \omega_{ie}(t-t_0)) & \cos L_b \\ -\sin(\lambda_b + \omega_{ie}(t-t_0)) & \cos(\lambda_b + \omega_{ie}(t-t_0)) & 0 \\ -\cos L_b \cos(\lambda_b + \omega_k(t-t_0)) & -\cos L_b \sin(\lambda_b + \omega_k(t-t_0)) & -\sin L_b \end{bmatrix} \\ \boldsymbol{C}_n^i = \begin{bmatrix} -\sin L_b \cos(\lambda_b + \omega_{ie}(t-t_0)) & -\sin(\lambda_b + \omega_{ie}(t-t_0)) & -\cos L_b \cos(\lambda_b + \omega_{ie}(t-t_0)) \\ -\sin L_b \sin(\lambda_b + \omega_{ie}(t-t_0)) & \cos(\lambda_b + \omega_{ie}(t-t_0)) & -\cos L_b \sin(\lambda_b + \omega_{ie}(t-t_0)) \\ \cos L_b & 0 & -\sin L_b \end{bmatrix} \end{cases} \tag{3-76}$$

相对于地球的速度和加速度在当地导航坐标系与地球惯性坐标系之间的转换关系如下：

$$\begin{cases} \boldsymbol{v}_{eb}^n = \boldsymbol{C}_i^n (\boldsymbol{v}_{ib}^i - \boldsymbol{\Omega}_{ie}^i \boldsymbol{r}_{ib}^i) \\ \boldsymbol{v}_{ib}^i = \boldsymbol{C}_n^i \boldsymbol{v}_{eb}^n + \boldsymbol{C}_e^i \boldsymbol{\Omega}_{ie}^e \boldsymbol{r}_{eb}^e \end{cases} \tag{3-77}$$

$$\begin{cases} \boldsymbol{a}_{eb}^n = \boldsymbol{C}_i^n (\boldsymbol{a}_{ib}^i - 2\boldsymbol{\Omega}_{ie}^i \boldsymbol{v}_{ib}^i + \boldsymbol{\Omega}_{ie}^i \boldsymbol{\Omega}_{ie}^i \boldsymbol{r}_{ib}^i) \\ \boldsymbol{a}_{ib}^i = \boldsymbol{C}_n^i (\boldsymbol{a}_{eb}^n + 2\boldsymbol{\Omega}_{ie}^n \boldsymbol{v}_{eb}^n) + \boldsymbol{C}_e^i \boldsymbol{\Omega}_{ie}^e \boldsymbol{\Omega}_{ie}^e \boldsymbol{r}_{eb}^e \end{cases} \tag{3-78}$$

角速度的转换为

$$\begin{cases} \boldsymbol{\omega}_{nb}^n = \boldsymbol{C}_i^n (\boldsymbol{\omega}_{ib}^i - \boldsymbol{\omega}_{in}^i) = \boldsymbol{C}_i^n (\boldsymbol{\omega}_{ib}^i - \boldsymbol{\omega}_{ie}^i) - \boldsymbol{\omega}_{en}^n \\ \boldsymbol{\omega}_{ib}^i = \boldsymbol{C}_n^i (\boldsymbol{\omega}_{nb}^n + \boldsymbol{\omega}_{in}^n) = \boldsymbol{C}_n^i (\boldsymbol{\omega}_{nb}^n + \boldsymbol{\omega}_{en}^n) + \boldsymbol{\omega}_{ie}^i \end{cases} \tag{3-79}$$

3.3.10　地球坐标系和当地切平面坐标系间变换

坐标轴与北、东、地对齐的当地切平面坐标系相对于地球坐标系的方位，可由大地纬度 L_l 和经度 λ_l 以及当地切平面坐标系原点确定：

$$\begin{cases} \boldsymbol{C}_e^l = \begin{bmatrix} -\sin L_l \cos\lambda_l & -\sin L_l \sin\lambda_l & \cos L_l \\ -\sin\lambda_l & \cos\lambda_l & 0 \\ -\cos L_l \cos\lambda_l & -\cos L_l \sin\lambda_l & -\sin L_l \end{bmatrix} \\ \boldsymbol{C}_l^e = \begin{bmatrix} -\sin L_l \cos\lambda_l & -\sin L_l & -\cos L_l \cos\lambda_l \\ -\sin L_l \sin\lambda_l & \cos L_l & -\cos L_l \sin\lambda_l \\ \cos L_l & 0 & -\sin L_l \end{bmatrix} \end{cases} \tag{3-80}$$

当地切平面坐标系相对于地球坐标系的原点和方位为常数，这样，通过简单的坐标轴旋转就可以得到速度、加速度和角速度的变换值：

$$\begin{cases} \boldsymbol{v}_{eb}^l = \boldsymbol{C}_e^l \boldsymbol{v}_{eb}^e, \quad \boldsymbol{v}_{eb}^e = \boldsymbol{C}_l^e \boldsymbol{v}_{eb}^l \\ \boldsymbol{a}_{eb}^l = \boldsymbol{C}_e^l \boldsymbol{a}_{eb}^e, \quad \boldsymbol{a}_{eb}^e = \boldsymbol{C}_l^e \boldsymbol{a}_{eb}^l \\ \boldsymbol{\omega}_{eb}^l = \boldsymbol{C}_e^l \boldsymbol{\omega}_{eb}^e, \quad \boldsymbol{\omega}_{eb}^e = \boldsymbol{C}_l^e \boldsymbol{\omega}_{eb}^l \end{cases} \tag{3-81}$$

笛卡儿位置变换为

$$\begin{cases} \boldsymbol{r}_{lb}^l = \boldsymbol{C}_e^l (\boldsymbol{r}_{eb}^e - \boldsymbol{r}_{el}^e) \\ \boldsymbol{r}_{eb}^e = \boldsymbol{r}_{el}^e + \boldsymbol{C}_l^e \boldsymbol{r}_{lb}^l \end{cases} \tag{3-82}$$

式中，$\boldsymbol{r}_{el}^e$ 为 l 坐标系原点的笛卡儿地球坐标系位置。

3.4　水下机器人捷联航姿系统

航姿参考系统(AHRS)，简称航姿系统，是一种能够连续提供姿态、航向等导航信息的惯性系统。水下机器人捷联航姿系统的惯性测量单元与艇体固联，沿水下机器人载体坐标系安装，基于加速度计、陀螺仪等传感器数据，捷联航姿系统通过航姿解算方法，实时解算水下机器人载体坐标系相对导航坐标系的姿态和航向等导航参数。目前，水下机器人常用光纤捷联航姿系统和硅微航姿系统测量水下机器人的航姿信息。本节主要介绍适用于光纤捷联航姿系统的重力锥航姿解算方法和适用于硅微航姿系统的航姿解算方法。

3.4.1　光纤捷联航姿系统原理

航姿系统最初是基于机械转子陀螺的自寻北陀螺罗经系统，主要由下重摆式机械陀螺构成，只能确定船舶纵轴相对于地理正北的航向。机械陀螺罗经一般重达几十千克，体积大，对准时间长，精度低，可靠性差，对载体运动和环境影响敏感，不能应用于水下机器人导航。1997 年，法国 Ixsea 公司研发了光纤捷联航姿系统 Octans。Octans 光纤捷联航姿系统由三个 0.05°/h 的光纤陀螺仪和三个石英加速度计组成，能够在 5min 内确定航向，精度为 0.2° sec$L$(L 为当地纬度)，水平姿态精度为 0.01°。水下型 Octans 光纤捷联航姿系统工作深度优于 1000m，因此 Octans 航姿系统广泛应用于水下机器人导航。

Octans 光纤捷联航姿系统工作原理源于“静态”指北仪，采用“重力锥”自寻北航姿解算方法，通过解算重力在地球赤道和子午圈上的表观运动，跟踪地球自转角速度矢量 $\boldsymbol{\omega}_{ie}$，实

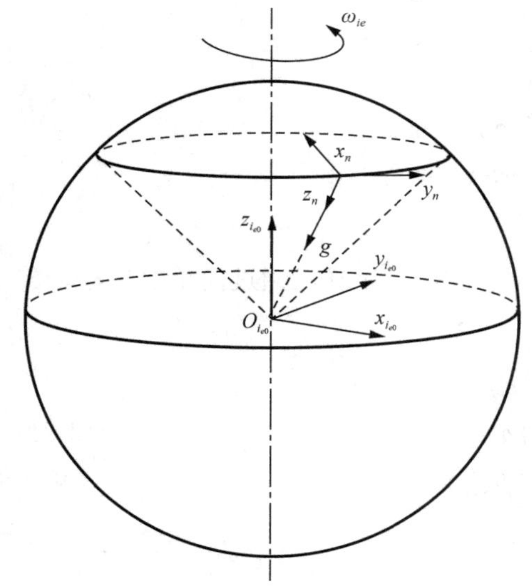

图 3-21 重力相对地球惯性坐标系慢漂示意图

现自动寻北。Octans 光纤捷联航姿系统基于光纤陀螺仪测得旋转角速率，积分解算出载体坐标系在地固惯性系中的姿态信息，利用该姿态将加速度计的比力测量值转换到地球惯性坐标系下，求出地球惯性坐标系下的表观重力。表观重力矢量在地球惯性坐标系中的投影绕地球自转轴旋转，如图 3-21 所示，经过一个恒星日，重力矢量绕地球自转轴形成一个圆锥，即重力锥。通过观测分析加速度计测量处理得到的"纯净"重力加速度在地球惯性坐标系下的慢漂现象，确定载体相对于地理真北的航向。

光纤捷联航姿系统的精度取决于陀螺仪的性能。假定地球自转角速度的近似值为 $7\times10^{-5}\,\mathrm{rad/s}$，要获取 $10^{-3}\,\mathrm{rad}$ 的航向测量精度，陀螺精度需要在 $7\times10^{-8}\,\mathrm{rad/s}$ 或 $0.01°/\mathrm{h}$ 左右。只有航空和航海级陀螺能达到这一精度。陀螺漂移超过 $5°/\mathrm{h}$ 的光纤罗经，无法实现准确的航向测量。

3.4.2 姿态矩阵计算

Octans 光纤捷联航姿系统基于"重力锥"自寻北航姿解算方法，通过解算跟踪重力矢量在地球赤道和子午圈上的运动实现航姿解算。初始时刻，光纤捷联航姿系统在 NED 导航坐标系下完成初始对准后，构建地球惯性坐标系 i_{e0}。因此姿态矩阵 $\boldsymbol{C}_b^n$ 可写为

$$\boldsymbol{C}_b^n = \boldsymbol{C}_{i_{e0}}^n \boldsymbol{C}_b^{i_{e0}} \tag{3-83}$$

式中，地球惯性姿态矩阵 $\boldsymbol{C}_b^{i_{e0}}$ 可以通过解算微分方程 $\dot{\boldsymbol{C}}_b^{i_{e0}} = \boldsymbol{C}_b^{i_{e0}}\left[\boldsymbol{\omega}_{ib}^b \times\right]$ 求解，求解方法超出本书范围，在此不做详细讨论。而 $\boldsymbol{C}_{i_{e0}}^n$ 可分解为

$$\boldsymbol{C}_{i_{e0}}^n = \boldsymbol{C}_e^n \boldsymbol{C}_{i_{e0}}^e \tag{3-84}$$

式中，地球惯性坐标系到地球坐标系的变换矩阵为

$$\boldsymbol{C}_{i_{e0}}^e = \begin{bmatrix} \cos(\omega_{ie}t) & \sin(\omega_{ie}t) & 0 \\ -\sin(\omega_{ie}t) & \cos(\omega_{ie}t) & 0 \\ 0 & 0 & 1 \end{bmatrix} \tag{3-85}$$

地球坐标系到 NED 导航坐标系的变换矩阵为

$$\boldsymbol{C}_e^n = \begin{bmatrix} -\sin L\cos\lambda & -\sin L\sin\lambda & \cos L \\ -\sin\lambda & \cos\lambda & 0 \\ -\cos L\cos\lambda & -\cos L\sin\lambda & -\sin L \end{bmatrix} \tag{3-86}$$

式中，L 为水下机器人在大地坐标系下的纬度值；λ 为经度值。因此有

$$\boldsymbol{C}_{i_{e0}}^n = \boldsymbol{C}_e^n \boldsymbol{C}_{i_{e0}}^e = \begin{bmatrix} -\sin L\cos(\lambda+\omega_{ie}t) & -\sin L\sin(\lambda+\omega_{ie}t) & \cos L \\ -\sin(\lambda+\omega_{ie}t) & \cos(\lambda+\omega_{ie}t) & 0 \\ -\cos L\cos(\lambda+\omega_{ie}t) & -\cos L\sin(\lambda+\omega_{ie}t) & -\sin L \end{bmatrix} \tag{3-87}$$

显然，只要能够实时跟踪解算水下机器人所处经纬度大地坐标，即可计算地球惯性坐标系到 NED 导航坐标系的变换矩阵 $\boldsymbol{C}_{i_{e0}}^{n}$ ，进而求得姿态矩阵 $\boldsymbol{C}_{b}^{n}$ 。

3.4.3　重力捕获与滤波

“重力锥”自寻北航姿解算方法，利用 NED 导航坐标系中的重力加速度矢量 $\boldsymbol{g}$ 在地球惯性坐标系内的投影，求取 NED 导航坐标系到地球惯性坐标系之间的转换矩阵 $\boldsymbol{C}_{i_{e0}}^{n}$ 。设 NED 导航坐标系内的重力加速度矢量投影坐标为

$$\boldsymbol{g}^{n}=\begin{bmatrix}0\\0\\g\end{bmatrix} \tag{3-88}$$

则地球惯性坐标系下重力加速度矢量投影坐标为

$$\boldsymbol{g}^{i_{e0}}=\boldsymbol{C}_{n}^{i_{e0}}\boldsymbol{g}^{n}=-\begin{bmatrix}\cos L\cos(\lambda+\omega_{ie}t)\\ \cos L\sin(\lambda+\omega_{ie}t)\\ \sin L\end{bmatrix}g \tag{3-89}$$

重力矢量投影变化与地球自转角速度和水下机器人运动有关，如何从加速度计输出的比力信息中得到“纯净”的重力加速度至关重要。采用数字滤波方法可以消除比力测量中其他加速度对重力加速度的干扰。在 NED 导航坐标系下，3 个加速度计输出的比力信息在其上的投影为

$$\boldsymbol{f}^{n}=\boldsymbol{C}_{b}^{n}\boldsymbol{f}^{b} \tag{3-90}$$

水下机器人的运动干扰使 $\boldsymbol{C}_{b}^{n}$ 变化剧烈，因而 NED 导航坐标系下的比力投影坐标 $\boldsymbol{f}^{n}$ 变化剧烈。即使水下机器人仅有角运动，比力中仅含有重力加速度矢量信息，NED 导航坐标系下的重力加速度矢量 $\boldsymbol{g}^{n}$ 的投影坐标也变化剧烈，因此很难从 NED 导航坐标系下通过滤波将水下机器人的运动干扰加速度从重力加速度中去除。但在地球惯性坐标系下，3 个加速度计输出的比力信息在其上的投影为 $\boldsymbol{f}^{i_{e0}}=\boldsymbol{C}_{b}^{i_{e0}}\boldsymbol{f}^{b}$ ，由于地球自转使得重力加速度投影矢量 $\boldsymbol{f}^{i_{e0}}$ 以周期 23h56min4.1s 变化，处于较低频段，而其他水下机器人运动干扰加速度变化频段处于相对较高的频率，因而可以通过低通数字滤波器将高频的运动干扰加速度信号从比力信息中滤除，得到较为“纯净”的重力信息。

3.4.4　水下捷联惯性航姿解算

如图 3-22 所示，比力在地球惯性坐标系下的表观运动可表示为 $\boldsymbol{f}_{ib}^{i_{e0}}=\boldsymbol{C}_{b}^{i_{e0}}\boldsymbol{f}_{ib}^{b}$ 。

设地球惯性坐标系下低通滤波后，比力信息为 $\boldsymbol{f}_{ib}^{\prime i_{e0}}$ ，则有

$$\boldsymbol{f}_{ib}^{\prime i_{e0}}=\boldsymbol{g}^{i_{e0}} \tag{3-91}$$

$$\begin{bmatrix}f_{ibx}^{\prime i_{e0}}\\ f_{iby}^{\prime i_{e0}}\\ f_{ibz}^{\prime i_{e0}}\end{bmatrix}=-\begin{bmatrix}\cos L\cos(\lambda+\omega_{ie}t)\\ \cos L\sin(\lambda+\omega_{ie}t)\\ \sin L\end{bmatrix}g \tag{3-92}$$

显然有

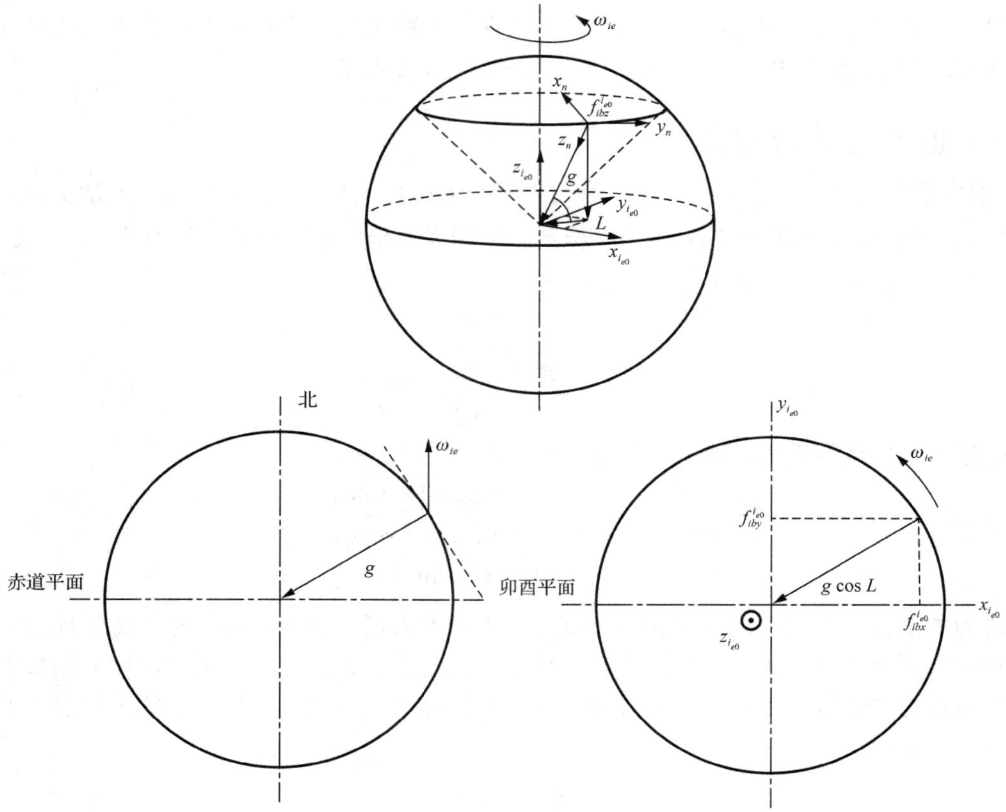

图 3-22　比力在地球惯性系下的表观运动示意图

$$\lambda + \omega_{ie}t = \arctan_2\left(f_{iby}^{\prime i_{e0}}, f_{ibx}^{\prime i_{e0}}\right) \tag{3-93}$$

$$L = \arctan_2\left(f_{ibz}^{\prime i_{e0}}, \sqrt{\left(f_{ibx}^{\prime i_{e0}}\right)^2 + \left(f_{iby}^{\prime i_{e0}}\right)^2}\right) \tag{3-94}$$

代入地球惯性坐标系到 NED 导航坐标系的姿态矩阵 $\boldsymbol{C}_{i_{e0}}^n$：

$$\boldsymbol{C}_{i_{e0}}^n = \begin{bmatrix} -\sin L\cos(\lambda + \omega_{ie}t) & -\sin L\sin(\lambda + \omega_{ie}t) & \cos L \\ -\sin(\lambda + \omega_{ie}t) & \cos(\lambda + \omega_{ie}t) & 0 \\ -\cos L\cos(\lambda + \omega_{ie}t) & -\cos L\sin(\lambda + \omega_{ie}t) & -\sin L \end{bmatrix} \tag{3-95}$$

将式(3-93)和式(3-94)结合 $\boldsymbol{C}_b^{i_{e0}}$ 姿态更新结果，可得姿态矩阵 $\boldsymbol{C}_b^n = \boldsymbol{C}_{i_{e0}}^n \boldsymbol{C}_b^{i_{e0}}$，从而实现水下机器人的航姿解算。“重力锥”航姿解算过程如图 3-23 所示。

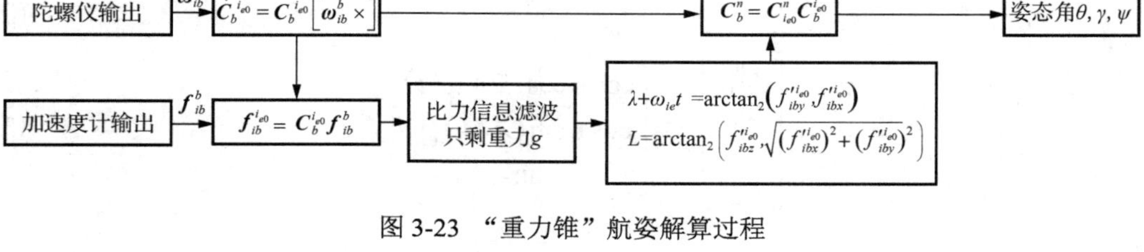

图 3-23　“重力锥”航姿解算过程

3.5　水下机器人硅微航姿系统

近年来，随着微机械技术以及惯性技术的不断发展，由微机械惯性传感器构建的航姿系统成为水下机器人低成本导航的重要单元。硅微航姿系统使用微机械惯性元件构成 IMU，由于微机械陀螺精度较低，硅微航姿系统无法仅依靠微机械陀螺和加速度计实现自动寻北，而需要借助磁强计通过磁罗经原理实现自主寻北。硅微航姿系统的 IMU 与仅包含三轴陀螺仪和三轴加速度计的光纤捷联航姿系统 IMU 不同，除三轴陀螺仪和三轴加速度计外，还包括三轴磁强计，通常称为九轴 IMU。因此，磁强计辅助的硅微航姿系统又称为电磁罗经。硅微航姿系统具有体积小、质量轻、集成度高、可靠性高以及价格低廉等特点，在水下机器人领域有着十分广阔的应用前景。

3.5.1　地磁定向

如图 3-24 所示，地磁场穿过地球，从地磁北极指向地磁南极，而沿着相反的路径穿过高层大气，所以地磁场在两磁极是沿铅垂方向的，在赤道附近则是沿水平方向的。磁极随时间缓慢移动，2010 年 1 月 1 日地磁北极位置在北纬 80.08°，西经 72.21°，地磁南极位置在南纬 80.08°，东经 107.79°，所以地磁场与地球旋转轴之间有 9.98° 的倾角。

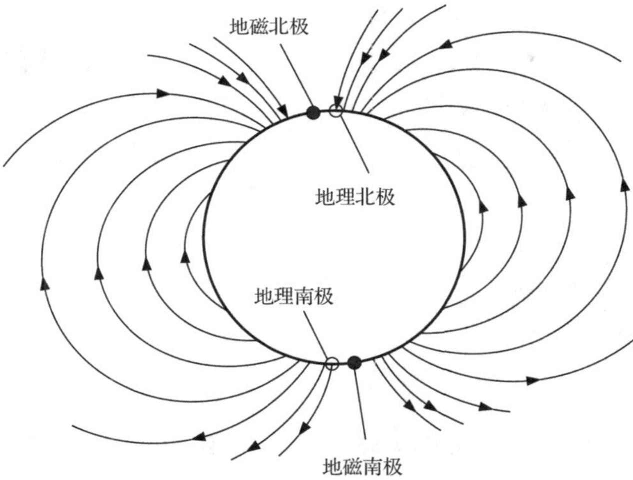

图 3-24　地球地磁场

磁通密度在赤道约为 30μT，在两极约为 60μT，其他区域磁通密度在这两者之间。而磁倾角本质上是地磁纬度，故地磁纬度与大地纬度 L_b 相差 10° 以内。磁偏角给出了地磁场相对真北的方向，是三个参数中唯一用于地磁场定向的参数。磁偏角可以看作位置和时间的函数，它能利用 275 系数国际地磁参考场(international geomagnetic reference field，IGRF)或 336 系数美/英世界磁场模型(world magnetic model，WMM)等全球模型计算得到。由于局部地质因素的影响，千米级的区域变化能引起地磁模型的变化。全球模型的典型精度约为 0.5°，但是在某些位置也可能出现几度的误差。一些国家可以提供全国的高分辨率模型。地磁场一天约有 50nT 的变化。由太阳活动引起的磁暴，也会导致全球地磁场的短期时变异常。对磁偏角的影响在赤道处约为 0.03°，在 80° 以上高纬度区域则超过 1°。

磁场通常用磁通密度向量来描述，单位长度的磁感应力等于磁通密度和电流向量的叉乘。磁通密度国际标准单位是特斯拉（T），$1\mathrm{T} = 1\mathrm{N}/(\mathrm{A}\cdot\mathrm{m})$，用 B 表示磁通密度幅值，用 $\boldsymbol{m}$ 表示地磁磁通密度探测矢量。如图 3-25 所示，地磁磁通在导航坐标系 n 下的探测矢量可表示为

$$\boldsymbol{m}^n(p,t) = \begin{bmatrix} m_x^n \\ m_y^n \\ m_z^n \end{bmatrix} = \begin{bmatrix} \cos\alpha(p,t)\cos\beta(p,t) \\ \sin\alpha(p,t)\cos\beta(p,t) \\ \sin\beta(p,t) \end{bmatrix} \boldsymbol{B}(p,t) \tag{3-96}$$

式中，α 为磁偏角或磁差，β 为地磁场的磁倾角，它们都是位置和时间的函数。

水下机器人磁航向是载体坐标系纵轴在当地水平面上的投影线与地磁场在当地水平面上投影基准线之间的夹角。如图 3-26 所示，定义当地水平坐标系 h 以载体坐标系纵轴在当地水平面上的投影线为 x_h 轴，z_h 轴沿当地地理垂线垂直向下，y_h 与 x_h 轴、z_h 轴垂直构成右手直角坐标系，地磁磁通密度在当地水平坐标系 h 下的探测矢量可表示为 $\boldsymbol{m}^h$，

$$\boldsymbol{m}^h(p,t) = \begin{bmatrix} m_x^h \\ m_y^h \\ m_z^h \end{bmatrix} = \begin{bmatrix} \cos\Psi_m(p,t)\cos\beta(p,t) \\ \sin\Psi_m(p,t)\cos\beta(p,t) \\ \sin\beta(p,t) \end{bmatrix} \boldsymbol{B}(p,t) \tag{3-97}$$

其中，Ψ_m 为磁航向角。

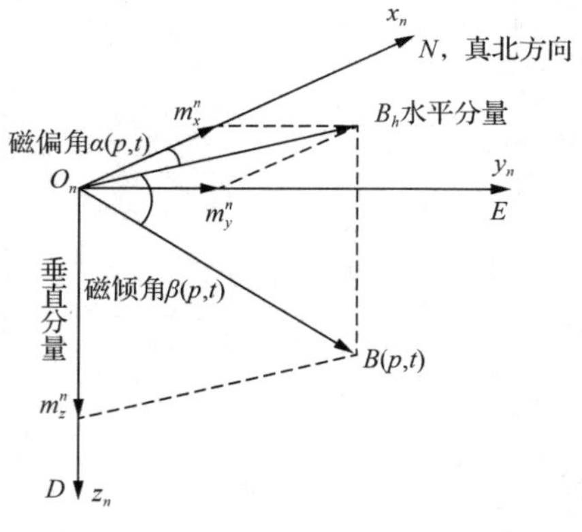

图 3-25　地磁磁通在导航坐标系 n 下的探测矢量

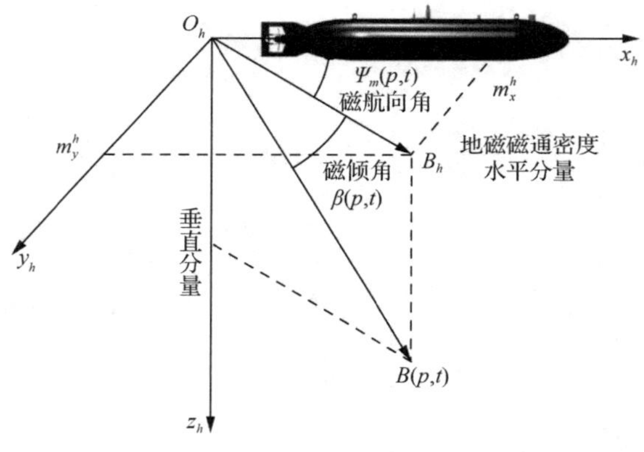

图 3-26　水下机器人磁航向示意图

从而可以通过地磁磁通密度在 x_h 轴与 y_h 轴上的投影分量解算水下机器人的磁航向，即

$$\Psi_m = \arctan_2\left(m_y^h,\ m_x^h\right) \tag{3-98}$$

式中，$\arctan_2$ 是四象限反正切函数。

3.5.2　磁强计原理

适用于导航系统的磁强计包括磁通门、霍尔效应传感器、磁导传感器和磁阻传感器等类型。其中，磁阻传感器体积小，精度约为 $0.05\mu\mathrm{T}$，足以满足大多数导航应用。磁阻效应磁力仪又称磁阻传感器，是根据材料在磁场中阻值发生变化的磁阻效应而研制的一种微小型磁传感器。现代常用的磁阻效应主要包括基于霍尔效应的半导体磁阻效应、金属材料中出现的各

向异性磁阻(anisotropic magnetoresistance，AMR)效应、巨磁电阻(giant magnetoresistance，GMR)效应和隧道磁阻(tunnel magnetoresistance，TMR)效应。

半导体材料的电阻在外加磁场的作用下发生变化的现象，称为半导体磁阻效应。半导体磁阻效应主要是由洛伦兹力使电流方向偏转一个角度造成的。在两端设置电流电极的霍尔片中，电荷载流子具有不同的速度，由于外界磁场的存在，电荷载流子受到的洛伦兹力也不同。对某些载流子，其洛伦兹力大于平衡的霍尔电场力，而另一些载流子的洛伦兹力小于平衡的霍尔电场力，因此改变了电流的分布，电流所流经的途径变长，导致电极间的电阻值增加，这就是半导体磁阻效应。

3.5.3　硅微航姿系统解算

硅微航姿系统用三个正交安装的磁强计组件测量磁场。硅微航姿系统的惯性测量单元中，三轴磁强计组件敏感轴与惯性传感器组件敏感轴对齐沿载体坐标系安装。设载体坐标系 b 下磁强计组件测量值为 $\boldsymbol{m}^b$ 。定义当地水平坐标系 h 以载体坐标系纵轴在当地水平面上的投影线为 x_h 轴，z_h 轴沿当地地理垂线垂直向下，y_h 与 x_h 轴、z_h 轴垂直构成右手直角坐标系，则载体坐标系下的磁强计组件测量值在当地水平坐标系 h 下的探测矢量可表示为

$$\boldsymbol{m}^h = \boldsymbol{C}_b^h \boldsymbol{m}^b \tag{3-99}$$

即

$$\begin{bmatrix} m_x^h \\ m_y^h \\ m_z^h \end{bmatrix} = \begin{bmatrix} \cos\theta & \sin\theta\sin\gamma & \sin\theta\cos\gamma \\ 0 & \cos\gamma & -\sin\gamma \\ -\sin\theta & \cos\theta\sin\gamma & \cos\theta\cos\gamma \end{bmatrix} \begin{bmatrix} m_x^b \\ m_y^b \\ m_z^b \end{bmatrix} \tag{3-100}$$

当横倾角与纵倾角已知时，水下机器人磁航向为

$$\Psi_m = \arctan_2\left(m_y^h,\ m_x^h\right) \tag{3-101}$$

式中，$\arctan_2$ 是四象限反正切函数。

硅微航姿系统通过三轴加速度计组件，利用调平方法来测量横倾角和纵倾角。当位置和速度未知时，不考虑科氏加速度，此时假设仅有重力加速度 g 作用于小型 AUV 上，MEMS 加速度计输出分别为 f_{ibx}^b、f_{iby}^b 和 f_{ibz}^b，则有

$$\sqrt{\left(f_{ibx}^b\right)^2 + \left(f_{iby}^b\right)^2 + \left(f_{ibz}^b\right)^2} = g \tag{3-102}$$

载体坐标系 b 下，AUV 所处位置的重力矢量为

$$\boldsymbol{f}_{ib}^b = \begin{bmatrix} f_{ibx}^b & f_{iby}^b & f_{ibz}^b \end{bmatrix}^{\mathrm{T}} \tag{3-103}$$

在当地水平坐标系 h 下，AUV 所处位置的重力矢量为 $\boldsymbol{g}^h = \begin{bmatrix} 0 & 0 & g \end{bmatrix}^{\mathrm{T}}$，投影到载体坐标系 b 下后有

$$\boldsymbol{g}^b = \boldsymbol{C}_h^b \boldsymbol{g}^h = \begin{bmatrix} \cos\theta & 0 & -\sin\theta \\ \sin\theta\sin\gamma & \cos\gamma & \cos\theta\sin\gamma \\ \sin\theta\cos\gamma & -\sin\gamma & \cos\theta\cos\gamma \end{bmatrix} \begin{bmatrix} 0 \\ 0 \\ g \end{bmatrix} = \begin{bmatrix} -g\sin\theta \\ g\cos\theta\sin\gamma \\ g\cos\theta\cos\gamma \end{bmatrix} \tag{3-104}$$

显然 $\boldsymbol{f}_{ib}^b = \boldsymbol{g}^b$，因此

$$\begin{bmatrix} f_{ibx}^b \\ f_{iby}^b \\ f_{ibz}^b \end{bmatrix} = \begin{bmatrix} -g\sin\theta \\ g\cos\theta\sin\gamma \\ g\cos\theta\cos\gamma \end{bmatrix} \tag{3-105}$$

从而

$$\begin{bmatrix} \theta \\ \gamma \end{bmatrix} = \begin{bmatrix} \arctan_2\left(-f_{ibx}^b, \sqrt{\left(f_{iby}^b\right)^2 + \left(f_{ibz}^b\right)^2}\right) \\ \arctan_2\left(f_{iby}^b, f_{ibz}^b\right) \end{bmatrix} \tag{3-106}$$

将纵倾角 θ 和横倾角 γ 代入式(3-100)后便可通过式(3-101)求取水下机器人磁航向角。基于三轴加速度计组件的调平装置易受加速度干扰，不适用于高动态应用环境，而且在加速和倾斜转弯时，硅微航姿系统会产生瞬时航向误差，当加速度降低时，航向精度又会恢复。硅微航姿系统在动态应用场景引入的加速度误差可以通过微机械陀螺等惯性元件对测量值进行秒级平滑而显著改善系统的性能。因此，硅微航姿系统解算基本架构如图 3-27 所示。

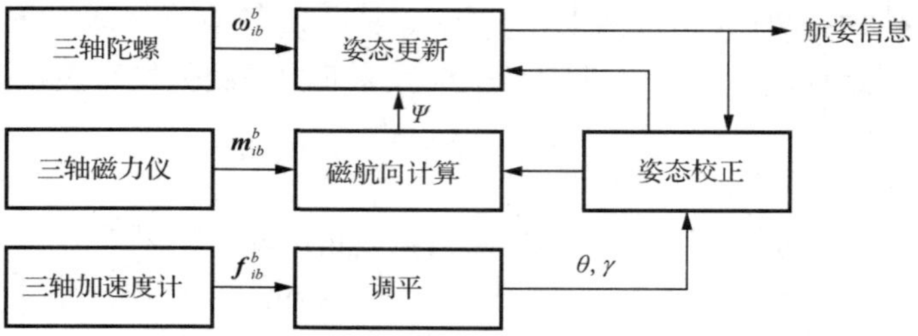

图 3-27　硅微航姿系统解算基本架构示意图

3.5.4　硅微航姿系统误差

水下机器人航向角是载体坐标系纵轴在当地水平面上的投影线与当地水平面上某一基准线之间的夹角。如图 3-28 所示，光纤捷联航姿系统可提供以地球子午线北向为基准的真航向，地磁测角原理则能提供以地磁子午线北向为基准的磁航向。地磁子午线与地球子午线之间的夹角称为磁差。硅微航姿系统受当地地磁场畸变和其他干扰磁场影响，一般无法提供以地磁子午线北向为基准的磁航向，而只能提供以当地罗经子午线为基准的罗航向。罗经子午线同地磁子午线之间的夹角称为罗差。

水下机器人对磁强计组件的干扰可以分为硬磁干扰和软磁干扰两类。虽然磁强计组件自身也有零偏、标度因数和交叉耦合误差，但与硬磁和软磁干扰呈现的零偏、标度因数和交叉耦合误差相比小得多，且二者不能相互区分，因此磁强计组件误差总体上可分为硬磁干扰误差和软磁干扰误差。考虑硬磁干扰磁通和软磁干扰磁通，则磁强计组件测量的总磁通密度为

$$\boldsymbol{m}_m^b = \boldsymbol{b}_m + \left(\boldsymbol{I}_3 + \boldsymbol{M}_m\right)\boldsymbol{C}_n^b\left(\boldsymbol{m}_E^n + \boldsymbol{m}_A^n\right) + \boldsymbol{\omega}_m \tag{3-107}$$

式中，$\boldsymbol{m}_E^n$ 与前面一样，为地磁场磁通密度；$\boldsymbol{m}_A^n$ 为局部磁场异常磁通密度；$\boldsymbol{b}_m$ 为硬铁磁通密度在体坐标系下的分量；$\boldsymbol{M}_m$ 为软铁标度因数和交叉耦合矩阵；$\boldsymbol{\omega}_m$ 为磁力计随机测量噪声。

典型的 MEMS 磁力计测量噪声的方根功率谱密度为 $0.01\mu\text{T}/\sqrt{\text{Hz}}$。

当水下机器人在水平面上旋转时，若没有硬磁干扰磁通和软磁干扰磁通，三轴磁强计组

件在水平面上的输出曲线为以 (0,0) 为原点的圆（图 3-29）。当在圆上的任意一点计算航向时，结果为 0°～360° 的线性变化。

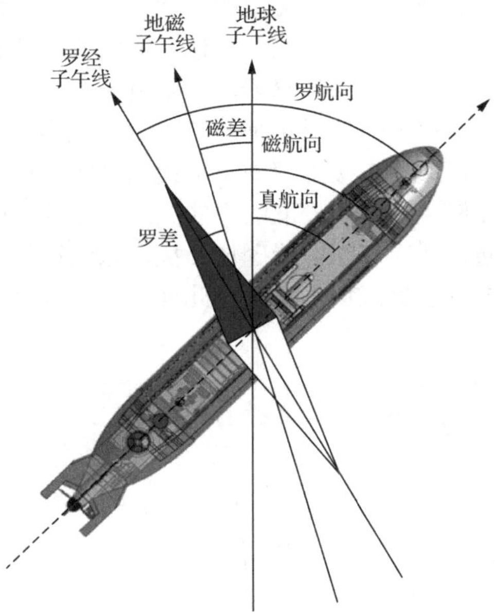

图 3-28　真航向、磁航向与罗航向

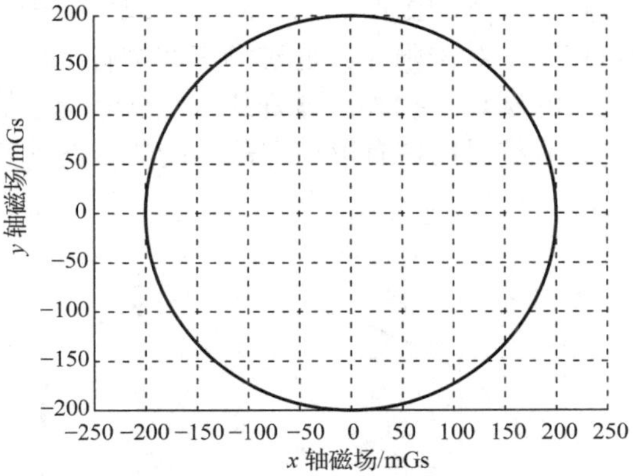

图 3-29　无干扰情形下磁强计在水平旋转时输出曲线

磁场干扰对于航向的影响将使输出圆形曲线发生畸变。硬磁干扰可视为常值干扰，如图 3-30 所示，硬磁干扰相当于对传感器输出的各个轴向上都添加了一个永磁场。硬磁干扰对磁强计的干扰位置相对固定，具体表现为原点处的偏移，偏移的大小为硬磁干扰在当地水平面 x 轴和 y 轴上的影响。硬磁干扰对航向的影响为一个周期性的误差，如图 3-31 所示。

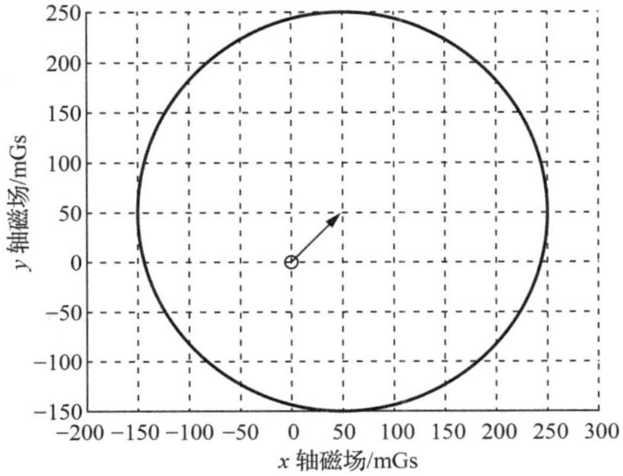

图 3-30　硬磁干扰漂移

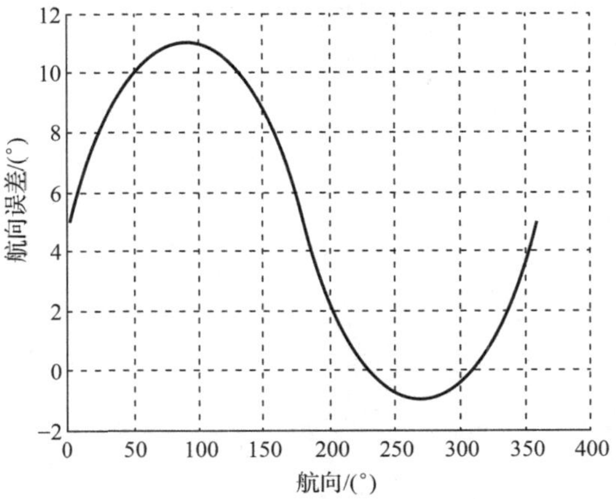

图 3-31　硬磁干扰引起的航向误差

软磁干扰来源于地磁场和磁强计组件周围软磁材料的相互作用，像硬磁干扰一样，软磁干扰也会扭曲地磁场，区别在于软磁干扰的扭曲程度与磁强计的方向有关。软磁干扰对当地水平面 x 轴和 y 轴上地磁测量值的影响如图 3-32 所示。

软磁干扰对磁强计航向误差的影响如图 3-33 所示，与图 3-31 相比，这是一个双周期误差。

硅微航姿系统依靠地磁场提供航向，因此测向性能在很大程度上取决于安装位置对磁强计的干扰程度。为了得到精确的航向，需要对磁强计周围环境对地磁场的干扰进行补偿。水下机器人上的磁场源包括金属耐压舱、推进电机、电流产生的磁场以及其他钢或铁的磁性材料等。干扰磁场的影响可以通过校准进行补偿。然而，对于时变的磁场，补偿将变得非常困难。例如，推进电机产生的变化磁场或者不可预测的电流产生的磁场都会产生时变磁场。可以运用磁屏蔽等方法消除推进电机等产生的软磁干扰，然后直接处理硬磁干扰的影响。一些硅微航姿系统的生产商为了对硬磁或软磁干扰进行补偿，提供了校准的方法。通过磁强计的物理移动，对磁强计附近磁场空间进行地磁采样，通过特定算法补偿磁场干扰。除通过特定算法消除磁场干扰外，最好的方法就是让硅微航姿系统远离磁场干扰源，此外，绝不能将硅微航姿系统封闭在有磁场屏蔽功能的金属外壳内。

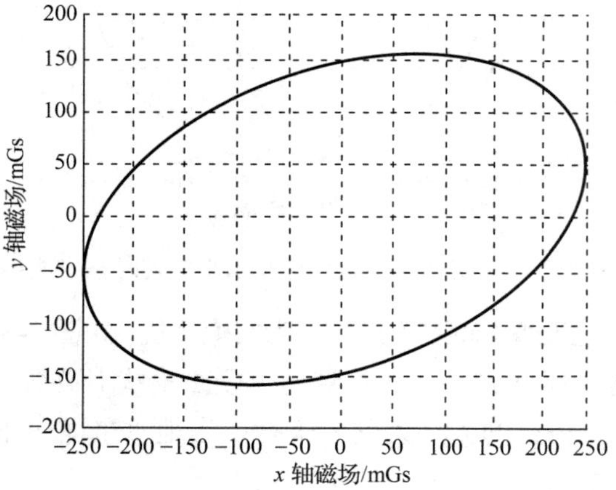

图 3-32　软磁干扰

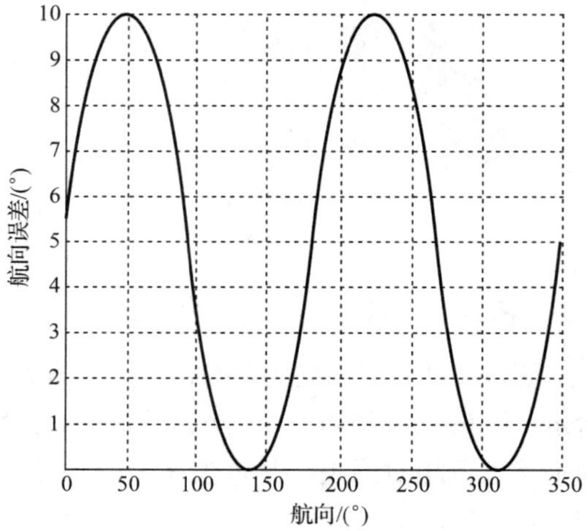

图 3-33　软磁干扰引起的航向误差

第 4 章　水下机器人捷联惯性导航原理与系统

微课

1942 年，德国采用两个双自由度陀螺仪和一个陀螺积分加速度计在 V2 导弹上首次实现了惯性制导，但由于惯性器件精度低，惯性系统不具备舒勒调谐频率，且制导控制率设计粗糙，因此导航精度极低。1949 年，学者从理论分析角度首次提出了捷联式惯性导航系统的概念。同年，美国麻省理工学院德雷珀实验室采用单自由度液浮陀螺仪成功研制出“菲佰”惯性装置，为平台惯导系统研制打下坚实基础。1950 年，美国北美航空公司奥托奈蒂克斯分公司为美国空军研制了第一套纯平台惯性导航系统 XN-1，XN-1 改型后成为航海应用型惯性导航系统 N6。1958 年 7 月，美国海军鹦鹉螺号核潜艇，搭载 N6-A 惯性导航系统和 MK-19 平台罗经从珍珠港出发，以 20 海里的时速在北极冰下跨越 8146 海里潜航 21 天，上浮后惯性导航系统定位误差为 20 海里，在潜航应用上充分展示了惯性导航系统的自主性、隐蔽性、信息完备性等独有优势，上述特点对潜航器长时间水下导航尤为重要。1971 年，波特兹和乔丹提出等效旋转矢量姿态更新算法，为捷联惯导系统多子样姿态更新提供了理论依据。1983 年，米勒提出等效旋转矢量三子样优化算法，使捷联惯导解算圆锥运动误差达到最小。20 世纪 80 年代后，光学捷联惯导系统逐步投入使用并批量生产，成为目前高端水下机器人必备的核心惯性导航系统。

4.1　惯性导航相关定义及分类

1. 惯性的定义

惯性指刚体保持恒定的平移速度或旋转角速度的倾向，除非受到外力或者外力矩的影响。陀螺仪、加速度计就是利用刚体惯性原理研制出的惯性传感器。惯性系统是采用陀螺仪、加速度计等惯性元件作为载体运动参数测量仪表的各类导航系统或导航设备的总称，包括惯性测量单元、航姿参考系统、惯性导航系统等。

2. 惯性导航的定义

惯性导航也称为牛顿导航，惯性导航系统，也称为惯性导航单元(inertial navigation unit，INU)。惯性导航系统是基于陀螺仪和加速度计构成的惯性测量单元，测量载体相对于惯性空间的角运动(角度/角速率)和线运动(比力)信息，经导航解算得到载体相对于给定参照系的位置、航向、速度、姿态、加速度、角速度等完备导航参数的导航系统。

3. 惯性导航系统分类

惯性导航系统基本解算思想来源于牛顿微积分。导航解算初始时刻，惯性导航系统通过初始对准，确定初始状态(初始时刻载体的位置、速度和航姿信息)。初始对准后，惯性导航系统利用惯性测量单元三轴陀螺仪组件测量的角速度信息进行姿态更新，跟踪导航坐标系作为航姿参照系和位置、速度的投影系，为加速度计提供一个稳定平台，使加速度计的空间指向保持不变，通过导航更新对补偿后的比力信号进行积分运算得到速度和位置等导航参数。惯性导航系统导航信息完备，自主性高，隐蔽性强，抗干扰能力强，具备全天候导航能力。

但系统误差随时间积累，且价格相对昂贵，适用于高精度、大范围作业的水下机器人。图 4-1 为惯性系统的体系结构。

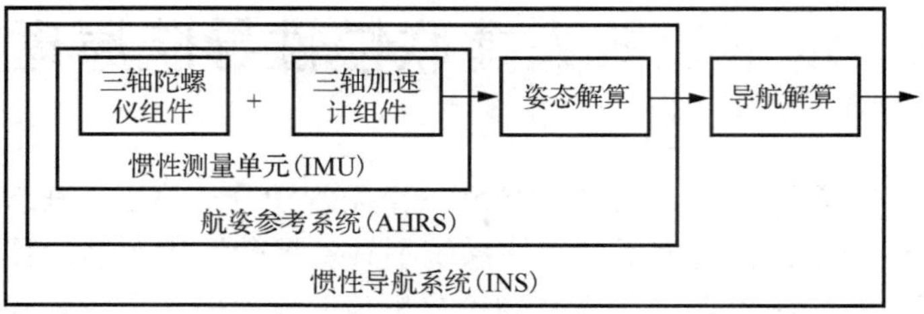

图 4-1　惯性系统体系结构

根据惯性测量单元的安装方式，惯性导航系统可分为平台式惯性导航系统(gimbal inertial navigation system，GINS，简称平台惯导系统)和捷联式惯性导航系统(SINS，简称捷联惯导系统)。其中，平台惯导系统的惯性测量单元安装在能够隔离载体角运动的物理稳定平台上，物理平台跟踪导航坐标系，为三轴加速度计组件提供空间测量基准。捷联惯导系统中的惯性测量单元与惯导系统基座固联，直接安装在载体框架上，由于框架无法隔离载体的角运动，因此用导航计算机解算“数学稳定平台”代替平台惯导系统中的“物理稳定平台”跟踪导航坐标系，作为三轴加速度计组件输出比力信息的投影系。

平台惯导系统内部硬件主要包括：惯性测量单元，由能够完成三个方向测量的加速度计和陀螺仪构成，用于测量载体运动的三维比力和三维角(速)度；物理稳定平台，跟踪导航坐标系，为惯性测量单元提供安装基准和测量基准，保证三轴加速度计和三轴陀螺仪组件空间指向不变，为载体航姿解算提供物理基准；导航计算机，运行导航更新等机械编排程序，解算航行器位置、速度等导航参数的同时，不断计算出修正物理平台指向的控制信号以保证物理平台始终水平指北，实现航姿测量。其系统示意图如图 4-2 所示。

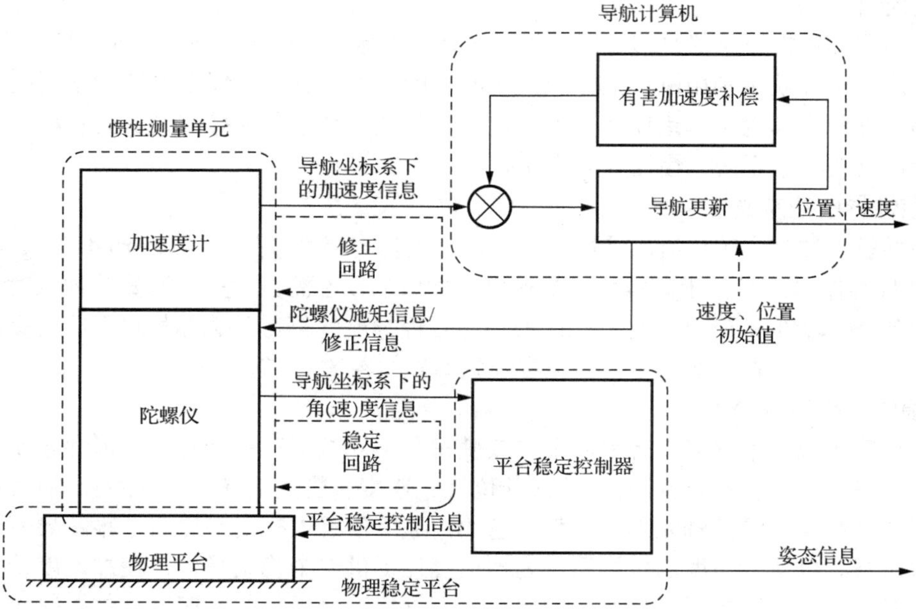

图 4-2　平台式惯性导航系统示意图

捷联惯导系统内部硬件主要包括：惯性测量单元，由能够完成三个方向测量的三轴加速度计和三轴陀螺仪组件构成，用于测量载体运动的三维比力和三维角速度信息；导航计算机，运行姿态更新、导航更新等捷联惯导系统机械编排程序，保证数字平台跟踪导航坐标系，解算航行器航向、位置、速度、姿态等完备的导航参数信息。捷联惯导系统是目前水下机器人主要采用的惯性导航系统，其系统示意图如图 4-3 所示。本章主要介绍捷联惯导系统的相关原理。

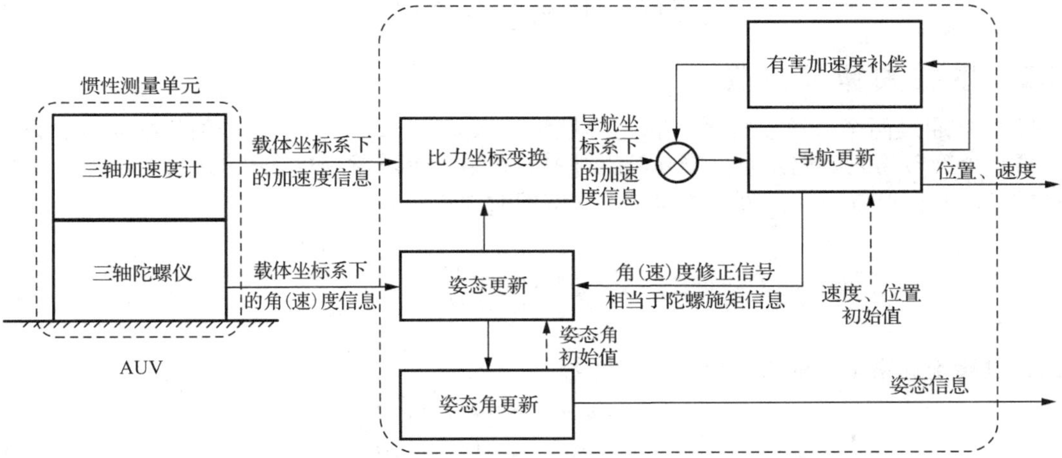

图 4-3　捷联式惯性导航系统示意图

4.2　姿态微分方程

水下机器人运动学方程包括姿态微分方程和导航方程，与表述物体运动及其动力学起因之间关系的动力学方程不同，运动学方程描述的是机器人本身航姿、位置、速度、加速度等运动学参数之间的动态关系，而不考虑导致水下机器人运动的动力学起因。

4.2.1　角速度

角速度(angular rate)矢量 $\boldsymbol{\omega}_{\beta\alpha}^{\gamma}$，表示 α 坐标系相对于 β 坐标系的转动角速度在 γ 坐标系中的投影。图 4-4 说明了角速度矢量的方向及其对应的旋转。转动发生在与角速度矢量相垂直的平面内。

符号取反就可以调换角速度的目标坐标系和参照坐标系：

$$\boldsymbol{\omega}_{\beta\alpha}^{\gamma} = -\boldsymbol{\omega}_{\alpha\beta}^{\gamma} \tag{4-1}$$

倘若一个角速度的目标坐标系与另一个角速度的参照坐标系相同，则投影系相同的角速度可直接相加，即

$$\boldsymbol{\omega}_{\beta\alpha}^{\gamma} = \boldsymbol{\omega}_{\beta\delta}^{\gamma} + \boldsymbol{\omega}_{\delta\alpha}^{\gamma} \tag{4-2}$$

通过左乘坐标变换矩阵可以实现角速度的投影坐标系变换：

$$\boldsymbol{\omega}_{\beta\alpha}^{\delta} = \boldsymbol{C}_{\gamma}^{\delta}\boldsymbol{\omega}_{\beta\alpha}^{\gamma} \tag{4-3}$$

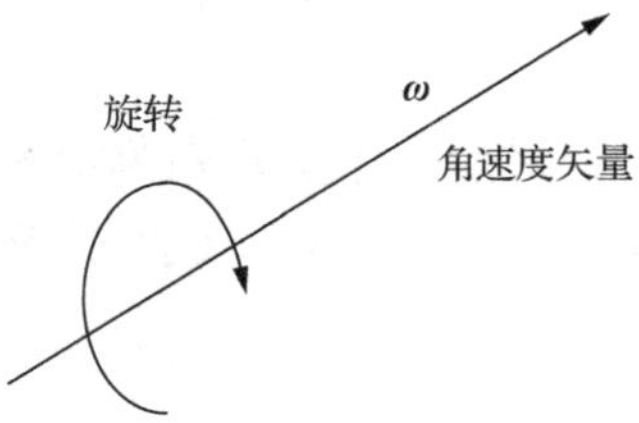

图 4-4　角速度矢量和旋转方向

角速度矢量的斜对称矩阵常表示为

$$\left[\boldsymbol{\omega}_{\beta\alpha}^{\gamma}\times\right]=\begin{bmatrix}0 & -\omega_{\beta\alpha3}^{\gamma} & \omega_{\beta\alpha2}^{\gamma}\\ \omega_{\beta\alpha3}^{\gamma} & 0 & -\omega_{\beta\alpha1}^{\gamma}\\ -\omega_{\beta\alpha2}^{\gamma} & \omega_{\beta\alpha1}^{\gamma} & 0\end{bmatrix} \tag{4-4}$$

式中，矢量$\boldsymbol{\omega}_{\beta\alpha}^{\gamma}$的叉乘矩阵$\left[\boldsymbol{\omega}_{\beta\alpha}^{\gamma}\times\right]$在$\gamma$坐标系投影。叉乘矩阵的坐标转换可表示为

$$\left[\boldsymbol{\omega}_{\beta\alpha}^{\delta}\times\right]=\boldsymbol{C}_{\gamma}^{\delta}\left[\boldsymbol{\omega}_{\beta\alpha}^{\gamma}\times\right]\boldsymbol{C}_{\delta}^{\gamma} \tag{4-5}$$

4.2.2　欧拉角微分方程

欧拉角通过两个过渡坐标系，将与导航坐标系n对齐的坐标系旋转到与载体坐标系b对齐。第一个旋转角为航向角ψ，绕导航坐标系n和第一个过渡坐标系共同的z轴旋转，x轴和y轴转动，z轴保持不变，设导航坐标系n下的航向旋转角速度为

$$\dot{\boldsymbol{\psi}}^{n}=\begin{bmatrix}0\\0\\\dot{\psi}\end{bmatrix} \tag{4-6}$$

从而在过渡坐标系 1 下的航向旋转角速度为

$$\dot{\boldsymbol{\psi}}^{1}=\boldsymbol{C}_{n}^{1}\dot{\boldsymbol{\psi}}^{n}=\begin{bmatrix}\cos\psi & \sin\psi & 0\\ -\sin\psi & \cos\psi & 0\\ 0 & 0 & 1\end{bmatrix}\begin{bmatrix}0\\0\\\dot{\psi}\end{bmatrix}=\begin{bmatrix}0\\0\\\dot{\psi}\end{bmatrix} \tag{4-7}$$

下一个旋转角为纵倾角θ，绕第一个过渡坐标系和第二个过渡坐标系共同的y轴旋转，x轴和z轴转动，y轴保持不变，设第一个过渡坐标系 1 下的纵倾旋转角速度为

$$\dot{\boldsymbol{\theta}}^{1}=\begin{bmatrix}0\\\dot{\theta}\\0\end{bmatrix} \tag{4-8}$$

从而在过渡坐标系 2 下的纵倾旋转角速度为

$$\dot{\boldsymbol{\theta}}^{2}=\boldsymbol{C}_{1}^{2}\dot{\boldsymbol{\theta}}^{1}=\begin{bmatrix}\cos\theta & 0 & -\sin\theta\\ 0 & 1 & 0\\ \sin\theta & 0 & \cos\theta\end{bmatrix}\begin{bmatrix}0\\\dot{\theta}\\0\end{bmatrix}=\begin{bmatrix}0\\\dot{\theta}\\0\end{bmatrix} \tag{4-9}$$

而在过渡坐标系 2 下的航向旋转角速度为

$$\dot{\boldsymbol{\psi}}^{2}=\boldsymbol{C}_{1}^{2}\boldsymbol{C}_{n}^{1}\dot{\boldsymbol{\psi}}^{n}=\begin{bmatrix}\cos\theta & 0 & -\sin\theta\\ 0 & 1 & 0\\ \sin\theta & 0 & \cos\theta\end{bmatrix}\begin{bmatrix}\cos\psi & \sin\psi & 0\\ -\sin\psi & \cos\psi & 0\\ 0 & 0 & 1\end{bmatrix}\begin{bmatrix}0\\0\\\dot{\psi}\end{bmatrix}=\boldsymbol{C}_{1}^{2}\begin{bmatrix}0\\0\\\dot{\psi}\end{bmatrix} \tag{4-10}$$

最后一个旋转角为横倾角γ，绕第二个过渡坐标系和载体坐标系b共同的x轴旋转，y轴和z轴转动，x轴保持不变，设第二个过渡坐标系 2 下的横倾旋转角速度为

$$\dot{\boldsymbol{\gamma}}^{2}=\begin{bmatrix}\dot{\gamma}\\0\\0\end{bmatrix} \tag{4-11}$$

从而在载体坐标系b下的横倾旋转角速度为

$$\dot{\boldsymbol{\gamma}}^b = \boldsymbol{C}_2^b \dot{\boldsymbol{\gamma}}^2 = \begin{bmatrix} 1 & 0 & 0 \\ 0 & \cos\gamma & \sin\gamma \\ 0 & -\sin\gamma & \cos\gamma \end{bmatrix} \begin{bmatrix} \dot{\gamma} \\ 0 \\ 0 \end{bmatrix} = \begin{bmatrix} \dot{\gamma} \\ 0 \\ 0 \end{bmatrix} \tag{4-12}$$

载体坐标系 b 下的纵倾旋转角速度为

$$\dot{\boldsymbol{\theta}}^b = \boldsymbol{C}_2^b \boldsymbol{C}_1^2 \dot{\boldsymbol{\theta}}^1 = \begin{bmatrix} 1 & 0 & 0 \\ 0 & \cos\gamma & \sin\gamma \\ 0 & -\sin\gamma & \cos\gamma \end{bmatrix} \begin{bmatrix} \cos\theta & 0 & -\sin\theta \\ 0 & 1 & 0 \\ \sin\theta & 0 & \cos\theta \end{bmatrix} \begin{bmatrix} 0 \\ \dot{\theta} \\ 0 \end{bmatrix} = \boldsymbol{C}_2^b \begin{bmatrix} 0 \\ \dot{\theta} \\ 0 \end{bmatrix} \tag{4-13}$$

载体坐标系 b 下的航向旋转角速度为

$$\begin{aligned} \dot{\boldsymbol{\psi}}^b &= \boldsymbol{C}_2^b \boldsymbol{C}_1^2 \boldsymbol{C}_n^1 \dot{\boldsymbol{\psi}}^n = \begin{bmatrix} 1 & 0 & 0 \\ 0 & \cos\gamma & \sin\gamma \\ 0 & -\sin\gamma & \cos\gamma \end{bmatrix} \begin{bmatrix} \cos\theta & 0 & -\sin\theta \\ 0 & 1 & 0 \\ \sin\theta & 0 & \cos\theta \end{bmatrix} \begin{bmatrix} \cos\psi & \sin\psi & 0 \\ -\sin\psi & \cos\psi & 0 \\ 0 & 0 & 1 \end{bmatrix} \begin{bmatrix} 0 \\ 0 \\ \dot{\psi} \end{bmatrix} \\ &= \boldsymbol{C}_2^b \boldsymbol{C}_1^2 \begin{bmatrix} 0 \\ 0 \\ \dot{\psi} \end{bmatrix} \end{aligned} \tag{4-14}$$

因此，欧拉角旋转角速度在载体坐标系 b 下的旋转角速度矢量为

$$\begin{bmatrix} \omega_{nbx}^b \\ \omega_{nby}^b \\ \omega_{nbz}^b \end{bmatrix} = \boldsymbol{C}_2^b \boldsymbol{C}_1^2 \begin{bmatrix} 0 \\ 0 \\ \dot{\psi} \end{bmatrix} + \boldsymbol{C}_2^b \begin{bmatrix} 0 \\ \dot{\theta} \\ 0 \end{bmatrix} + \begin{bmatrix} \dot{\gamma} \\ 0 \\ 0 \end{bmatrix} \tag{4-15}$$

$$\begin{bmatrix} \omega_{nbx}^b \\ \omega_{nby}^b \\ \omega_{nbz}^b \end{bmatrix} = \begin{bmatrix} 1 & 0 & -\sin\theta \\ 0 & \cos\gamma & \cos\theta\sin\gamma \\ 0 & -\sin\gamma & \cos\theta\cos\gamma \end{bmatrix} \begin{bmatrix} \dot{\gamma} \\ \dot{\theta} \\ \dot{\psi} \end{bmatrix} \tag{4-16}$$

求逆后得到欧拉角微分方程：

$$\begin{bmatrix} \dot{\gamma} \\ \dot{\theta} \\ \dot{\psi} \end{bmatrix} = \begin{bmatrix} 1 & \sin\gamma\tan\theta & \cos\gamma\tan\theta \\ 0 & \cos\gamma & -\sin\gamma \\ 0 & \sin\gamma\sec\theta & \cos\gamma\sec\theta \end{bmatrix} \begin{bmatrix} \omega_{nbx}^b \\ \omega_{nby}^b \\ \omega_{nbz}^b \end{bmatrix} \tag{4-17}$$

4.2.3 姿态矩阵微分方程

根据微分定义，方向余弦矩阵的微分为

$$\dot{\boldsymbol{C}}_b^n = \lim_{\Delta t \to 0} \frac{\boldsymbol{C}_b^n(t+\Delta t) - \boldsymbol{C}_b^n(t)}{\Delta t} = \lim_{\Delta t \to 0} \frac{\boldsymbol{C}_{b(t+\Delta t)}^{n(t)} - \boldsymbol{C}_{b(t)}^{n(t)}}{\Delta t} = \lim_{\Delta t \to 0} \frac{\boldsymbol{C}_{b(t)}^{n(t)}\left[\boldsymbol{C}_{b(t+\Delta t)}^{b(t)} - \boldsymbol{I}\right]}{\Delta t} \tag{4-18}$$

令

$$\begin{aligned} &\boldsymbol{C}_{b(t+\Delta t)}^{b(t)} \\ &= \begin{bmatrix} \cos\Delta\psi\cos\Delta\theta & \cos\Delta\psi\sin\Delta\theta\sin\Delta\gamma - \sin\Delta\psi\cos\Delta\gamma & \cos\Delta\psi\sin\Delta\theta\cos\Delta\gamma + \sin\Delta\psi\sin\Delta\gamma \\ \sin\Delta\psi\cos\Delta\theta & \sin\Delta\psi\sin\Delta\theta\sin\Delta\gamma + \cos\Delta\psi\cos\Delta\gamma & \sin\Delta\psi\sin\Delta\theta\cos\Delta\gamma - \cos\Delta\psi\sin\Delta\gamma \\ -\sin\Delta\theta & \cos\Delta\theta\sin\Delta\gamma & \cos\Delta\theta\cos\Delta\gamma \end{bmatrix} \end{aligned} \tag{4-19}$$

极短时间内，水下机器人航姿角变换量均为小量，则忽略二阶小量有

$$\boldsymbol{C}_{b(t+\Delta t)}^{b(t)}=\begin{bmatrix}1 & -\Delta\psi & \Delta\theta \\ \Delta\psi & 1 & -\Delta\gamma \\ -\Delta\theta & \Delta\gamma & 1\end{bmatrix} \tag{4-20}$$

从而

$$\dot{\boldsymbol{C}}_b^n=\lim_{\Delta t\to 0}\frac{\boldsymbol{C}_{b(t)}^{n(t)}\left[\boldsymbol{C}_{b(t+\Delta t)}^{b(t)}-\boldsymbol{I}\right]}{\Delta t} \tag{4-21}$$

显然，

$$\boldsymbol{C}_{b(t+\Delta t)}^{b(t)}-\boldsymbol{I}=\begin{bmatrix}0 & -\Delta\psi & \Delta\theta \\ \Delta\psi & 0 & -\Delta\gamma \\ -\Delta\theta & \Delta\gamma & 0\end{bmatrix} \tag{4-22}$$

令

$$\Delta\boldsymbol{\theta}_{nb}^b=\begin{bmatrix}\Delta\gamma \\ \Delta\theta \\ \Delta\psi\end{bmatrix} \tag{4-23}$$

则

$$\left[\Delta\boldsymbol{\theta}_{nb}^b\times\right]=\begin{bmatrix}0 & -\Delta\psi & \Delta\theta \\ \Delta\psi & 0 & -\Delta\gamma \\ -\Delta\theta & \Delta\gamma & 0\end{bmatrix} \tag{4-24}$$

从而

$$\dot{\boldsymbol{C}}_b^n=\lim_{\Delta t\to 0}\frac{\boldsymbol{C}_{b(t)}^{n(t)}\left[\boldsymbol{C}_{b(t+\Delta t)}^{b(t)}-\boldsymbol{I}\right]}{\Delta t}=\boldsymbol{C}_{b(t)}^{n(t)}\lim_{\Delta t\to 0}\frac{\left[\Delta\boldsymbol{\theta}_{nb}^b\times\right]}{\Delta t} \tag{4-25}$$

令

$$\boldsymbol{\omega}_{nb}^b=\lim_{\Delta t\to 0}\frac{\Delta\boldsymbol{\theta}_{nb}^b}{\Delta t}=\begin{bmatrix}\omega_{nbx}^b \\ \omega_{nby}^b \\ \omega_{nbz}^b\end{bmatrix} \tag{4-26}$$

则

$$\left[\boldsymbol{\omega}_{nb}^b\times\right]=\begin{bmatrix}0 & -\omega_{nbz}^b & \omega_{nby}^b \\ \omega_{nbz}^b & 0 & -\omega_{nbx}^b \\ -\omega_{nby}^b & \omega_{nbx}^b & 0\end{bmatrix} \tag{4-27}$$

从而

$$\dot{\boldsymbol{C}}_b^n=\boldsymbol{C}_{b(t)}^{n(t)}\left[\boldsymbol{\omega}_{nb}^b\times\right] \tag{4-28}$$

令

$$\left[\boldsymbol{\omega}_{nb}^b\times\right]=\boldsymbol{C}_{n(t)}^{b(t)}\left[\boldsymbol{\omega}_{nb}^n\times\right]\boldsymbol{C}_{b(t)}^{n(t)} \tag{4-29}$$

又有

$$\dot{\boldsymbol{C}}_b^n=\left[\boldsymbol{\omega}_{nb}^n\times\right]\boldsymbol{C}_{b(t)}^{n(t)} \tag{4-30}$$

4.2.4　四元数微分方程

表征 b 系至 n 系的旋转四元数为

$$\boldsymbol{q}=\cos\frac{\theta}{2}+\boldsymbol{u}^n\sin\frac{\theta}{2} \tag{4-31}$$

式(4-31)两边求导得

$$\dot{\boldsymbol{q}}=-\frac{\dot{\theta}}{2}\sin\frac{\theta}{2}+\boldsymbol{u}^n\frac{\dot{\theta}}{2}\cos\frac{\theta}{2} \tag{4-32}$$

由于

$$\boldsymbol{u}^n\otimes\boldsymbol{u}^n=-1 \tag{4-33}$$

因此

$$\dot{\boldsymbol{q}}=\frac{\dot{\theta}}{2}\boldsymbol{u}^n\otimes\boldsymbol{q} \tag{4-34}$$

令

$$\boldsymbol{\omega}_{nb}^n=\dot{\theta}\boldsymbol{u}^n \tag{4-35}$$

则

$$\dot{\boldsymbol{q}}=\frac{\dot{\theta}}{2}\boldsymbol{u}^n\otimes\boldsymbol{q}=\frac{1}{2}\boldsymbol{\omega}_{nb}^n\otimes\boldsymbol{q} \tag{4-36}$$

又

$$\boldsymbol{\omega}_{nb}^n=\boldsymbol{q}\otimes\boldsymbol{\omega}_{nb}^b\otimes\boldsymbol{q}^* \tag{4-37}$$

从而

$$\dot{\boldsymbol{q}}=\frac{1}{2}\boldsymbol{q}\otimes\boldsymbol{\omega}_{nb}^b \tag{4-38}$$

4.3　导 航 方 程

4.3.1　笛卡儿位置

如图 4-5 所示，α 坐标系原点相对于 β 坐标系原点的笛卡儿位置(Cartesian position)在 γ 坐标系中的投影，记为 $\boldsymbol{r}_{\beta\alpha}^{\gamma}=(x_{\beta\alpha}^{\gamma},y_{\beta\alpha}^{\gamma},z_{\beta\alpha}^{\gamma})$，其中，$x_{\beta\alpha}^{\gamma}$、$y_{\beta\alpha}^{\gamma}$、$z_{\beta\alpha}^{\gamma}$ 表示 γ 坐标系 x、y、z 轴的投影分量，笛卡儿位置又称欧几里得位置。

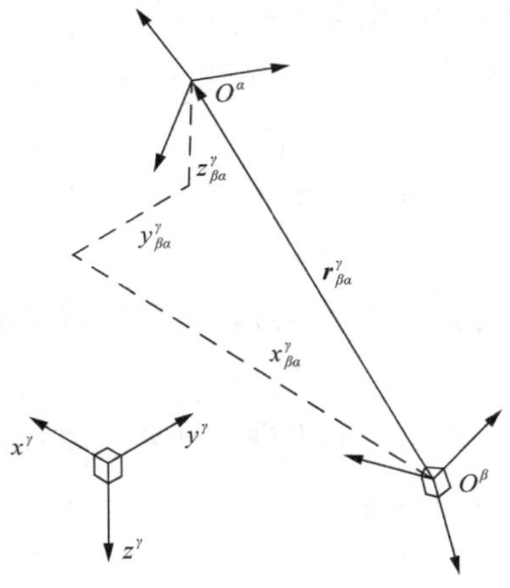

图 4-5　γ 坐标系中表示的 α 坐标系原点相对于 β 坐标系原点的笛卡儿位置

笛卡儿位置的目标坐标系与参照坐标系的转换可以通过符号取反完成：

$$\boldsymbol{r}_{\beta\alpha}^{\gamma}=-\boldsymbol{r}_{\alpha\beta}^{\gamma} \tag{4-39}$$

同样，倘若一个笛卡儿位置的目标坐标系与另一个的参照坐标系相同，那么这两个具有相同投影坐标系的笛卡儿位置可以相加，即

$$\boldsymbol{r}_{\beta\alpha}^{\gamma}=\boldsymbol{r}_{\delta\alpha}^{\gamma}-\boldsymbol{r}_{\delta\beta}^{\gamma}=\boldsymbol{r}_{\beta\delta}^{\gamma}+\boldsymbol{r}_{\delta\alpha}^{\gamma} \tag{4-40}$$

这也可用于将一个位置从一个参考坐标系变换到其他坐标系，对其时间导数同样成立。通过坐标转换矩阵可以实现笛卡儿位置在不同投影坐标系间的转换：

$$\boldsymbol{r}_{\beta\alpha}^{\delta} = \boldsymbol{C}_{\gamma}^{\delta} \boldsymbol{r}_{\beta\alpha}^{\gamma} \tag{4-41}$$

注意

$$\boldsymbol{r}_{\alpha\beta}^{\alpha} = -\boldsymbol{C}_{\beta}^{\alpha} \boldsymbol{r}_{\beta\alpha}^{\beta} \tag{4-42}$$

以及

$$\boldsymbol{r}_{\beta\alpha}^{\beta} = \boldsymbol{C}_{\delta}^{\beta} (\boldsymbol{r}_{\beta\delta}^{\delta} + \boldsymbol{r}_{\delta\alpha}^{\delta}) = \boldsymbol{r}_{\beta\delta}^{\beta} + \boldsymbol{C}_{\delta}^{\beta} \boldsymbol{r}_{\delta\alpha}^{\delta} \tag{4-43}$$

位置矢量的时间导数 $\dot{\boldsymbol{r}}_{\beta\alpha}^{\gamma}$ 取决于投影坐标系相对于参照坐标系和目标坐标系的旋转速率。考虑一些特殊的坐标系，例如，地球惯性坐标系的原点与地心地固坐标系的原点重合，导航坐标系与载体坐标系的原点也重合，故

$$\boldsymbol{r}_{ie}^{\gamma} = \boldsymbol{r}_{nb}^{\gamma} = 0 \tag{4-44}$$

同时

$$\boldsymbol{r}_{ib}^{\gamma} = \boldsymbol{r}_{eb}^{\gamma} = \boldsymbol{r}_{in}^{\gamma} = \boldsymbol{r}_{en}^{\gamma} \tag{4-45}$$

式(4-45)对于相应矢量的时间导数同样成立。

4.3.2　速度

速度(velocity)表示载体坐标系原点的位置相对于参照坐标系原点和坐标轴的变化率。这个运动参量可以依次在第三个坐标系的坐标轴上投影表示。因此，α 坐标系相对于 β 坐标系的速度在 γ 坐标系中的投影表示为

$$\boldsymbol{v}_{\beta\alpha}^{\gamma} = \boldsymbol{C}_{\beta}^{\gamma} \dot{\boldsymbol{r}}_{\beta\alpha}^{\beta} \tag{4-46}$$

需要注意的是，$\boldsymbol{v}_{\beta\alpha}^{\gamma}$ 不等于笛卡儿位置 $\boldsymbol{r}_{\beta\alpha}^{\gamma}$ 对时间的导数，这是由于投影坐标系 γ 相对于参考坐标系 β 存在转动。由式(4-41)和式(4-46)可知：

$$\dot{\boldsymbol{r}}_{\beta\alpha}^{\gamma} = \dot{\boldsymbol{C}}_{\beta}^{\gamma} \boldsymbol{r}_{\beta\alpha}^{\beta} + \boldsymbol{C}_{\beta}^{\gamma} \dot{\boldsymbol{r}}_{\beta\alpha}^{\beta} = \dot{\boldsymbol{C}}_{\beta}^{\gamma} \boldsymbol{r}_{\beta\alpha}^{\beta} + \boldsymbol{v}_{\beta\alpha}^{\gamma} \tag{4-47}$$

如果参照系和目标系间存在角运动，则笛卡儿速度不能像笛卡儿位置一样，通过符号取反实现参照系和目标系间的互换，参照系和目标系互换前后的速度关系为

$$\boldsymbol{v}_{\alpha\beta}^{\gamma} = -\boldsymbol{v}_{\beta\alpha}^{\gamma} - \boldsymbol{C}_{\alpha}^{\gamma} \dot{\boldsymbol{C}}_{\beta}^{\alpha} \boldsymbol{r}_{\beta\alpha}^{\beta} \tag{4-48}$$

同理，若参照系间存在相互转动时，速度不具有可加性，即

$$\boldsymbol{v}_{\beta\alpha}^{\gamma} \neq \boldsymbol{v}_{\beta\delta}^{\gamma} + \boldsymbol{v}_{\delta\alpha}^{\gamma} \tag{4-49}$$

通过坐标转换矩阵，可以将速度从一个投影坐标系变换到另一个投影坐标系，即

$$\boldsymbol{v}_{\beta\alpha}^{\delta} = \boldsymbol{C}_{\gamma}^{\delta} \boldsymbol{v}_{\beta\alpha}^{\gamma} \tag{4-50}$$

由于地球惯性坐标系与地心地固坐标系的原点相同，载体坐标系与导航坐标系的原点也相同，因此

$$\boldsymbol{v}_{ie}^{\gamma} = \boldsymbol{v}_{nb}^{\gamma} = 0, \quad \boldsymbol{v}_{ib}^{\gamma} = \boldsymbol{v}_{in}^{\gamma}, \quad \boldsymbol{v}_{eb}^{\gamma} = \boldsymbol{v}_{en}^{\gamma} \tag{4-51}$$

然而，由于地心地固坐标系相对于地球惯性坐标系有旋转，故

$$\boldsymbol{v}_{ib}^{\gamma} \neq \boldsymbol{v}_{eb}^{\gamma}, \quad \boldsymbol{v}_{in}^{\gamma} \neq \boldsymbol{v}_{en}^{\gamma} \tag{4-52}$$

4.3.3　加速度

加速度(acceleration)定义为一个坐标系的原点位置相对于另一个坐标系原点和坐标轴的二次时间导数。因此，α 坐标系相对于 β 坐标系的加速度在 γ 坐标系中的投影可表示为

$$\boldsymbol{a}_{\beta\alpha}^{\gamma} = \boldsymbol{C}_{\beta}^{\gamma}\ddot{\boldsymbol{r}}_{\beta\alpha}^{\beta} \tag{4-53}$$

加速度是在参照坐标系中作用在单位质量物体上的力，幅值与投影坐标系无关。由于投影坐标系 γ 相对于参照坐标系 β 可能存在转动，加速度并不简单地等同于 $\boldsymbol{v}_{\beta\alpha}^{\gamma}$ 的时间导数，或者 $\boldsymbol{r}_{\beta\alpha}^{\gamma}$ 的二次时间导数：

$$\dot{\boldsymbol{v}}_{\beta\alpha}^{\gamma} = \dot{\boldsymbol{C}}_{\beta}^{\gamma}\dot{\boldsymbol{r}}_{\beta\alpha}^{\beta} + \boldsymbol{a}_{\beta\alpha}^{\gamma} \tag{4-54}$$

$$\ddot{\boldsymbol{r}}_{\beta}^{\gamma} = \ddot{\boldsymbol{C}}_{\beta}^{\gamma}\boldsymbol{r}_{\beta\alpha}^{\beta} + \dot{\boldsymbol{C}}_{\beta}^{\gamma}\dot{\boldsymbol{r}}_{\beta\alpha}^{\beta} + \dot{\boldsymbol{v}}_{\beta\alpha}^{\gamma} = \ddot{\boldsymbol{C}}_{\beta}^{\gamma}\boldsymbol{r}_{\beta\alpha}^{\beta} + 2\dot{\boldsymbol{C}}_{\beta}^{\gamma}\dot{\boldsymbol{r}}_{\beta\alpha}^{\beta} + \boldsymbol{a}_{\beta\alpha}^{\gamma} \tag{4-55}$$

由于 $\dot{\boldsymbol{C}}_{\beta}^{\gamma} = -\left[\boldsymbol{\omega}_{\beta\gamma}^{\gamma}\times\right]\boldsymbol{C}_{\beta}^{\gamma}$，$\ddot{\boldsymbol{C}}_{\beta}^{\gamma} = -\left[\dot{\boldsymbol{\omega}}_{\beta\gamma}^{\gamma}\times\right]\boldsymbol{C}_{\beta}^{\gamma} + \left[\boldsymbol{\omega}_{\beta\gamma}^{\gamma}\times\right]\left[\boldsymbol{\omega}_{\beta\gamma}^{\gamma}\times\right]\boldsymbol{C}_{\beta}^{\gamma}$，因此

$$\ddot{\boldsymbol{C}}_{\beta}^{\gamma}\boldsymbol{r}_{\beta\alpha}^{\beta} = \left(\left[\boldsymbol{\omega}_{\beta\gamma}^{\gamma}\times\right]\left[\boldsymbol{\omega}_{\beta\gamma}^{\gamma}\times\right] - \left[\dot{\boldsymbol{\omega}}_{\beta\gamma}^{\gamma}\times\right]\right)\boldsymbol{r}_{\beta\alpha}^{\gamma} \tag{4-56}$$

同时由 $\dot{\boldsymbol{C}}_{\beta}^{\gamma} = -\left[\boldsymbol{\omega}_{\beta\gamma}^{\gamma}\times\right]\boldsymbol{C}_{\beta}^{\gamma}$，$\dot{\boldsymbol{r}}_{\beta\alpha}^{\gamma} = \dot{\boldsymbol{C}}_{\beta}^{\gamma}\boldsymbol{r}_{\beta\alpha}^{\beta} + \boldsymbol{C}_{\beta}^{\gamma}\dot{\boldsymbol{r}}_{\beta\alpha}^{\beta}$ 可知：

$$\begin{aligned}\dot{\boldsymbol{C}}_{\beta}^{\gamma}\dot{\boldsymbol{r}}_{\beta\alpha}^{\beta} &= -\left[\boldsymbol{\omega}_{\beta\gamma}^{\gamma}\times\right]\boldsymbol{C}_{\beta}^{\gamma}\dot{\boldsymbol{r}}_{\beta\alpha}^{\beta} = \left[\boldsymbol{\omega}_{\beta\gamma}^{\gamma}\times\right](\dot{\boldsymbol{C}}_{\beta}^{\gamma}\boldsymbol{r}_{\beta\alpha}^{\beta} - \dot{\boldsymbol{r}}_{\beta\alpha}^{\gamma}) \\ &= -\left[\boldsymbol{\omega}_{\beta\gamma}^{\gamma}\times\right]\left[\boldsymbol{\omega}_{\beta\gamma}^{\gamma}\times\right]\boldsymbol{r}_{\beta\alpha}^{\gamma} - \left[\boldsymbol{\omega}_{\beta\gamma}^{\gamma}\times\right]\dot{\boldsymbol{r}}_{\beta\alpha}^{\gamma}\end{aligned} \tag{4-57}$$

将式(4-56)和式(4-57)代入式(4-55)有

$$\ddot{\boldsymbol{r}}_{\beta\alpha}^{\gamma} = -\left[\boldsymbol{\omega}_{\beta\gamma}^{\gamma}\times\right]\left[\boldsymbol{\omega}_{\beta\gamma}^{\gamma}\times\right]\boldsymbol{r}_{\beta\alpha}^{\gamma} - 2\left[\boldsymbol{\omega}_{\beta\gamma}^{\gamma}\times\right]\dot{\boldsymbol{r}}_{\beta\alpha}^{\gamma} - \left[\dot{\boldsymbol{\omega}}_{\beta\gamma}^{\gamma}\times\right]\boldsymbol{r}_{\beta\alpha}^{\gamma} + \boldsymbol{a}_{\beta\alpha}^{\gamma} \tag{4-58}$$

与速度矢量类似，当参照坐标系间存在相互旋转时，加速度也不能简单地相加，即

$$\boldsymbol{a}_{\beta\alpha}^{\gamma} \neq \boldsymbol{a}_{\beta\delta}^{\gamma} + \boldsymbol{a}_{\delta\alpha}^{\gamma} \tag{4-59}$$

同样，加速度可通过适当的坐标转换矩阵，变换到另一个投影坐标系中：

$$\boldsymbol{a}_{\beta\alpha}^{\delta} = \boldsymbol{C}_{\gamma}^{\delta}\boldsymbol{a}_{\beta\alpha}^{\gamma} \tag{4-60}$$

可见，在诸如“导航坐标系”这样的旋转投影系中，物体不仅受源自参照坐标系的外力 $\ddot{\boldsymbol{r}}_{\beta\alpha}^{\gamma}$ 影响，还受到三个虚拟力——离心力、科氏力(科里奥利力)和欧拉力的作用。式(4-58)右边第一项 $-\left[\boldsymbol{\omega}_{\beta\gamma}^{\gamma}\times\right]\left[\boldsymbol{\omega}_{\beta\gamma}^{\gamma}\times\right]\boldsymbol{r}_{\beta\alpha}^{\gamma}$ 是离心加速度，第二项 $-2\left[\boldsymbol{\omega}_{\beta\gamma}^{\gamma}\times\right]\dot{\boldsymbol{r}}_{\beta\alpha}^{\gamma}$ 是科氏加速度，第三项 $-\left[\dot{\boldsymbol{\omega}}_{\beta\gamma}^{\gamma}\times\right]\boldsymbol{r}_{\beta\alpha}^{\gamma}$ 是欧拉加速度。欧拉力是一种虚拟力，是当参照坐标系相对于惯性空间存在角加速度时产生的力。

4.3.4　地球系导航方程

地球系下的导航解算，目标坐标系是代表水下机器人的载体坐标系 b，参照坐标系和投影坐标系一致，均为代表地球的地球坐标系 e，根据式(4-53)和式(4-54)，有

$$\dot{\boldsymbol{v}}_{eb}^{e} = \boldsymbol{a}_{eb}^{e} = \ddot{\boldsymbol{r}}_{eb}^{e} \tag{4-61}$$

现依次应用式(4-40)、式(4-44)和式(4-45)，有

$$\boldsymbol{r}_{eb}^{e} = \boldsymbol{r}_{ib}^{e} - \boldsymbol{r}_{ie}^{e} = \boldsymbol{r}_{ib}^{e} \tag{4-62}$$

再将式(4-62)代入式(4-61)，得

$$\dot{\boldsymbol{v}}_{eb}^{e} = \ddot{\boldsymbol{r}}_{ib}^{e} \tag{4-63}$$

根据式(4-58)，考虑到地球自转角速率 ω_{ie}^e 为常值，有

$$\dot{\boldsymbol{v}}_{eb}^e = -\left[\boldsymbol{\omega}_{ie}^e \times\right]\left[\boldsymbol{\omega}_{ie}^e \times\right]\boldsymbol{r}_{ib}^e - 2\left[\boldsymbol{\omega}_{ie}^e \times\right]\boldsymbol{r}_{eb}^e + \boldsymbol{a}_{ib}^e \tag{4-64}$$

由于地球坐标系的转动，在地球坐标系中投影的速度的变化率，包含向心加速度项和科氏加速度项。根据式(4-45)和式(4-46)，有

$$\dot{\boldsymbol{v}}_{eb}^e = -\left[\boldsymbol{\omega}_{ie}^e \times\right]\left[\boldsymbol{\omega}_{ie}^e \times\right]\boldsymbol{r}_{eb}^e - 2\left[\boldsymbol{\omega}_{ie}^e \times\right]\boldsymbol{v}_{eb}^e + \boldsymbol{a}_{ib}^e \tag{4-65}$$

由于载体承受的加速度 $\boldsymbol{a}_{ib}^e$ 是测量的比力 $\boldsymbol{f}_{ib}^e$ 与引力加速度 $\boldsymbol{\gamma}_{ib}^e$ 之和，重力加速度 $\boldsymbol{g}_b^e$ 则是引力加速度和向心加速度之和。将相应关系式代入式(4-65)，有

$$\dot{\boldsymbol{v}}_{eb}^e = \boldsymbol{f}_{ib}^e + \boldsymbol{g}_b^e(\boldsymbol{r}_{eb}^e) - 2\left[\boldsymbol{\omega}_{ie}^e \times\right]\boldsymbol{v}_{eb}^e \tag{4-66}$$

若采用当地切平面坐标系，式(4-66)所示的地球系导航方程适用于水下机器人在地表附近空间局部区域内的导航解算。当地切平面坐标系下，水下机器人采用北向、东向和深度三维直角米制坐标单位，因此解算结果适合水下机器人控制与制导系统直接使用。

4.3.5 导航系导航方程

在导航系下进行导航解算时，水下机器人载体坐标系 b 作为目标系，地球系 e 作为参照系，NED 导航系 n 作为投影系。将姿态矩阵 $\boldsymbol{C}_b^n$ 作为载体系相对导航系的水下机器人姿态参数化表示。水下机器人载体系相对地球系的速度在导航系中的投影称为地速，记为 $\boldsymbol{v}_{eb}^n$。与地球系导航方程不同，导航系下的导航方程采用经纬度大地坐标结合深度表示水下机器人三维位置坐标。大地坐标通常利用速度积分直接获取，而不通过笛卡儿直角坐标变换得到，因此适用于水下机器人全球水下导航定位解算。由于导航系导航方程的投影系和参照系并不一致，根据式(4-50)，导航系速度可由式(4-67)表示为地球系中的速度在导航系中的对应值：

$$\boldsymbol{v}_{eb}^n = \boldsymbol{C}_e^n \boldsymbol{v}_{eb}^e \tag{4-67}$$

对式(4-67)取微分，有

$$\dot{\boldsymbol{v}}_{eb}^n = \dot{\boldsymbol{C}}_e^n \boldsymbol{v}_{eb}^e + \boldsymbol{C}_e^n \dot{\boldsymbol{v}}_{eb}^e \tag{4-68}$$

可见，除了所包含的施加的加速度、向心加速度和科氏加速度分量以外，导航系的速度更新还包含了一个位置角速率项。将 $\dot{\boldsymbol{C}}_e^n = -\left[\boldsymbol{\omega}_{en}^n \times\right]\boldsymbol{C}_e^n$ 和 $\boldsymbol{v}_{eb}^n = \boldsymbol{C}_n^n \boldsymbol{v}_{eb}^n$ 代入式(4-68)第一项，将式(4-65)代入式(4-68)第二项得到

$$\dot{\boldsymbol{v}}_{eb}^n = -\left[\boldsymbol{\omega}_{en}^n \times\right]\boldsymbol{v}_{eb}^n + \boldsymbol{C}_e^n\left(-\left[\boldsymbol{\omega}_{ie}^e \times\right]\left[\boldsymbol{\omega}_{ie}^e \times\right]\boldsymbol{r}_{eb}^e - 2\left[\boldsymbol{\omega}_{ie}^e \times\right]\boldsymbol{v}_{eb}^e + \boldsymbol{a}_{ib}^e\right) \tag{4-69}$$

利用式(4-5)、式(4-41)、式(4-50)和式(4-60)转换投影轴系，并整理得到

$$\dot{\boldsymbol{v}}_{eb}^n = -\left[\boldsymbol{\omega}_{ie}^n \times\right]\left[\boldsymbol{\omega}_{ie}^n \times\right]\boldsymbol{r}_{cb}^n - \left(\left[\boldsymbol{\omega}_{en}^n \times\right] + 2\left[\boldsymbol{\omega}_{ie}^n \times\right]\right)\boldsymbol{v}_{eb}^n + \boldsymbol{a}_{ib}^n \tag{4-70}$$

代入加速度计输出的比力信息 $\boldsymbol{f}_{ib}^n$，有

$$\boldsymbol{a}_{ib}^n = \boldsymbol{f}_{ib}^n + \boldsymbol{G}^n \tag{4-71}$$

式中，$\boldsymbol{G}$ 为万有引力。则

$$\dot{\boldsymbol{v}}_{eb}^n = \boldsymbol{f}_{ib}^n - \left(\left[\boldsymbol{\omega}_{en}^n \times\right] + 2\left[\boldsymbol{\omega}_{ie}^n \times\right]\right)\boldsymbol{v}_{eb}^n + \boldsymbol{G}^n - \left[\boldsymbol{\omega}_{ie}^n \times\right]\left[\boldsymbol{\omega}_{ie}^n \times\right]\boldsymbol{r}_{eb}^n \tag{4-72}$$

如图 4-6 所示，地球表面重力加速度 $\boldsymbol{g}^n$ 是万有引力和离心力的合力加速度，则

$$\boldsymbol{g}^n = \boldsymbol{G}^n - \left[\boldsymbol{\omega}_{ie}^n \times\right]\left[\boldsymbol{\omega}_{ie}^n \times\right]\boldsymbol{r}_{eb}^n \tag{4-73}$$

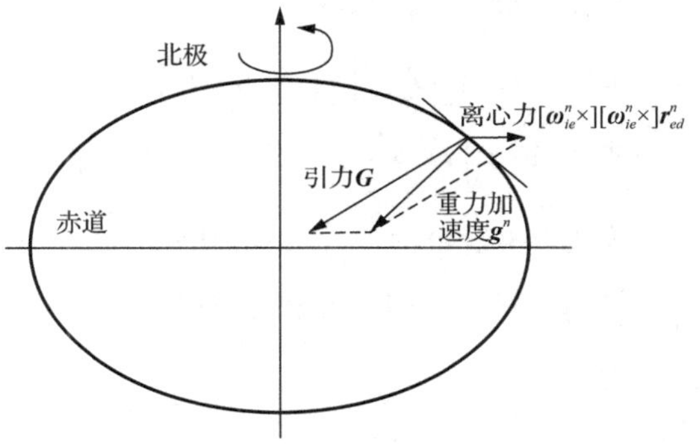

图 4-6　地球表面重力加速度示意图

从而导航系导航方程为

$$\dot{\boldsymbol{v}}_{eb}^n=\boldsymbol{f}_{ib}^n-\left(\left[\boldsymbol{\omega}_{en}^n\times\right]+2\left[\boldsymbol{\omega}_{ie}^n\times\right]\right)\boldsymbol{v}_{eb}^n+\boldsymbol{g}^n \tag{4-74}$$

参考椭球体表面地球模型下，大地坐标经纬度位置的时间微分是地球参考速度在导航坐标系中的线性函数，即

$$\begin{bmatrix}\dot{L}_b\\ \dot{\lambda}_b\\ d_b\end{bmatrix}=\begin{bmatrix}\dfrac{1}{R_N\left(L_b\right)-d_b} & 0 & 0\\ 0 & \dfrac{1}{\left[R_E\left(L_b\right)-d_b\right]\cos L_b} & 0\\ 0 & 0 & 1\end{bmatrix}\begin{bmatrix}v_{ebx}^n\\ v_{eby}^n\\ v_{ebz}^n\end{bmatrix} \tag{4-75}$$

4.4　指北方位捷联惯导机械编排

4.4.1　姿态更新

地心地固系下惯性导航系统姿态更新，是利用角速率测量值 $\boldsymbol{\omega}_{ib}^b$ 更新姿态结果的过程。姿态结果采用载体系到地球系的方向余弦矩阵 $\boldsymbol{C}_b^e$ 表示：

$$\begin{aligned}\dot{\boldsymbol{C}}_b^e&=\boldsymbol{C}_b^e\left[\boldsymbol{\omega}_{eb}^b\times\right]\\&=\boldsymbol{C}_b^e\left[\boldsymbol{\omega}_{ib}^b\times\right]-\boldsymbol{C}_b^e\left[\boldsymbol{\omega}_{ie}^b\times\right]\\&=\boldsymbol{C}_b^e\left[\boldsymbol{\omega}_{ib}^b\times\right]-\left[\boldsymbol{\omega}_{ie}^e\times\right]\boldsymbol{C}_b^e\end{aligned} \tag{4-76}$$

式中，$\left[\boldsymbol{\omega}_{ib}^b\times\right]$ 是 IMU 测量角速度的叉乘矩阵；$\left[\boldsymbol{\omega}_{ie}^e\times\right]$ 是地球转动角速度矢量的叉乘矩阵。在地心地固系中更新姿态时，地球转动也需要计算在内。地心地固坐标系下：

$$\left[\boldsymbol{\omega}_{ie}^e\times\right]=\begin{bmatrix}0 & -\omega_{ie} & 0\\ \omega_{ie} & 0 & 0\\ 0 & 0 & 0\end{bmatrix} \tag{4-77}$$

对式(4-76)两边积分，得到

$$\begin{aligned}\boldsymbol{C}_b^e(t+\tau_i) &\approx \boldsymbol{C}_b^e(t)\exp\left(\left[\boldsymbol{\omega}_{eb}^b\times\right]\tau_i\right)\\&=\boldsymbol{C}_b^e(t)\exp\left[\left(\left[\boldsymbol{\omega}_{ib}^b\times\right]-\left[\boldsymbol{\omega}_{ie}^b\times\right]\right)\tau_i\right]\\&=\boldsymbol{C}_b^e(t)\exp\left(\left[\boldsymbol{\omega}_{ib}^b\times\right]\tau_i\right)-\boldsymbol{C}_b^e(t)\left[\exp\left(\left[\boldsymbol{\omega}_{ie}^b\times\right]\tau_i\right)-\boldsymbol{I}_3\right]\\&=\boldsymbol{C}_b^e(t)\exp\left(\left[\boldsymbol{\omega}_{ib}^b\times\right]\tau_i\right)-\left[\exp\left(\left[\boldsymbol{\omega}_{ie}^e\times\right]\tau_i\right)-\boldsymbol{I}_3\right]\boldsymbol{C}_b^e(t)\end{aligned} \tag{4-78}$$

设地球自转角速度$\left[\boldsymbol{\omega}_{ib}^b\times\right]$为常值，积分周期内 IMU 角速率测量值为常数，泰勒展开取一阶截断、小角度近似得到

$$\boldsymbol{C}_b^e(+)\approx\boldsymbol{C}_b^e(-)\left(\boldsymbol{I}_3+\left[\boldsymbol{\omega}_{ib}^b\times\right]\tau_i\right)-\left[\boldsymbol{\omega}_{ie}^e\times\right]\boldsymbol{C}_b^e(-)\tau_i \tag{4-79}$$

导航系下惯性导航系统姿态更新，除了用到角速率测量值以外，还需要利用位置和速度结果。这是因为水下机器人相对地球运动时，导航坐标系北、东、地三个轴向的指向也会变化。根据姿态矩阵微分方程

$$\dot{\boldsymbol{C}}_b^n=\boldsymbol{C}_b^n\left[\boldsymbol{\omega}_{nb}^b\times\right] \tag{4-80}$$

$\boldsymbol{\omega}_{nb}^b$ 可以拆分为三项：

$$\dot{\boldsymbol{C}}_b^n=\boldsymbol{C}_b^n\left[\boldsymbol{\omega}_{ib}^b\times\right]-\left(\left[\boldsymbol{\omega}_{ie}^n\times\right]+\left[\boldsymbol{\omega}_{en}^n\times\right]\right)\boldsymbol{C}_b^n \tag{4-81}$$

第一项是载体相对于惯性系的转动角速率，由三轴陀螺仪组件测量得到，第二项是地球相对于惯性系的自转角速率，第三项是水下机器人的位置角速率。导航坐标系下地球自转角速度矢量的叉乘矩阵为

$$\left[\boldsymbol{\omega}_{ie}^n\times\right]=\omega_{ie}\begin{bmatrix}0 & \sin L_b & 0\\ -\sin L_b & 0 & -\cos L_b\\ 0 & \cos L_b & 0\end{bmatrix} \tag{4-82}$$

对式(4-80)积分，得到

$$\begin{aligned}\boldsymbol{C}_b^n(t+\tau_i) &\approx \boldsymbol{C}_b^n(t)\exp\left(\left[\boldsymbol{\omega}_{nb}^b\times\right]\tau_i\right)\\&=\boldsymbol{C}_b^n(t)\exp\left[\left(\left[\boldsymbol{\omega}_{ib}^b\times\right]-\left[\boldsymbol{\omega}_{ie}^b\times\right]-\left[\boldsymbol{\omega}_{en}^b\times\right]\right)\tau_i\right]\\&=\boldsymbol{C}_b^n(t)\exp\left(\left[\boldsymbol{\omega}_{ib}^b\times\right]\tau_i\right)-\boldsymbol{C}_b^n(t)\left\{\exp\left[\left(\left[\boldsymbol{\omega}_{ie}^b\times\right]+\left[\boldsymbol{\omega}_{en}^b\times\right]\right)\tau_i\right]-\boldsymbol{I}_3\right\}\\&=\boldsymbol{C}_b^n(t)\exp\left(\left[\boldsymbol{\omega}_{ib}^b\times\right]\tau_i\right)-\left\{\exp\left[\left(\left[\boldsymbol{\omega}_{ie}^n\times\right]+\left[\boldsymbol{\omega}_{en}^n\times\right]\right)\tau_i\right]-\boldsymbol{I}_3\right\}\boldsymbol{C}_b^n(t)\end{aligned} \tag{4-83}$$

设姿态更新积分周期内，载体速度和位置均为常值，从而 $\boldsymbol{\Omega}_{ie}^n$ 和 $\boldsymbol{\Omega}_{en}^n$ 在更新周期内也为常值。对地球自转项和位置角速率取其幂级数展开式的一阶截断，得到

$$\boldsymbol{C}_b^n(+)\approx\boldsymbol{C}_b^n(-)\left(\boldsymbol{I}_3+\left[\boldsymbol{\omega}_{ib}^b\times\right]\tau_i\right)-\left(\left[\boldsymbol{\omega}_{ie}^n\times\right](-)+\left[\boldsymbol{\omega}_{en}^n\times\right](-)\right)\boldsymbol{C}_b^n(-)\tau_i \tag{4-84}$$

其中，利用 $\boldsymbol{L}_b(-)$ 计算$\left[\boldsymbol{\omega}_{ie}^n\times\right](-)$，利用 $\boldsymbol{L}_b(-)$、$\boldsymbol{d}_b(-)$ 和 $\boldsymbol{v}_{eb}^n(-)$ 计算$\left[\boldsymbol{\omega}_{en}^n\times\right](-)$。

4.4.2 导航更新

地心地固系下的比力转换，可以采用与地球惯性系下相同的转换形式：

$$\boldsymbol{f}_{ib}^e(t)=\boldsymbol{C}_b^e(t)\boldsymbol{f}_{ib}^b(t)\Rightarrow\boldsymbol{f}_{ib}^e\approx\frac{1}{2}\left[\boldsymbol{C}_b^e(-)+\boldsymbol{C}_b^e(+)\right]\boldsymbol{f}_{ib}^b \tag{4-85}$$

或者

$$\boldsymbol{v}_{ib}^{e} = \boldsymbol{C}_b^e \boldsymbol{v}_{ib}^{b} \approx \frac{1}{2}\left[\boldsymbol{C}_b^e(-) + \boldsymbol{C}_b^e(+)\right]\boldsymbol{v}_{ib}^{b} \tag{4-86}$$

由于水下机器人运动速度相对较低，在积分周期内忽略科氏项变化，则

$$\begin{aligned}\boldsymbol{v}_{eb}^{e}(+) &\approx \boldsymbol{v}_{eb}^{e}(-) + \left\{\boldsymbol{f}_{ib}^{e} + \boldsymbol{g}_b^e\left[\boldsymbol{r}_{eb}^{e}(-)\right] - 2\left[\omega_{ie}^{e}\times\right]\boldsymbol{v}_{eb}^{e}(-)\right\}\tau_i \\ &= \boldsymbol{v}_{eb}^{e}(-) + \boldsymbol{v}_{ib}^{e} + \left\{\boldsymbol{g}_b^e\left[\boldsymbol{r}_{eb}^{e}(-)\right] - 2\left[\omega_{ie}^{e}\times\right]\boldsymbol{v}_{eb}^{e}(-)\right\}\tau_i\end{aligned} \tag{4-87}$$

在地固系下更新位置，位置的参考系和投影系一致，根据式(4-47)得

$$\dot{\boldsymbol{r}}_{eb}^{e} = \boldsymbol{v}_{eb}^{e} \tag{4-88}$$

设积分周期内速度呈线性变化，对式(4-88)积分，得

$$\begin{aligned}\boldsymbol{r}_{eb}^{e}(+) &= \boldsymbol{r}_{eb}^{e}(-) + \left[\boldsymbol{v}_{eb}^{e}(-) + \boldsymbol{v}_{eb}^{e}(+)\right]\frac{\tau_i}{2} \\ &\approx \boldsymbol{r}_{eb}^{e}(-) + \boldsymbol{v}_{eb}^{e}(-)\tau_i + \left\{\boldsymbol{f}_{ib}^{e} + \boldsymbol{g}_b^e\left[\boldsymbol{r}_{eb}^{e}(-)\right] - 2\left[\omega_{ie}^{e}\times\right]\boldsymbol{v}_{eb}^{e}(-)\right\}\frac{\tau_i^e}{2}\end{aligned} \tag{4-89}$$

导航系导航更新中的比力坐标转换与地固系导航解算相同，即

$$\boldsymbol{f}_{ib}^{n}(t) = \boldsymbol{C}_b^n(t)\boldsymbol{f}_{ib}^{b}(t) \Rightarrow \boldsymbol{f}_{ib}^{n} \approx \frac{1}{2}\left[\boldsymbol{C}_b^n(-) + \boldsymbol{C}_b^n(+)\right]\boldsymbol{f}_{ib}^{b} \tag{4-90}$$

在积分周期内，忽略重力加速度、科氏加速度分量和位置角速率分量变化。因此有

$$\begin{aligned}\boldsymbol{v}_{eb}^{n}(+) &\approx \boldsymbol{v}_{eb}^{n}(-) + \left[\boldsymbol{f}_{ib}^{n} + \boldsymbol{g}_b^n\left(L_b(-), d_b(-)\right) - \left(\left[\boldsymbol{\omega}_{en}^{n}\times\right](-) + 2\left[\boldsymbol{\omega}_{ie}^{n}\times\right](-)\right)\boldsymbol{v}_{eb}^{n}(-)\right]\tau_i \\ &= \boldsymbol{v}_{eb}^{n}(-) + \boldsymbol{v}_{ib}^{n} + \left[\boldsymbol{g}_b^n\left(L_b(-), d_b(-)\right) - \left(\left[\boldsymbol{\omega}_{en}^{n}\times\right](-) + 2\left[\boldsymbol{\omega}_{eb}^{e}\times\right](-)\right)\boldsymbol{v}_{eb}^{n}(-)\right]\tau_i\end{aligned} \tag{4-91}$$

根据式(4-75)，纬度、经度和高度的微分是速度、纬度和高度的函数，因此有

$$\begin{cases} L_b(+) = L_b(-) + \displaystyle\int_t^{t+\tau_i} \frac{v_{ebx}^{n}(t')}{R_N[L_b(t')] - d_b(t')}\mathrm{d}t' \\ \lambda_b(+) = \lambda_b(-) + \displaystyle\int_t^{t+\tau_i} \frac{v_{eby}^{n}(t')}{\{R_E[L_b(t')] - d_b(t')\}\cos L_b(t')}\mathrm{d}t' \\ d_b(+) = d_b(-) + \displaystyle\int_t^{t+\tau_i} v_{ebz}^{n}(t')\mathrm{d}t' \end{cases} \tag{4-92}$$

子午圈曲率半径 R_N 和卯酉曲率半径 R_E 随大地纬度 L_b 的变化非常缓慢，因而在积分周期内忽略它们随纬度的变化是可以接受的。设积分周期内速度变化是时间的线性函数，位置更新近似为

$$\begin{cases} d_b(+) \approx d_b(-) + \dfrac{\tau_i}{2}\left[v_{eb,D}^{n}(-) + v_{ebz}^{n}(+)\right] \\ L_b(+) \approx L_b(-) + \dfrac{\tau_i}{2}\left\{\dfrac{v_{ebx}^{n}(-)}{R_N\left[L_b(-)\right] - d_b(-)} + \dfrac{v_{ebx}^{n}(+)}{R_N\left[L_b(-)\right] - d_b(+)}\right\} \\ \lambda_b(+) \approx \lambda_b(-) + \dfrac{\tau_i}{2}\left(\dfrac{v_{eby}^{n}(-)}{\left\{R_E\left[L_b(-)\right] - d_b(-)\right\}\cos L_b(-)} + \dfrac{v_{eby}^{n}(+)}{\left\{R_E\left[L_b(+)\right] - d_b(+)\right\}\cos L_b(+)}\right) \end{cases} \tag{4-93}$$

注意水下机器人潜深、纬度和经度的更新计算顺序。

4.5　指北方位捷联惯导误差分析

惯性导航系统的惯性器件、安装基准、模型计算等都不可避免地存在误差。而惯导系统属于航位推算系统，即下一时刻的速度和位置是由上一时刻推导而来的，因此惯性导航系统误差随时间积累。深入分析和研究惯性导航系统误差源，可以优化导航系统的整体性能，确保其在长时间和复杂环境下具有良好的稳定性和鲁棒性。

4.5.1　姿态误差方程

四元数微分方程为

$$\dot{\boldsymbol{q}} = \frac{1}{2}\boldsymbol{q} \otimes \boldsymbol{\omega}_{nb}^b \tag{4-94}$$

式中，$\boldsymbol{\omega}_{nb}^b$ 为标量为 0 的四元数。理想不含误差的姿态速率为

$$\boldsymbol{\omega}_{nb}^b = \boldsymbol{\omega}_{ib}^b - \boldsymbol{\omega}_{ie}^b - \boldsymbol{\omega}_{en}^b \tag{4-95}$$

将式(4-95)代入式(4-94)得到

$$\dot{\boldsymbol{q}} = \frac{1}{2}\boldsymbol{q} \otimes (\boldsymbol{\omega}_{ib}^b - \boldsymbol{\omega}_{ie}^b - \boldsymbol{\omega}_{en}^b) \tag{4-96}$$

式(4-96)为理想情况下的四元数微分方程，但在实际情况中，需要考虑惯性元件输出的实际值 $\tilde{\boldsymbol{\omega}}_{ib}^b$，以及数字平台指令角速度 $\hat{\boldsymbol{\omega}}_{ie}^b$、$\hat{\boldsymbol{\omega}}_{en}^b$，故实际微分方程为

$$\dot{\hat{\boldsymbol{q}}} = \frac{1}{2}\hat{\boldsymbol{q}} \otimes (\tilde{\boldsymbol{\omega}}_{ib}^b - \hat{\boldsymbol{\omega}}_{ie}^b - \hat{\boldsymbol{\omega}}_{en}^b) \tag{4-97}$$

记四元数 $\dot{\hat{\boldsymbol{q}}}$ 对应的方向余弦矩阵为 $\boldsymbol{C}_b^{n'}$，由方向余弦矩阵与四元数的对应关系，与 $\boldsymbol{C}_b^{n'} = \boldsymbol{C}_n^{n'}\boldsymbol{C}_b^n$ 对应的四元数为

$$\begin{aligned} \hat{\boldsymbol{q}} &= \delta\boldsymbol{q}^* \otimes \boldsymbol{q} \\ \delta\boldsymbol{q} &= \boldsymbol{q} \otimes \hat{\boldsymbol{q}}^* \end{aligned} \tag{4-98}$$

式中，$\delta\boldsymbol{q}$ 为误差四元数。将式(4-98)代入式(4-97)中可得

$$\begin{aligned} \delta\dot{\boldsymbol{q}} &= \dot{\boldsymbol{q}} \otimes \hat{\boldsymbol{q}}^* + \boldsymbol{q} \otimes \hat{\boldsymbol{q}}^* \\ &= \frac{1}{2}\boldsymbol{q} \otimes (\boldsymbol{\omega}_{ib}^b - \boldsymbol{\omega}_{ie}^b - \boldsymbol{\omega}_{en}^b) \otimes \hat{\boldsymbol{q}}^* + \frac{1}{2}\boldsymbol{q} \otimes (-\tilde{\boldsymbol{\omega}}_{ib}^b + \hat{\boldsymbol{\omega}}_{ie}^b + \hat{\boldsymbol{\omega}}_{en}^b) \otimes \hat{\boldsymbol{q}}^* \\ &= -\frac{1}{2}\boldsymbol{q} \otimes (\tilde{\boldsymbol{\omega}}_{ib}^b - \boldsymbol{\omega}_{ib}^b) \otimes \hat{\boldsymbol{q}}^* - \frac{1}{2}\boldsymbol{q} \otimes (\boldsymbol{\omega}_{ie}^b + \boldsymbol{\omega}_{en}^b) \otimes \hat{\boldsymbol{q}}^* + \frac{1}{2}\boldsymbol{q} \otimes (\hat{\boldsymbol{\omega}}_{ie}^b + \hat{\boldsymbol{\omega}}_{en}^b) \otimes \hat{\boldsymbol{q}}^* \\ &= -\frac{1}{2}\boldsymbol{q} \otimes (\tilde{\boldsymbol{\omega}}_{ib}^b - \boldsymbol{\omega}_{ib}^b) \otimes \boldsymbol{q}^* \otimes \boldsymbol{q} \otimes \hat{\boldsymbol{q}}^* - \frac{1}{2}\boldsymbol{q} \otimes (\boldsymbol{\omega}_{ie}^b + \boldsymbol{\omega}_{en}^b) \otimes \boldsymbol{q}^* \otimes \boldsymbol{q} \otimes \hat{\boldsymbol{q}}^* \\ &\quad + \frac{1}{2}\boldsymbol{q} \otimes \hat{\boldsymbol{q}}^* \otimes \hat{\boldsymbol{q}} \otimes (\hat{\boldsymbol{\omega}}_{ie}^b + \hat{\boldsymbol{\omega}}_{en}^b) \otimes \hat{\boldsymbol{q}}^* \end{aligned} \tag{4-99}$$

根据四元数的旋转，即坐标变换运算，将参数变换到导航坐标系下，式(4-99)可简化为

$$\delta\dot{\boldsymbol{q}} = -\frac{1}{2}\delta\tilde{\boldsymbol{\omega}}_{ib}^n \otimes \delta\boldsymbol{q} - \frac{1}{2}(\boldsymbol{\omega}_{ie}^n + \boldsymbol{\omega}_{en}^n) \otimes \delta\boldsymbol{q} + \frac{1}{2}\delta\boldsymbol{q} \otimes (\hat{\boldsymbol{\omega}}_{ie}^n + \hat{\boldsymbol{\omega}}_{en}^n) \tag{4-100}$$

将 $\delta\boldsymbol{q}$ 写作三角形式：

$$\delta \boldsymbol{q} = \cos\frac{|\boldsymbol{\phi}|}{2} + \frac{\boldsymbol{\phi}}{|\boldsymbol{\phi}|}\sin\frac{|\boldsymbol{\phi}|}{2} \tag{4-101}$$

因为数字平台确定的实际导航坐标系 n' 与理想导航坐标系 n 存在偏差，$\boldsymbol{\phi}$ 为两者偏差角矢量。因为 $\boldsymbol{\phi}$ 是一个小量，故有

$$\delta \boldsymbol{q} = 1 + \frac{\boldsymbol{\phi}}{2}, \qquad \delta \dot{\boldsymbol{q}} = \frac{\dot{\boldsymbol{\phi}}}{2} \tag{4-102}$$

将式(4-102)代入式(4-100)，略去二阶小量得到

$$\dot{\boldsymbol{\phi}} = -\delta \tilde{\boldsymbol{\omega}}_{ib}^n + \delta \boldsymbol{\omega}_{ie}^n + \delta \boldsymbol{\omega}_{en}^n - (\boldsymbol{\omega}_{ie}^n + \boldsymbol{\omega}_{en}^n) \times \boldsymbol{\phi} \tag{4-103}$$

该方程即为姿态误差微分方程。在实践中为方便起见，忽略陀螺仪误差中的标度因数误差和安装角误差，只考虑陀螺的常值漂移，即式(4-104)：

$$\delta \tilde{\boldsymbol{\omega}}_{ib}^n = \boldsymbol{C}_b^n \boldsymbol{\varepsilon}^b = \begin{bmatrix} \varepsilon_x^n \\ \varepsilon_y^n \\ \varepsilon_z^n \end{bmatrix} \tag{4-104}$$

$$\begin{aligned} \varepsilon_x^n &= T_{11}\varepsilon_x^b + T_{12}\varepsilon_y^b + T_{13}\varepsilon_z^b \\ \varepsilon_y^n &= T_{21}\varepsilon_x^b + T_{22}\varepsilon_y^b + T_{23}\varepsilon_z^b \\ \varepsilon_z^n &= T_{31}\varepsilon_x^b + T_{32}\varepsilon_y^b + T_{33}\varepsilon_z^b \end{aligned} \tag{4-105}$$

式中，T_{ij} 是方向余弦矩阵中第 i 行第 j 列的项。

将式(4-103)展开成分量形式，即姿态误差方程为

$$\dot{\phi}_x^n = \frac{\delta v_{eby}^n}{R_E - d} - \omega_{ie}\sin L \cdot \delta L - \left(\omega_{ie}\sin L + \frac{v_{eby}^n}{R_E - d}\tan L\right)\phi_E + \frac{v_{eby}^n}{R_N - d}\phi_D - \varepsilon_x^n \tag{4-106}$$

$$\dot{\phi}_y^n = \frac{\delta v_{ebx}^n}{R_N - d} + \left(\omega_{ie}\sin L + \frac{v_{eby}^n}{R_E - d}\tan L\right)\phi_N + \left(\omega_{ie}\cos L + \frac{v_{eby}^n}{R_E - d}\right)\phi_D - \varepsilon_y^n \tag{4-107}$$

$$\begin{aligned} \dot{\phi}_z^n = {} & \frac{\delta v_{eby}^n}{R_E - d}\tan L - \left(\omega_{ie}\cos L + \frac{v_{eby}^n}{R_E - d}\sec^2 L\right)\delta L \\ & - \left(\omega_{ie}\cos L + \frac{v_{eby}^n}{R_E - d}\right)\phi_y^n - \frac{v_{ebx}^n}{R_N - d}\phi_x^n - \varepsilon_z^n \end{aligned} \tag{4-108}$$

式中，R_N、R_E 为 WGS 84 坐标系中定义的参考椭球曲率半径。

4.5.2 速度误差方程

在捷联惯导系统中，理想情况，即不考虑任何误差的情况下，速度微分方程为

$$\dot{\boldsymbol{v}}_{eb}^n = \boldsymbol{C}_b^n \boldsymbol{f}^b - (2\boldsymbol{\omega}_{ie}^n + \boldsymbol{\omega}_{en}^n) \times \boldsymbol{v}_{eb}^n + \boldsymbol{g}^n \tag{4-109}$$

但在实际情况中，需要考虑各种误差，则式(4-108)应写为

$$\dot{\hat{\boldsymbol{v}}}_{eb}^n = \hat{\boldsymbol{C}}_b^n \tilde{\boldsymbol{f}}^b - 2(\hat{\boldsymbol{\omega}}_{ie}^n + \hat{\boldsymbol{\omega}}_{en}^n) \times \hat{\boldsymbol{v}}_{eb}^n + \hat{\boldsymbol{g}}^n \tag{4-110}$$

式中，$\hat{\boldsymbol{v}}_{eb}^n = \boldsymbol{v}_{eb}^n + \delta \boldsymbol{v}_{eb}^n$；$\hat{\boldsymbol{\omega}}_{ie}^n = \boldsymbol{\omega}_{ie}^n + \delta \boldsymbol{\omega}_{ie}^n$；$\hat{\boldsymbol{\omega}}_{en}^n = \boldsymbol{\omega}_{en}^n + \delta \boldsymbol{\omega}_{en}^n$；$\hat{\boldsymbol{g}}^n = \boldsymbol{g}^n + \delta \boldsymbol{g}^n$；$\hat{\boldsymbol{C}}_b^n = \boldsymbol{C}_n^n \boldsymbol{C}_b^n =$

$\left[\boldsymbol{I}-\left(\boldsymbol{\phi}^n\times\right)\right]\boldsymbol{C}_b^n$；$\tilde{\boldsymbol{f}}^b=(\boldsymbol{I}+[\delta\boldsymbol{K}_A])(\boldsymbol{I}+[\delta\boldsymbol{A}])\boldsymbol{f}^b+\boldsymbol{\nabla}^b$；$\left[\boldsymbol{\phi}^n\times\right]=\begin{bmatrix}0 & -\phi_z^n & \phi_y^n\\ \phi_z^n & 0 & -\phi_x^n\\ -\phi_y^n & \phi_x^n & 0\end{bmatrix}$。其中，$\delta\boldsymbol{K}_A$和$\delta\boldsymbol{A}$分别为加速度计的标度因数误差和安装误差角。若不考虑这两项带来的影响，则将实际速度微分方程减去理想速度微分方程，得到两者的差值：

$$\delta\dot{\boldsymbol{v}}_{eb}^n=\boldsymbol{f}^n\times\boldsymbol{\phi}^n-(2\boldsymbol{\omega}_{ie}^n+\boldsymbol{\omega}_{en}^n)\times\delta\boldsymbol{v}_{eb}^n-(2\delta\boldsymbol{\omega}_{ie}^n+\delta\boldsymbol{\omega}_{en}^n)\times\boldsymbol{v}_{eb}^n+\boldsymbol{\nabla}^n \tag{4-111}$$

对式(4-111)各项展开：

$$\boldsymbol{\nabla}^n=\begin{bmatrix}\nabla_x^n\\ \nabla_y^n\\ \nabla_z^n\end{bmatrix},\quad \boldsymbol{\phi}^n=\begin{bmatrix}\phi_x^n\\ \phi_y^n\\ \phi_z^n\end{bmatrix}$$

$$\boldsymbol{\omega}_{ie}^n=\begin{bmatrix}\omega_{ie}\cos L\\ 0\\ -\omega_{ie}\sin L\end{bmatrix},\quad \delta\boldsymbol{\omega}_{ie}^n=\begin{bmatrix}-\omega_{ie}\sin L\cdot\delta L\\ 0\\ -\omega_{ie}\cos L\cdot\delta L\end{bmatrix}$$

$$\boldsymbol{\omega}_{en}^n=\begin{bmatrix}\dfrac{v_{eby}^n}{R_E-d}\\ -\dfrac{v_{ebx}^n}{R_N-d}\\ -\dfrac{v_{eby}^n\tan L}{R_E-d}\end{bmatrix},\quad \delta\boldsymbol{\omega}_{en}^n=\begin{bmatrix}\dfrac{\delta v_{eby}^n}{R_E-d}\\ -\dfrac{\delta v_{ebx}^n}{R_N-d}\\ -\dfrac{\delta v_{eby}^n\tan L}{R_E-d}-\dfrac{v_{eby}^n\sec^2 L}{R_E-d}\delta L\end{bmatrix}$$

将上述各分量代入式(4-111)，得到微分方程的展开形式：

$$\begin{aligned}\delta\dot{v}_{ebx}^n=&-f_z^n\phi_E+f_y^n\phi_D+\nabla_x^n-2\left(\omega_{ie}\sin L+\frac{v_{eby}^n}{R_E-d}\tan L\right)\delta v_{eby}^n\\&-\left(2\omega_{ie}\cos L+\frac{v_{eby}^n}{R_E-d}\sec^2 L\right)v_{eby}^n\delta L+\frac{v_{ebx}^n}{R_N-d}\delta v_{ebz}^n+\frac{v_{ebz}^n}{R_N-d}\delta v_{ebx}^n\end{aligned} \tag{4-112}$$

$$\begin{aligned}\delta\dot{v}_{eby}^n=&f_z^n\phi_x^n-f_x^n\phi_z^n+\nabla_y^n+2\left(\omega_{ie}\sin L+\frac{v_{ebx}^n}{R_E-d}\tan L\right)\delta v_{eby}^n\\&+\left(\frac{v_{ebx}^n}{R_N-d}\tan L+\frac{v_{ebz}^n}{R_N-d}\right)\delta v_{eby}^n+\left(2\omega_{ie}v_{ebx}^n\cos L\right.\\&\left.+\frac{v_{eby}^n}{R_E-d}v_{ebx}^n\sec^2 L-2\omega_{ie}v_{ebz}^n\sin L\right)\delta L\end{aligned} \tag{4-113}$$

$$\begin{aligned}\delta\dot{v}_{ebz}^n=&f_x^n\phi_y^n-f_y^n\phi_x^n+\nabla_z^n-2\left(\omega_{ie}\cos L+\frac{v_{eby}^n}{R_E-d}\right)\delta v_{eby}^n\\&-2\frac{v_{ebx}^n}{R_N-d}\delta v_{ebx}^n+2\omega_{ie}v_{eby}^n\sin L\cdot\delta L\end{aligned} \tag{4-114}$$

4.5.3　位置误差方程

忽略位置角速率、地球自转角速率误差以及科氏项和重力误差，则位置误差方程为

$$\delta \dot{x}_{ebx}^{n} = \delta v_{ebx}^{n} \tag{4-115}$$

$$\delta \dot{x}_{eby}^{n} = \delta v_{eby}^{n} \tag{4-116}$$

忽略位置角速率、地球自转角速率误差以及科氏项和重力误差，则姿态误差方程和速度误差方程分别为

$$\dot{\boldsymbol{\phi}} = -\boldsymbol{\omega}_{in}^{n} \times \boldsymbol{\phi} - \boldsymbol{\varepsilon}^{n} \tag{4-117}$$

$$\delta \dot{\boldsymbol{v}}_{eb}^{n} = \boldsymbol{f}_{ib}^{n} \times \boldsymbol{\phi} + \boldsymbol{\nabla}^{n} \tag{4-118}$$

微课

第 5 章　水下机器人声学定位原理与系统

由于无线电波在海水中衰减极快，当水下机器人潜水航行时，卫星导航等无线电导航系统已无法使用。相对于无线电波，声波在海水中传播衰减小、传输距离远，因此是水下信息获取最有效的传播载体，也是水下探测、通信、导航、定位的主要手段。长基线、短基线和超短基线等水下声学定位系统，可以在局部海域对水下机器人进行高精度定位。声学定位系统以声信标作为水下参考点，利用几何定位原理，在空间中构建特定的位置线或位置面，通过线/面相交实现水下机器人高精度潜航定位。目前，水下机器人常用的水声定位系统包括长基线水声定位系统、短基线水声定位系统和超短基线水声定位系统。

5.1　几何定位原理

水声定位系统利用几何定位原理实现水下机器人的实时定位。几何式导航定位利用几何导航参量，构建特定几何形状的位置线或者位置面，通过位置线或位置面在空间中的相交性实现定位。水声导航系统通过测量一种或多种不同的导航参量(如距离、角度、距离和角度、距离和多普勒频移等)，构建不同类型的位置线或位置面，解算不同类型位置线或位置面交点的方式就可实现对水下机器人的实时定位。

5.1.1　测距定位

测距定位是指载体通过观测距离导航参量，在空间形成球位置面，通过求多个球位置面交点的解算方式对自身进行定位的方法。水下机器人上搭载的卫星导航系统和水声定位系统就是典型的测距定位系统。水下机器人上搭载的声学定位和卫星导航系统都采用时间式测距模式，通过测量信号的传播时延获得距离信息。

1. 单程测距

单程测距信号在距离测量过程中只单向传播一次，通过测量信号传播时延实现距离测量。单程测距的典型特征是测距信号的发射和接收在不同时间点上完成。如图 5-1 所示，单程测距发射设备发射测距信号，接收设备接收到信号后，测量出传播时延，转换成所要测量的距离 R 。

单程测距在测量传播时延时，接收端必须准确知道信号的发射时间，而实际应用中极难实时准确获取信号发射时间，接收端只能利用本地时钟作为时间基准进行测量。此时测量的距离数据不是真实的距离值，而是包括收发信机钟差的距离值，如图 5-2 所示，该距离值称为伪距 R^* 。

$$R^* = c \cdot \tau = R + c \cdot \Delta t \tag{5-1}$$

式中，R 为距离真值；c 为水下声速；Δt 为收/发信机之间的时间差(钟差)。

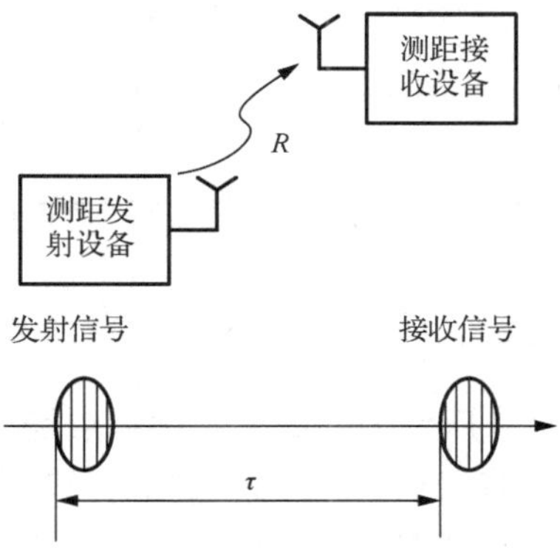

图 5-1　单程测距示意图

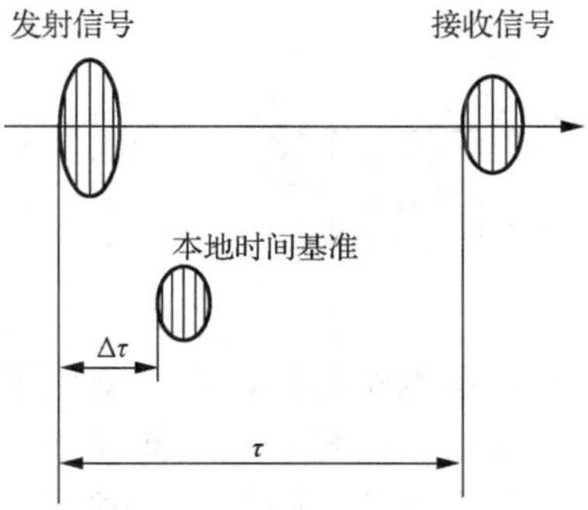

图 5-2　伪距的概念

因此，单程测距中发射端和接收端时间必须基于统一的时间系统，并采用原子钟或者原子钟组准确计时，由于时间上同步，这样在接收端即可判定导航信号由发射端到接收端的单程时延，从而计算出伪距。

如果单程测距信号采用脉冲信号编码，则这种采用编码形式的测距方式称为码相关测距，卫星导航系统多采用此种测距方式。码相关测距是利用伪随机码良好的自相关特性，通过采用相关接收机来测量发射码和接收码的延迟时间获得电波传播路程，达到距离测量的目的。卫星导航系统采用的码相关参量是伪随机码的相位。码相关测距原理如图 5-3 所示。发射端在确知时刻(即收发双方统一时间)发射一个伪随机码，接收端产生(复现)一个和发射端相同的伪随机码(如 m 序列、GOLD 序列、混沌序列等)，称为本地伪码序列。调整接收端的本地码产生器，同步计算本地码和接收码的互相关特性，当本地码和接收码同步时，互相关函数将出现峰值，据此峰值出现的时刻，就可测量出本地码与接收码的时间间隔，从而测量出发端到收端所经历的传播时延，依据测距公式即可得到伪距信息。

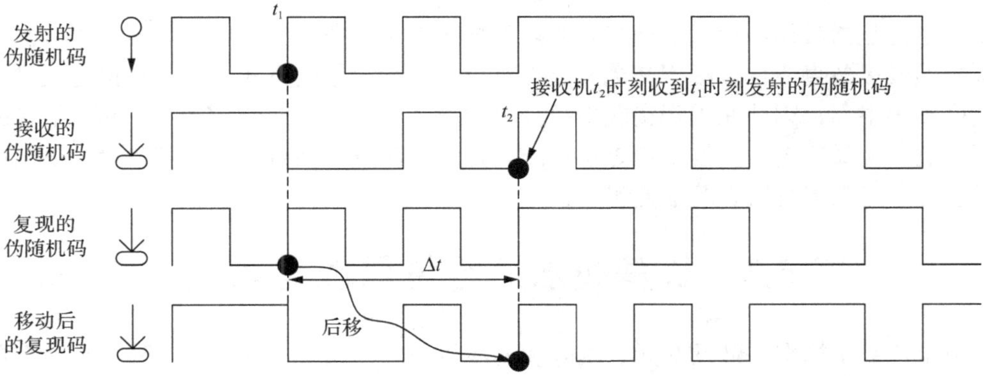

图 5-3　码相关测距原理图

2. 双程测距

利用反射信号进行测距的方法称为双程测距，如图 5-4 所示，若信号的发射时刻精确已知，测量到信号往返时间 τ 后，即可获得导航测距信息 R 。

$$R = \frac{1}{2}c \cdot \tau \tag{5-2}$$

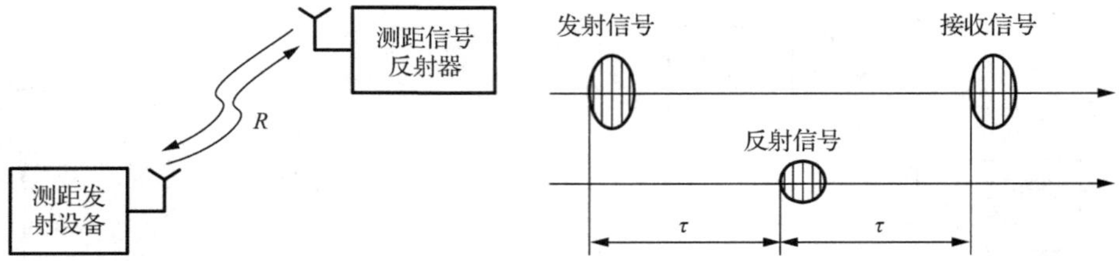

图 5-4　双程测距示意图

与单程测距相比，双程测距采用同一时钟，能够克服钟差的影响，但缺点是反射信号功率弱，作用距离短。因此双程测距通常采用询问回答的方式(也称为有源反射式)实现测距，即在载体上设置测距信号转发器(或称距离应答器)，通过测距信号转发提高反射信号强度，增大双程测距作用距离，其原理如图 5-5 所示。

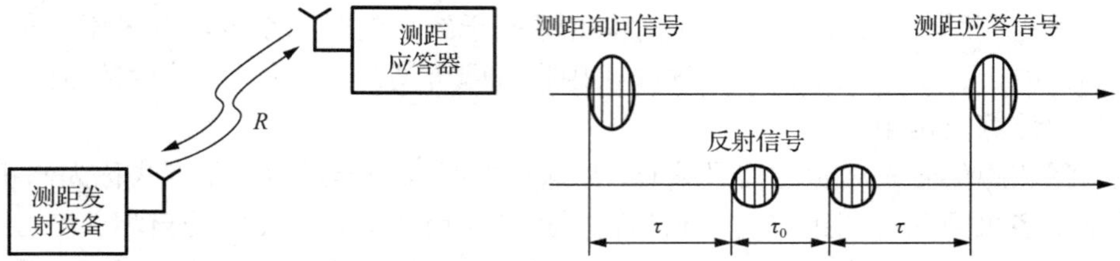

图 5-5　带应答器的双程测距

具有应答器的双程测距公式为

$$R = \frac{1}{2} c \cdot (\tau - \tau_0) \tag{5-3}$$

式中，τ_0 为测距应答器的系统时延。

5.1.2　测角定位

测角定位是指载体利用对信标观测的角度导航参量，在空间形成锥面位置面，利用多个锥面位置面或多条直线位置线相交求其交点对自身进行定位的方式。测角定位对角度参量的观测精度要求很高，因此在工程实践中很少单独采用这种方式定位，而是与测距信息配合使用实现定位。例如，超短基线水声定位系统就是通过测量距离参量和角度参量，以几何解算的方式实现了对水下机器人的位置测量。

5.2　长基线水声定位原理与系统

水声定位系统构型常涉及基元、基阵和基线等概念。其中，基元是一种声电转换器，能根据需要使声振荡和电振荡相互转换，实现水声信号的发射或接收，起着水声天线的作用。基阵是一组位置准确已知的基元构成的阵列。基线是构成基阵的基元之间的距离。水下声学定位系统常用的水声传感器有问答机、应答器、声信标和响应器等。问答器的收发换能器是无指向性的，问答器以一个频率发出询问信号，并以另一频率接收回答信号。问答器的接收频率可以有多个，对应于多个应答器。而应答器的收发换能器也是无指向性的，应答器接收到问答器的询问信号(或指令)后，发回另一与接收频率不同的回答信号。问答器与应答器配合使用，可以实现双程测距。声信标分为同步式和非同步式两种类型，通常为自主工作模式，即以特定频率不停地向外发出声脉冲。响应器工作需由外部控制信号触发，才能发出询问信号，常用于噪声较强的场合，确保问答器或其他水听器能够接收到它发出的水声信号。

5.2.1　长基线水声定位系统

长基线水声定位(LBL)系统是水下高精度定位最可靠的声学定位系统，能够为 ROV、AUV 等提供厘米级定位服务。顾名思义，LBL 系统的基线是最长的，通常为数公里至数百公里，如图 5-6 所示，LBL 均采用测距定位技术，基于分布于海底或海面的多个应答器，组成水下长基线阵列，水声应答器的应答频率各不相同。在应答器阵列中基元绝对位置已知的条件下，采用频分多址技术，水下机器人通过测量其到各个不同基元的距离信息，实现自身位置解算。

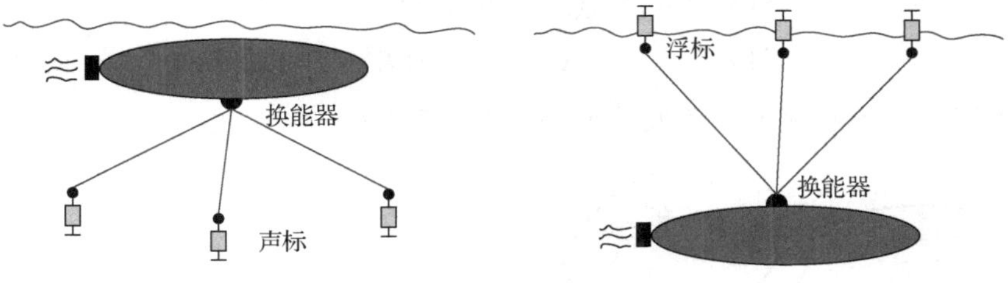

(a) 潜标式LBL系统　　(b) 浮标式LBL系统

图 5-6　LBL 系统

LBL 系统分为潜标式 LBL 系统和浮标式 LBL 系统。潜标式 LBL 系统的声学基阵布设于海底，浮标式 LBL 系统的声学基阵布设于海面。潜标式 LBL 系统阵列经过水面船舶校准授位后，阵列覆盖范围内，测距精度优于 1cm，相对定位精度优于 5cm，且不受任何水深的限制，能够满足多 AUV、多 ROV 同时作业。浮标式 LBL 系统由卫星导航系统授位，与卫星导航系统一起，通过测距定位完成水下机器人的高精度绝对定位。

5.2.2　长基线水声定位原理

以潜标式 LBL 系统为例，系统定位原理如图 5-6 所示。水下机器人上搭载深度计和水声问答器。利用双程测距原理，水下机器人的水声问答器以某一频率发出询问信号，并接收来自各个应答器的不同频率的回答信号，则水下机器人的水声问答器与各应答器之间的测距信息为 $R_i (i=1,2,3)$。在确知 LBL 系统长基线阵列中各个应答器基元位置 (x_i, y_i, z_i) $(i=1,2,3)$ 的条件下，如图 5-7 所示，以各基元位置为中心，各基元对应的测距信息 $R_i (i=1,2,3)$ 为半径，构建三个球形位置面方程。

$$\begin{cases}(x-x_1)^2+(y-y_1)^2+(z-z_1)^2=R_1^2\\(x-x_2)^2+(y-y_2)^2+(z-z_2)^2=R_2^2\\(x-x_3)^2+(y-y_3)^2+(z-z_3)^2=R_3^2\end{cases} \tag{5-4}$$

显见，水下机器人位置 (x, y, z) 有双解，一个在应答器构成的平面之上，另一个在该平面之下。

由于水下机器人上搭载了深度计，可获得水下机器人的潜深信息 z ，因此可将 3 个球形位置面投影到水下机器人所在平面上。

如图 5-8 所示，得到 3 个圆形位置线方程：

$$\begin{cases}(x-x_1)^2+(y-y_1)^2=R_1^2-(z-z_1)^2\\(x-x_2)^2+(y-y_2)^2=R_2^2-(z-z_2)^2\\(x-x_3)^2+(y-y_3)^2=R_3^2-(z-z_3)^2\end{cases} \tag{5-5}$$

令 $P_i^2=R_i^2-(z-z_i)^2\ (i=1,2,3)$ ，两两相减消去二次项，得到一组线性方程：

$$\begin{cases}(x_2-x_1)x+(y_2-y_1)y=(P_2^2-P_1^2)/2\\(x_3-x_2)x+(y_3-y_2)y=(P_3^2-P_2^2)/2\\(x_1-x_3)x+(y_1-y_3)y=(P_1^2-P_3^2)/2\end{cases} \tag{5-6}$$

解任意 2 个方程，可得到水下机器人的水平位置信息 x 和 y 。

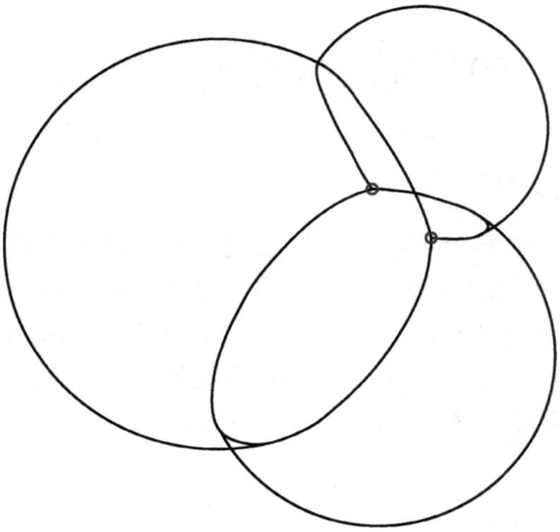

图 5-7　球面位置方程双解

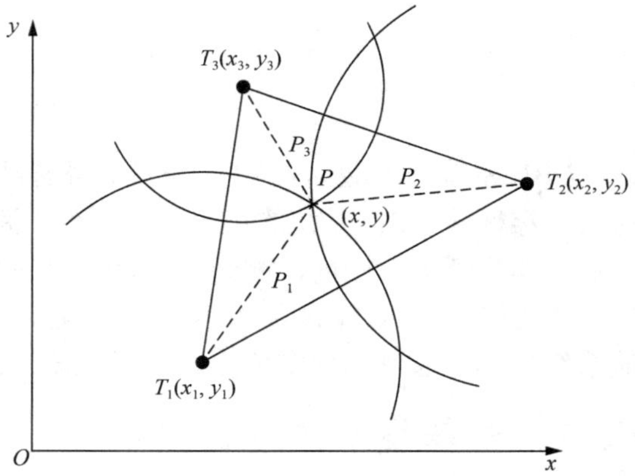

图 5-8　球形位置面投影示意图

利用 3 个应答器基元构成的 LBL 系统有双解，为得到水下机器人在三维空间中的唯一解，需用 4 个及以上的应答器构成 LBL 系统基阵。以各基元位置 $(x_i,y_i,z_i)\ (i=1,2,3,4)$ 为中心，各基元对应的测距信息 $R_i(i=1,2,3,4)$ 为半径，根据解析几何的方法，列写 4 个方程：

$$\begin{cases}(x-x_1)^2+(y-y_1)^2+(z-z_1)^2=R_1^2\\(x-x_2)^2+(y-y_2)^2+(z-z_2)^2=R_2^2\\(x-x_3)^2+(y-y_3)^2+(z-z_3)^2=R_3^2\\(x-x_4)^2+(y-y_4)^2+(z-z_4)^2=R_4^2\end{cases} \tag{5-7}$$

4 个方程两两相减，便可将二次项消去，得到线性方程组：

$$-2(x_i-x_j)x-2(y_i-y_j)y-2(z_i-z_j)z=(R_i^2-R_j^2)-(x_i^2-x_j^2)-(y_i^2-y_j^2)-(z_i^2-z_j^2) \tag{5-8}$$

令

$$A_i = -2\left(x_i - x_j\right),\quad B_i = -2\left(y_i - y_j\right),\quad C_i = -2\left(z_i - z_j\right)$$

$$D_i = \left(R_i^2 - R_j^2\right) - \left(x_i^2 - x_j^2\right) - \left(y_i^2 - y_j^2\right) - \left(z_i^2 - z_j^2\right)$$

其中，$i = 1,2$，$j = 2,3,4$，且 $i \neq j$。列写为矩阵形式：

$$\boldsymbol{AX} = \boldsymbol{B} \tag{5-9}$$

其中，状态 $\boldsymbol{X} = \begin{bmatrix} x & y & z \end{bmatrix}^{\mathrm{T}}$ 为水下机器人位置信息；$\boldsymbol{A} = \begin{bmatrix} A_1 & B_1 & C_1 \\ A_2 & B_2 & C_2 \\ A_3 & B_3 & C_3 \\ A_4 & B_4 & C_4 \end{bmatrix}$；$\boldsymbol{B} = \begin{bmatrix} D_1 \\ D_2 \\ D_3 \\ D_4 \end{bmatrix}$。利用最小二乘法可得水下机器人在笛卡儿直角坐标系下的三维位置最优估计为

$$\boldsymbol{x} = \left(\boldsymbol{A}^{\mathrm{T}}\boldsymbol{A}\right)^{-1}\left(\boldsymbol{A}^{\mathrm{T}}\boldsymbol{B}\right) \tag{5-10}$$

5.3　短基线水声定位原理与系统

短基线水声定位(SBL)系统的基阵由安装在框体上的多个水声问答器组成，基线长度为 1m 至数十米。与 LBL 系统相似，SBL 系统采用测距定位技术，即通过测量声信号传播时延得到目标距基阵上各基元的距离，从而解算目标的相对位置。相较 LBL 系统，SBL 系统组成简单、安装便易，但定位精度远低于 LBL 系统，且较超短基线水声定位系统而言，SBL 系统操作优势不明显，因此较少在水下机器人导航中应用。

5.3.1　短基线水声定位系统

如图 5-9 所示的 SBL 系统，水下机器人搭载应答器，水面母船利用 4 个水听器构成短基线基阵，以及利用布设在短基线阵列中心的 1 个问答器，与水下机器人上的应答器配合，实现短基线基阵中各水听器基元到水下机器人的距离测量。

由于 SBL 使用问答器与应答器实现双程测距，因此水面母船无须确知水下机器人的潜深信息，水下机器人上的应答器只在收到水面母船问答器发出的询问信号时再回答，同时水面母船通过问答器与应答器间的通信，可准确计算问答器到应答器再回到各水听器的信号传输时间，实现对水下机器人的测距定位。

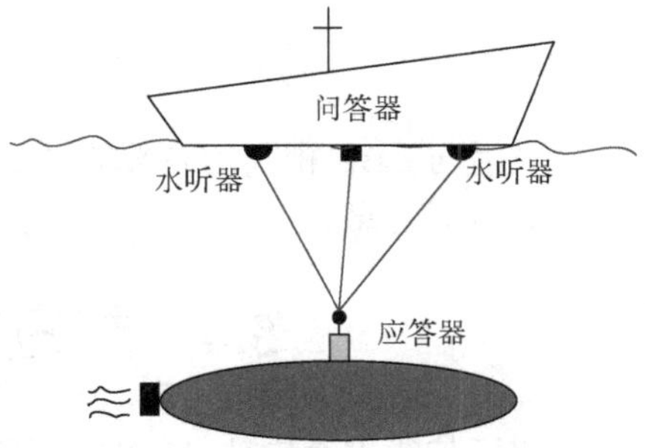

图 5-9　SBL 系统

5.3.2　短基线水声定位原理

对于使用应答器的短基线水声定位系统，设水面母船短基线阵列中心的问答器与水下机器人搭载的应答器间的信号往返时间为 t_0，同时问答器到应答器再回到各水听器的信号传输时间为 t_i。设水下声速为 c，则从各水听器基元至水下机器人的距离 R_i 为

$$R_i = c\left(t_i - \frac{t_0}{2}\right) \tag{5-11}$$

如图 5-10 所示，设应答器的坐标为$T(x_a, y_a, z_a)$，有 4 个水听器位于边长为$2a$ 、 $2b$ 的矩形的顶点。现在有一个水听器的冗余。

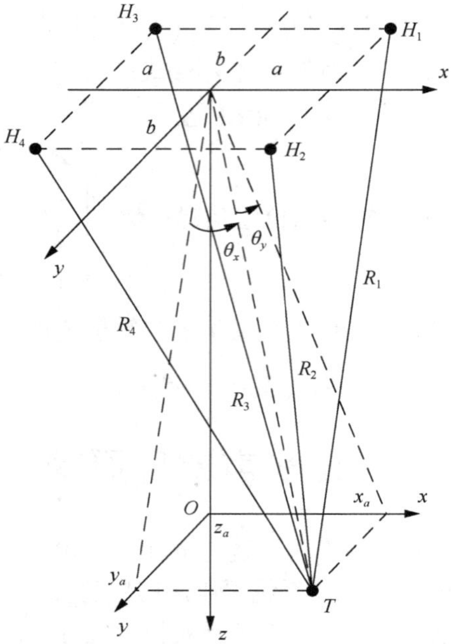

图 5-10　短基线水声定位系统原理图

不考虑声线弯曲时，由几何关系可得到定位方程：

$$R_1^2 = (x_a - a)^2 + (y_a + b)^2 + z_a^2 \tag{5-12}$$

$$R_2^2 = \left(x_a - a\right)^2 + \left(y_a - b\right)^2 + z_a^2 \tag{5-13}$$

$$R_3^2 = \left(x_a + a\right)^2 + \left(y_a + b\right)^2 + z_a^2 \tag{5-14}$$

$$R_4^2 = \left(x_a + a\right)^2 + \left(y_a - b\right)^2 + z_a^2 \tag{5-15}$$

采用与 LBL 相同的解算方式，即可求取水下机器人相对水面母船载体坐标系的三维笛卡儿位置坐标信息。

5.4　超短基线水声定位原理与系统

超短基线水声定位(USBL)系统是 20 世纪 70 年代为简化水声定位系统而发展起来的 SBL 系统的一种演进系统。USBL 系统测量基线极短，只有几厘米至十几厘米，因此基阵尺寸极小，问答器和几个水听器组合成一个整体，称为声头。声头可安装在水面母船的船体底部，也可以悬挂于水面母船的船体舷侧，布放使用极其简便，多用于 ROV 水下导航定位以及水面母船对水下机器人的定位跟踪。

5.4.1　超短基线水声定位系统

如图 5-11 所示，USBL 系统采用相控测量技术，通过水声传播时间测量，测得声头至水下机器人上声信标的距离信息，通过相位测量得到水下机器人上声信标发射声线在超短基线阵列下的入射角，进而确定水下机器人相对水面母船的笛卡儿位置信息。由于 USBL 系统的基线非常短，因此其测量角度的分辨率不可能很高，因此该技术系统所能提供的定位精度随斜距的增加而降低。采用常规模拟声学技术的系统测距精度通常为 20～30cm，采用宽带数字声学技术的系统测距精度可达到 2～3cm，与高精度航姿参考系统或惯性导航系统配合使用，经过高精度姿态改正和声速改正后，USBL 系统定位精度通常为 0.2%～0.5%斜距。

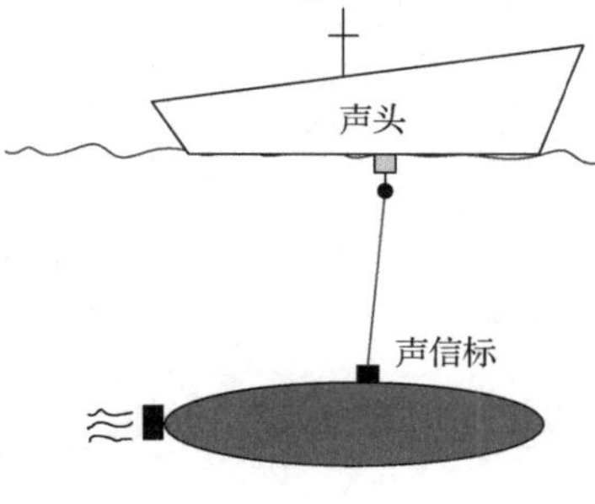

图 5-11　USBL 系统

根据时间测距体制不同，USBL 系统声信标配置通常采用以下几种方式。

非同步信标方式：这种工作方式需将 USBL 系统声头置于水下机器人艇体上，水下机器人利用深度计测得自身潜深信息，通过声头测出声线入射角后，解算自身位置信息。

应答器方式：该方式通过水下机器人上的问答机与应答器进行应答，测出基阵与应答器的距离和声线入射角，因此无须知道应答器的深度。

响应器方式：由于响应器为有线控制发射(询问)，信号发射时刻已知，可根据信号接收时刻测出单程传播距离。在测得声线入射角后便可解算响应器的位置。

带有深度的应答器/响应器方式：此种方式下可利用应答器/响应器的已知深度，将测得的斜距、入射角与深度组合，从而提高定位精度。

5.4.2　超短基线水声定位原理

USBL 定位解算机理可分为两类：一类是根据声线入射角和已知深度进行位置解算；另一类则是根据测量的距离和声线入射角进行定位解算。

基于声线入射角和水下机器人潜深的 USBL 定位解算，信标自行周期性地发射声脉冲信号。接收基阵一侧不知道信号发射时刻，只是已知其发射周期。若 3 个水听器位于两个互相垂直的基线上(即在 x 和 y 轴上)，声信标发出的信号到基阵原点的声线与 x 轴及 y 轴的夹角声线入射角分别为 θ_{mx} 和 θ_{my} (图 5-12)。

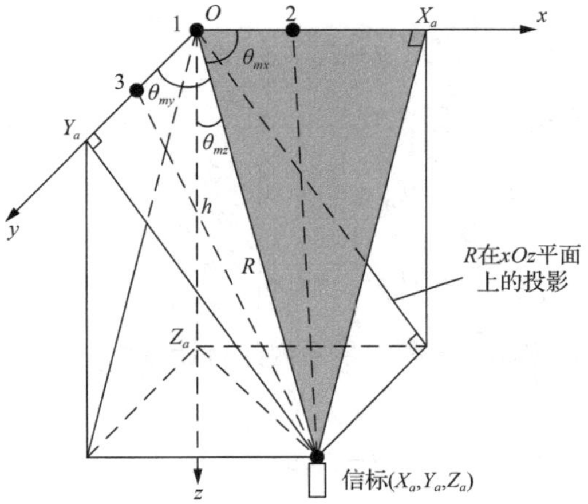

图 5-12　超短基线系统定位解算图

注意到，信标距 1 号水听器的斜距(即与原点的距离) R 与信标的坐标 X_a 、Y_a 及深度的关系为

$$R^2 = Y_a^2 + X_a^2 + h^2 \tag{5-16}$$

而

$$X_a^2 = R^2 \cos^2 \theta_{mx} \tag{5-17}$$

$$Y_a^2 = R^2 \cos^2 \theta_{my} \tag{5-18}$$

由式(5-17)和式(5-18)得到

$$X_a^2 = Y_a^2 \frac{\cos^2 \theta_{mx}}{\cos^2 \theta_{my}} \tag{5-19}$$

将式(5-16)代入式(5-17)和式(5-18)得到

$$X_a^2 = \left(Y_a^2 + X_a^2 + h^2\right)\cos^2 \theta_{mx} \tag{5-20}$$

$$Y_a^2 = \left(Y_a^2 + X_a^2 + h^2\right)\cos^2 \theta_{my} \tag{5-21}$$

再将式(5-19)代入式(5-21)有

$$Y_a^2 = \left(Y_a^2 + Y_a^2 \frac{\cos^2 \theta_{mx}}{\cos^2 \theta_{my}} + h^2\right)\cos^2 \theta_{my} \tag{5-22}$$

从而解得信标在 y 轴的位置分量为

$$Y_a = \frac{h \cdot \cos\theta_{my}}{\sqrt{1 - \cos^2 \theta_{mx} - \cos^2 \theta_{my}}} \tag{5-23}$$

类似地，可得到 x 轴的分量为

$$X_a = \frac{h \cdot \cos\theta_{mx}}{\sqrt{1 - \cos^2 \theta_{mx} - \cos^2 \theta_{my}}} \tag{5-24}$$

这里，θ_{mx} 、θ_{my} 是通过相位差测量而得到的。

由于基阵尺寸甚小，可认为是远场接收的情况，即入射到所有基元的声线平行。当信号频率为 f_0，即波长 $\lambda = c / f_0$ 时，由图 5-13 得知，两个水听器接收信号的相位差 ϕ 与信号入射角 θ_m 的关系为

$$\phi = \frac{2\pi d}{\lambda}\cos\theta_m \tag{5-25}$$

测出相位差 ϕ 之后，便可求得 θ_m，因此有

$$\theta_{mx} = \arccos\left(\frac{\lambda\phi_{12}}{2\pi d}\right) \tag{5-26}$$

$$\theta_{my} = \arccos\left(\frac{\lambda\phi_{13}}{2\pi d}\right) \tag{5-27}$$

在某些场合，要求以水平距离 r 和水平面内的目标方位角 θ 给出目标的位置，如图 5-14 所示。容易得知，有

$$\theta = \arctan\left(\frac{y}{x}\right) \tag{5-28}$$

$$r = \sqrt{x^2 + y^2} \tag{5-29}$$

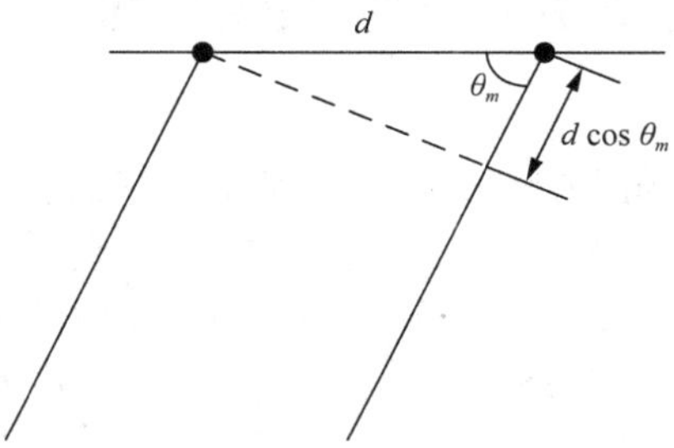

图 5-13　两接收器间的相位差

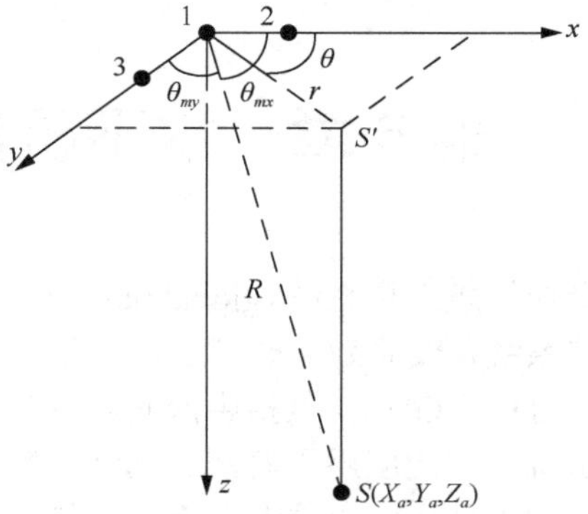

图 5-14　USBL 定位解算体制

若使用应答器代替信标，则距离可通过询问和应答往返时间求得，即

$$R = \frac{1}{2} c T_{T,R} \tag{5-30}$$

如用一个响应器代替应答器，因响应器触发发射时刻已知(采用同步信标时情况相同)，容易通过单程传播时间 T_R 得到距离：

$$R = cT_R \tag{5-31}$$

入射角与上述的相同，因而 X_a 、Y_a 的解相同。但是，在知道 R 后，可直接求得 X_a 、Y_a 和 Z_a 有

$$X_a = R\cos\theta_{mx} \tag{5-32}$$

$$Y_a = R\cos\theta_{my} \tag{5-33}$$

$$Z_a = R\sqrt{1-\cos^2\theta_{mx} - \cos^2\theta_{my}} \tag{5-34}$$

此即基于声线入射角和测距信息的 USBL 定位解算体制。

微课

第 6 章　水下机器人卫星导航原理与系统

全球导航卫星系统(global navigation satellites system，GNSS)是一种基于天基卫星的无线电导航系统，能够为地球表面或近地空间航行器提供全球性、全天候的三维坐标、速度及时间信息。目前，GNSS 包括中国北斗卫星导航系统、美国 GPS、俄罗斯格洛纳斯系统和欧洲伽利略系统，广泛应用于海洋、陆地、空中等导航领域。GNSS 的发展始于 20 世纪 60 年代。1957 年 10 月，第一颗人造卫星“伴侣号”发射成功。1958 年，科学家发现了卫星信号的多普勒频移现象，并计划将其应用于卫星导航。1964 年，美国开始研制部署第一代多普勒卫星导航定位系统——子午仪卫星系统。1973 年，美国国防部整合海、陆、空三军联合研制基于“时差测距导航”原理的第二代全球定位系统——GPS。1982 年，苏联开始研制格洛纳斯系统。1983 年，我国开始筹策北斗卫星导航系统研发工作，探索适合我国国情的卫星导航系统发展道路，逐步形成了三步走发展战略：2000 年年底，建成北斗一号系统，向中国提供服务；2012 年年底，建成北斗二号系统，向亚太地区提供服务；2020 年，建成北斗三号系统，向全球提供服务。1994 年，欧盟对伽利略系统开展系统方案论证，2002 年，启动研发工作。GNSS 作为一种基于卫星信号的全球定位技术体系，相关技术已经逐步成熟，能够为水下机器人提供水面位置、时间基准和导航系统重调修正。

6.1　全球卫星导航系统定位要素

根据 5.1.1 节的测距定位原理可知，水下机器人的位置坐标解算需要已知水下机器人至定位基准信标的距离导航参量和定位基准信标的位置坐标。对于全球卫星导航系统，卫星星座构成导航定位基阵，而导航卫星即为定位基阵中的定位基元，向外发射导航定位信息。相较潜标式 LBL、SBL 和 USBL 等水声定位系统的固定基阵，卫星星座形成的定位基阵随着时间运动。因此需要通过卫星和接收机之间的通信，由用户接收机根据卫星发送的电文实时解算导航卫星的位置信息。卫星发给用户接收机的信息称为导航电文。导航电文除了包含卫星位置解算参数，还与测距码进行调制，通过码相关技术测量信号传播延迟时间获得距离信息。最终调制了测距码的导航电文被调制在无线电载波信号上。已调制的无线电载波信号称为导航信号。导航信号以光速(30 万千米/秒)传播。用户接收机跟踪到导航信号后，基于接收机时间，通过本地测距码相移得到导航信号传播时延，即导航信号从卫星传播到用户的时间，称为信号到达时间。由该时间乘以光速，即可得到卫星至用户的距离，以卫星位置为原点，构建球形位置面。只要三颗导航卫星，即可获得三个球形位置面，通过三个位置面的交会即可实现定位。可见，卫星导航定位基本要素包括导航卫星、导航电文、编码测距。

6.1.1　GNSS 系统结构

图 6-1 描述了卫星导航系统的结构，主要包含三部分：空间段、地面段和用户段。

GNSS 空间段是由众多导航卫星组成的卫星星座，导航卫星是用户定位的时间和空间基准，主要负责将导航信号广播给控制段和用户设备。

GPS、GLONASS、Galileo 和北斗卫星导航系统的卫星分布在中地球轨道(medium earth orbit，MEO)上。GPS 卫星轨道半径为 26580km，每个恒星日绕地球 2 圈，运动速度为 3800m/s。为了给三维定位提供合适的信号几何分布，每一个星座上的卫星必须分布在几个非平行的轨道平面上。因此，与地球同步卫星的赤道轨道相比较，GNSS 轨道平面与赤道有一个倾角，对于 GPS 卫星而言，倾角为55°。即使在极地地区，GNSS 也能够提供较好的覆盖。

地面段包含一个监测站网、一或多个控制站和许多的上行注入站。监测站获取从卫星到监测站的测距信息，并且将这些信息发送到控制站。如图 6-2 所示，监测站位于精确测定的位置点处，且有同步时钟，使用它们的测距信息可以确定卫星轨道并校正卫星的时钟，也可以使用雷达和激光跟踪测量。

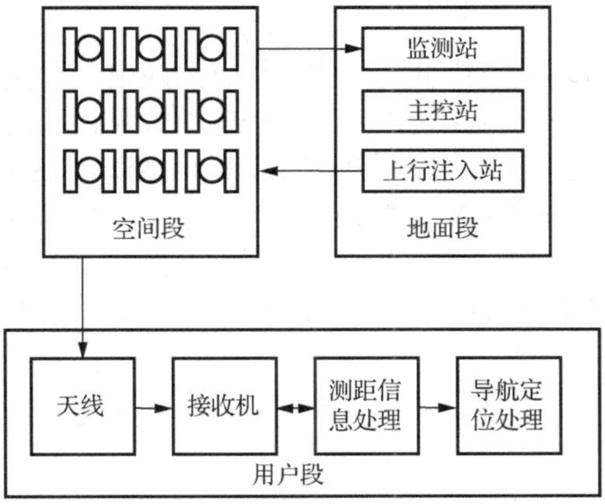

图 6-1　GNSS 系统的结构

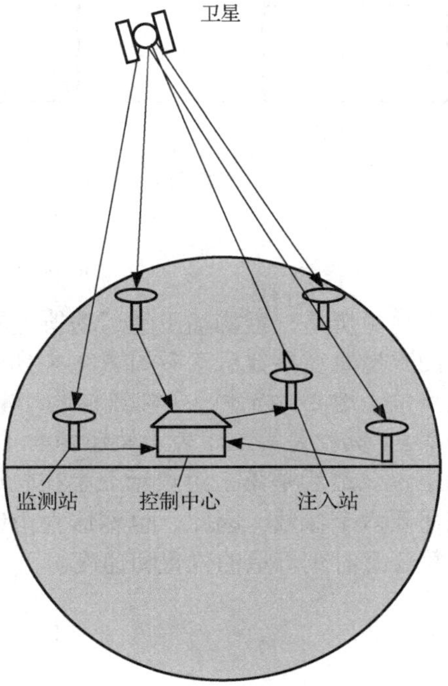

图 6-2　地面段操作

控制站计算每一颗卫星的导航电文信息，并且决定卫星是否需要执行变轨。这些信息通过上行注入站发射给空间段。

用户段一般包括 GPS、GLONASS、Galileo、北斗和 GNSS 接收机。但是，在图 6-1 中，接收机仅仅是指每个用户设备组合中的一部分。天线的功能是将输入的 GNSS 无线电信号转化成电信号，然后送给接收机。接收机使用时钟提供的时间参考基准，对天线提供的信号进行解调。测距处理器对接收机输出信号进行处理，即采用捕获和跟踪算法确定天线至所收到的每一颗卫星的距离，同时，也对接收机进行控制和对导航电文进行解码。最后，导航处理器使用测距信息确定位置、速度和时间(position，velocity，and time，PVT)解。

6.1.2　GNSS 导航电文

导航电文一般包含本卫星基本导航信息、全部卫星历书信息及与其他系统时间同步信息。

其中，本卫星基本导航信息包括周内秒计数、整周计数、用户距离精度指数、卫星自主健康标识、电离层延迟模型改正参数、卫星星历参数及数据龄期、卫星钟差参数及数据龄期、星上设备时延差等。

导航电文由超帧、主帧和子帧组成。每个超帧为36000bit，历时12min，每个超帧由24个主帧组成(24个页面)；每个主帧为1500bit，历时30s，每个主帧由5个子帧组成；每个子帧为300bit，历时6s，每个子帧由10个字组成；每个字为30bit，历时0.6s。

导航电文主帧结构及信息内容如图6-3所示。子帧1～子帧3播发基本导航信息；子帧4和子帧5分为24个页面，播发全部卫星历书信息及与其他系统时间同步信息。其中，用户定位所需的主要信息为卫星星历、卫星钟差参数以及电离层延迟改正参数，其他信息为辅助信息。

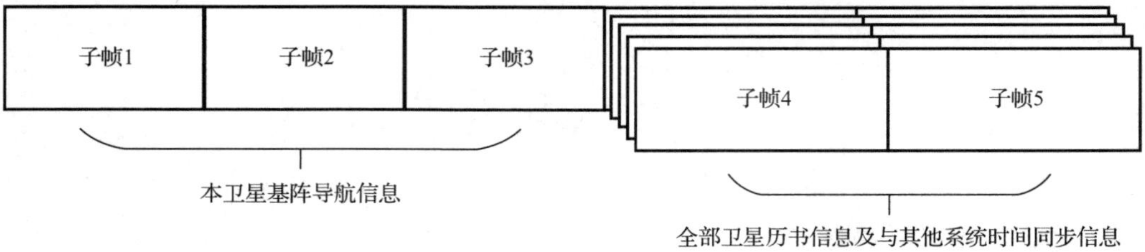

图6-3　导航电文帧结构示意图

卫星星历是一组描述卫星运动轨道的参数，由轨道参数可以计算任意时刻的卫星位置。典型的卫星轨道参数示意图如图6-4所示。不难看出，卫星轨道是一条椭圆曲线，椭圆的一个焦点位于地心。描述一条椭圆轨道，首先是第一组表示轨道形状的参数：椭圆的长半轴a和偏心率e。其次是第二组表示轨道相对于地球的定向参数：轨道倾角i、升交点赤经Ω和近地点角距ω。最后是第三组表示卫星在轨道上的位置参数：真近点角ν。可见，描述一条椭圆轨道需要六个参数，因此，也称这六个参数为轨道六根数或经典轨道根数。由轨道六根数可以计算任意时刻卫星的位置和速度。

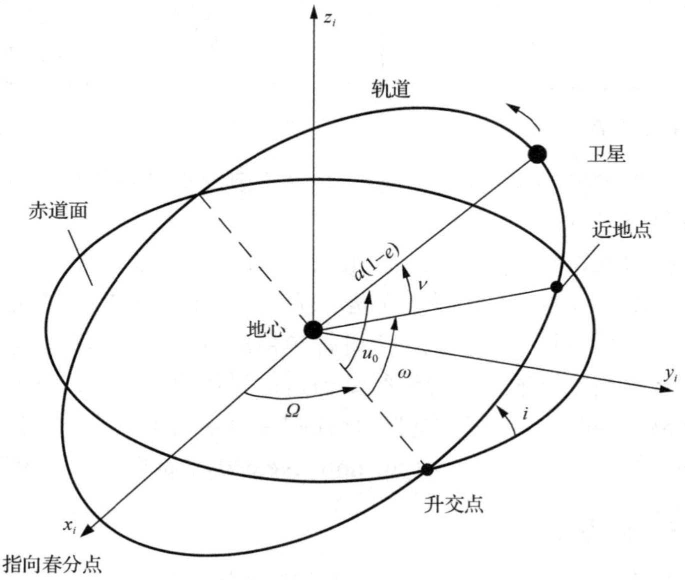

图6-4　典型的卫星轨道参数示意图

由卫星星历可以计算卫星位置，再通过测量得到用户与卫星的距离，就可以利用球形位置面交会方法确定用户位置。

6.1.3 GNSS 测距方法

GNSS 通过测距码实现码相关测距。测距码由伪随机噪声(pseudo-random noise，PRN)序列组成，该序列对接收机来说是已知的。

在接收机中，输入的测距码与复制的扩频码相乘，这就是相关或者解扩处理。如果接收机产生的扩频码相位与输入信号的相位相匹配，那么两个码序列的乘积就会有最大值，这样就能恢复载波和导航电文。如果两个码序列的相位不匹配，它们的乘积符号将发生变化，一段时间的均值将很小，就不能恢复载波和导航电文，如图 6-5 所示。

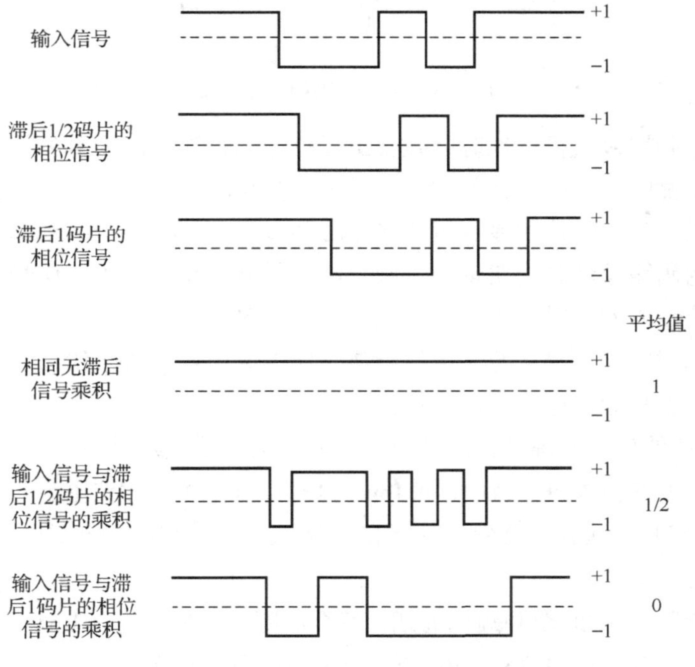

图 6-5　伪随机噪声(PRN)信号相关的例子

如图 6-6 所示，通过调整接收机所产生 PRN 码的相位，直到与输入 PRN 码的乘积出现相关峰值，那么输入 PRN 码的相位就能被测量。通过这种方法，就可以得到信号从卫星的发射时间 t^S 。从接收机时钟能确定信号的到达时间 t_R 。将信号的到达时间 t_R 减去发射时间 t^S ，再乘以光速 c' 就可以得到原始的 GNSS 伪距测量值 ρ ，因此，有

$$\rho = (t_R - t^S)c' \tag{6-1}$$

由于导航卫星和接收机时钟的同步误差，伪距与真实的距离是不同的。

如果信号和接收机所产生的测距码不同，则它们的相关峰值比两个相同且对齐码序列的相关值要小得多。

因此测距码具有抗干扰和保密性的特点，可实现码分多址通信。如果伪距未知，那么必须搜索接收机产生测距码的所有相位，直到发现相关峰值，这个过程称为信号的捕获(signal acquisition)。然而，如果根据前一时刻的伪距测量值进行伪距的预测，那么仅仅需要稍微改变接收机所产生测距码的相位，这就是信号的跟踪(signal tracking)。一旦完成GNSS信号的捕获，用户设备就切换到该信号的跟踪状态。对于大多数接收机来说，跟踪所要求信号的信噪比要比捕获所要求的信噪比低得多。

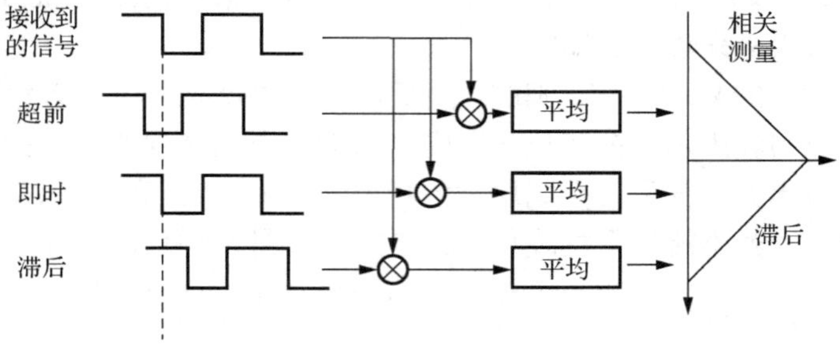

图 6-6 接收机码相关原理图

伪距观测值是利用接收机本地时间减去卫星信号的发送时间得到的，确定码片位置后，为了得到具体的传播时延，必须在得到Z计数和本地伪码相位以后才能得到伪距观测量。若能够精确获取卫星发射时间t^S和接收机的接收时间t_R，就能获得伪距观测量。t^S的获取是由接收机的软件和伪码跟踪环共同实现的，同时与信号结构息息相关。信号的接收时间t_R的获取相对简单，由接收机本地时钟提供。卫星发射信号时，将发射信号的时间写入导航电文，并随导航电文一起播发给用户。北斗卫星导航系统的导航电文直接给出了当前子帧的起始发射时刻；通过解调当前导航电文可以直接获得本子帧同步头的第一个脉冲上升沿所对应的时刻SOW，能够将t^S的估计精确到秒的量级，从而获取子帧发射时刻。

导航电文每一子帧由300bit组成，每1bit时长20ms，该计数范围为$1\sim300$，在子帧最后1bit清零。稳定跟踪后，接收机会保持帧比特计数N_{bit}。通过获取子帧比特计数N_{bit}可以将t^S精确到20ms量级。

每个电文比特里包含20个测距码周期，每个测距码周期长度是1ms。伪码跟踪环会对测距码周期进行计数，该计数范围为$1\sim20$。通过获取测距码整周计数N可以将t^S精确到1ms量级。

接收机跟踪环会给出本地伪码相位ϕ，在稳定跟踪状态下认为ϕ与输入信号的伪码相位精确吻合。对GPS信号而言，ϕ的范围为$1\sim1023$，单位是码片，通过ϕ可以将t^S精确到码片量级(约为0.9775μs)；对北斗D1码而言，ϕ的范围为$1\sim2047$，通过获取本地伪码相位ϕ可以将t^S精确到码片量级(约为0.489μs)。

综合以上4步，得到t^S的表达式为

$$t^S \approx \text{SOW} + N_{\text{bit}}/50 + N/1000 + 0.489\phi/10^6 \tag{6-2}$$

北斗D1码整个过程如图6-7所示。

根据经验，接收机的复制码与其接收的相应码的相关(对齐)精度，约为码元宽度的1%，对GPS测距码而言，由于其码元宽度约为293m，所以其观测精度约为2.9m，结合图6-7和图6-8，伪距测量相当于用一个标记刻度且每个刻度长约300m的尺子去量GPS卫星和用户之间的距离。由于刻度已知，从而可以直接测量出距离，不存在模糊度问题。

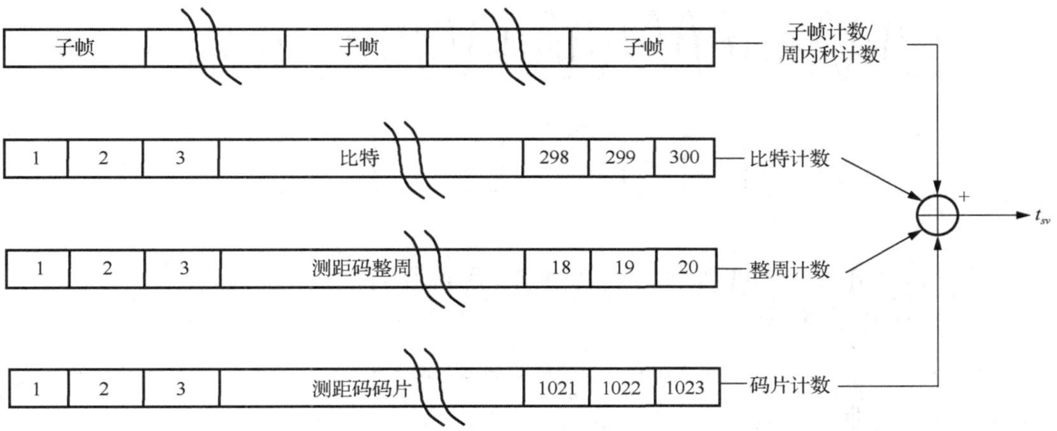

图 6-7 卫星发射时刻的获取

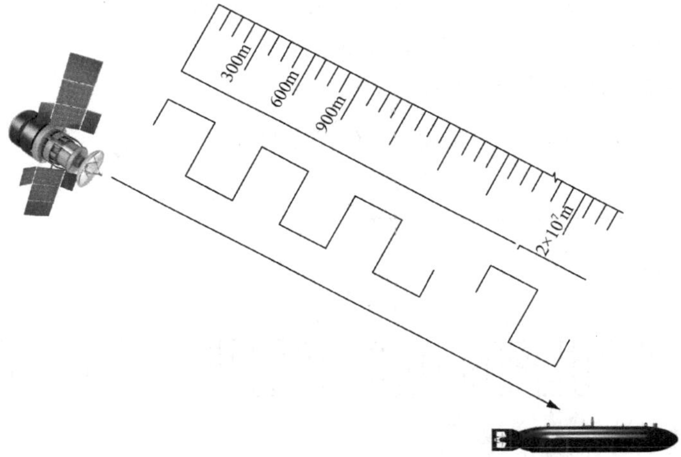

图 6-8 伪距测量示意图

6.1.4 GNSS 导航信号

GNSS 卫星在几个频段上广播多种信号。广播的信号包含测距码和导航电文。用户设备使用测距码来确定导航信号的传播时延，而导航电文包含时间参数和卫星轨道的信息，使用这些信息就能够确定卫星的位置。每一颗卫星上的多个原子钟使得时间参考基准保持稳定。

大多数 GNSS 信号在电磁波频谱 1～2GHz 的 L 波段频域内进行广播。每一颗卫星发射几种频率的载波，通常情况下每一个频率上调制不同的信号。

GNSS 信号包含载波、测距码、导航电文信息。在大多数信号中，码和导航电文通过二进制相移键控(bi-phase shift keying，BPSK)调制在一载波上。这是通过对载波相位移动 0° 或 180° 实现的，等价于载波乘以一个由−1 和+1 组成的序列。测距码和导航电文通过简单相乘合并在一起。图 6-9 显示了一个 BPSK 码如何调制在一个载波上。

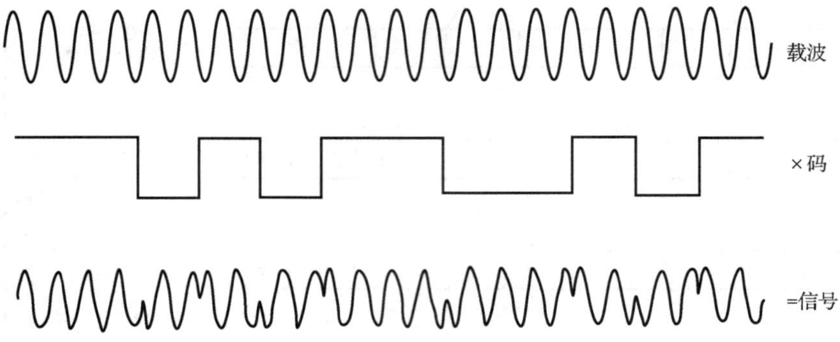

图 6-9　一个载波的 BPSK 调制

每一个 BPSK 调制的 GNSS 信号的幅度 s 可表示为

$$s(t)=\sqrt{2P}C(t)D(t)\sin(2\pi ft+\phi) \tag{6-3}$$

式中，P 为信号功率；C 为扩频码；D 为导航电文；f 为载波频率；t 为时间；ϕ 为相位偏移。C 和 D 的取值为±1，并且随时间变化而变化。

卫星导航信号生成原理如图 6-10 所示。

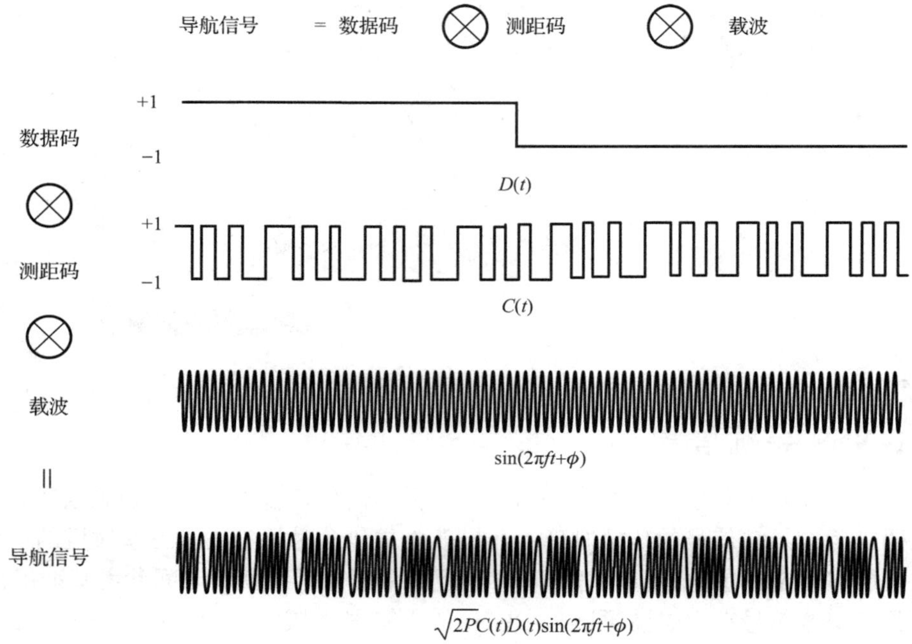

图 6-10　卫星导航信号生成原理

6.2　卫星导航定位方程

6.2.1　伪距方程

假定用户接收机和卫星的时间是严格同步的，都与系统参考时钟一致。但在现实中，接收机和卫星的时钟都与参考时钟存在偏差，这种偏差称为钟差。接收机测得的距离中由于包含了钟差，就不是真实的距离，因此称为伪距，其英文为 pseudorange，如图 6-11 所示。于是，将式(6-1)改写为

$$\rho = c'[(t_R + \Delta t_R) - (t^S + \Delta t^S)] = c'\left(t_R - t^S\right) + c'\Delta t_R - c'\Delta t^S = c'\left(t_R - t^S\right) + b_u - B \tag{6-4}$$

式中，Δt^S 表示卫星钟差，其等效距离(钟差乘以光速)用 B 表示；Δt_R 表示接收机钟差，其等效距离用 b_u 表示。卫星钟差由导航电文中的钟差参数计算得到，因此，下面只关注接收机钟差。

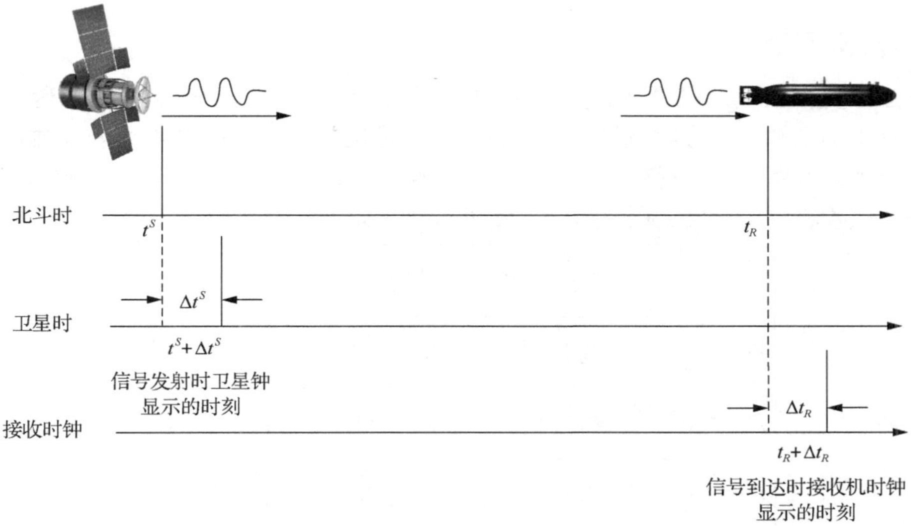

图 6-11　伪距测量原理图

假设$\left(x^{(k)}, y^{(k)}, z^{(k)}\right)$表示卫星的位置坐标，$\rho^{(k)}$ 表示卫星至接收机的伪距，$k=1,2,\cdots,n$。其中，n 为接收机可观测到的卫星个数；$\left(x_u, y_u, z_u\right)$表示接收机位置坐标。接收机钟差对每颗卫星伪距的影响都是一样的，都是使伪距变短或变长，如图 6-12 所示。于是将式(6-4)展开为

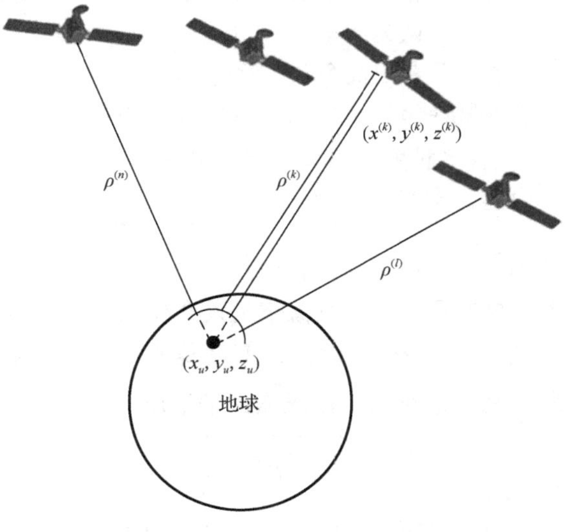

图 6-12　卫星导航原理图

$$\rho^{(k)} = \sqrt{\left(x^{(k)} - x_u\right)^2 + \left(y^{(k)} - y_u\right)^2 + \left(z^{(k)} - z_u\right)^2} + b_u + \varepsilon^{(k)} \tag{6-5}$$

式中，ε 表示测量中的未知误差，如接收机的测量噪声等。

接收机的几何距离可表示为 $R^{(k)}$：

$$R^{(k)} = \sqrt{\left(x^{(k)} - x_u\right)^2 + \left(y^{(k)} - y_u\right)^2 + \left(z^{(k)} - z_u\right)^2} \tag{6-6}$$

可见，伪距的主要部分可看作几何距离与接收机钟差的叠加。

6.2.2 定位方程

根据三球交会原理，用户只需要观测三颗导航卫星即可实现定位。但由于伪距中包含的接收机钟差也是未知的，接收机钟差与接收机的三维位置一起，构成 4 个未知数，因此，需要增加一个观测方程，才能进行定位，即至少同时观测 4 颗卫星，才能实现用户(接收机)的定位。

于是，接收机同时观测 n 颗卫星时，就可以建立如下定位方程。

$$\begin{cases} \rho^{(1)} = \sqrt{\left(x^{(1)} - x_u\right)^2 + \left(y^{(1)} - y_u\right)^2 + \left(z^{(1)} - z_u\right)^2} + b_u + \varepsilon^{(1)} \\ \rho^{(2)} = \sqrt{\left(x^{(2)} - x_u\right)^2 + \left(y^{(2)} - y_u\right)^2 + \left(z^{(2)} - z_u\right)^2} + b_u + \varepsilon^{(2)} \\ \rho^{(3)} = \sqrt{\left(x^{(3)} - x_u\right)^2 + \left(y^{(3)} - y_u\right)^2 + \left(z^{(3)} - z_u\right)^2} + b_u + \varepsilon^{(3)} \\ \rho^{(4)} = \sqrt{\left(x^{(4)} - x_u\right)^2 + \left(y^{(4)} - y_u\right)^2 + \left(z^{(4)} - z_u\right)^2} + b_u + \varepsilon^{(4)} \\ \qquad \vdots \\ \rho^{(n)} = \sqrt{\left(x^{(n)} - x_u\right)^2 + \left(y^{(n)} - y_u\right)^2 + \left(z^{(n)} - z_u\right)^2} + b_u + \varepsilon^{(n)} \end{cases} \tag{6-7}$$

观察式(6-7)不难看出，当 $n < 4$ 时，方程个数小于未知数个数，方程无解；当 $n > 4$ 时，方程有解。方程有解时，又可以分为以下两种情况。

(1) 当 $n = 4$ 时，方程个数正好等于未知数个数。虽然 ε 也是未知的，但一般认为，相对于未知位置，ε 是一个小量，此时，认为 $\varepsilon = 0$。

(2) 当 $n > 4$ 时，方程个数大于未知数个数。此时，将 ε 看作测量噪声，解方程的目的是寻找一组解 $\left(x_u, y_u, z_u, b_u\right)$，使这组解在某种意义上最逼近观测数据。

第(2)种情况的定位方程有多种解决方法，其中最著名的是由高斯提出的最小二乘法。为了说明最小二乘法的基本内涵，定义残差为

$$v^{(k)} = \sqrt{\left(x^{(k)} - x_u\right)^2 + \left(y^{(k)} - y_u\right)^2 + \left(z^{(k)} - z_u\right)^2} + b_u - \rho^{(k)} \tag{6-8}$$

其中，公式右边前两项由卫星位置、接收机概略位置和概略钟差计算得到，称为伪距计算值，用 C 表示；$\rho^{(k)}$ 为实际观测值，用 O 表示。因此残差就是观测值与计算值之差 $(O - C)$。式(6-8)也称为伪距观测误差方程。利用最小二乘法求得的解，就是使残差平方和最小的解，即

$$\min \sum_{k=1}^{n} \left(v^{(k)}\right)^2 = \sum_{k=1}^{n} \left[\sqrt{\left(x^{(k)} - x_u\right)^2 + \left(y^{(k)} - y_u\right)^2 + \left(z^{(k)} - z_u\right)^2} + b_u - \rho^{(k)} \right]^2 \tag{6-9}$$

实际上，式(6-7)是一个非线性方程组，可采用第 5 章中 LBL 系统位置解算方法求解。

6.3　北斗卫星星座组成

由于用户定位至少需要同时观测 4 颗卫星，要在全球范围内实现如此密度的覆盖要求，需要从经济的角度考虑星座的部署问题。卫星轨道的选择将决定卫星的设计、全球覆盖所需的卫星总数、卫星的发射和运行维护等问题，因此需要进行权衡。下面针对全球导航的需求，对几种典型卫星的优劣进行比较分析。

(1) LEO 卫星：轨道高度低于 2000km，地面可见时间只有 10～20min，因此，接收机需要不停地捕获新的卫星。多普勒效应引起的距离变化率很大，大气阻力摄动对轨道的影响也非常显著。需要 100～200 颗低轨卫星才能够实现全球覆盖。优势是由于距地面较近，卫星发射成本较低；卫星以较低的功率发射信号，用户就可以接收到。

(2) MEO 卫星：轨道高度 5000～20000km，每天绕地球飞行 2～4 圈。地面可见时间长达几小时。卫星发射成本比 LEO 高，但只需要较少的卫星数（24～36 颗）就可以实现全球覆盖。

(3) GEO 卫星：轨道高度 36000km，位于赤道上空，相对地球静止。由于卫星相对地面静止，如果地面用户能够观测到该卫星，那么用户就可以一直观测到该卫星。利用高轨优势（站得高，望得远），只需要几颗卫星（典型情况下是 3 颗）就可以实现全球覆盖。劣势是 GEO 卫星对高纬度地区的覆盖性能较差，而且发射成本也比 MEO 卫星和 LEO 卫星高。

北斗系统在充分考虑我国国情和我国用户导航服务需求的基础上，提出了由多种轨道混合的星座构建方案。该方案由 GEO、IGSO 和 MEO 组成。其中，MEO 的卫星按照 Walker 星座构型组成全球覆盖星座。下面分别对这 3 种轨道类型进行说明。

6.3.1　地球静止轨道卫星

地球静止轨道是一类特殊的轨道，其轨道倾角为 0°（位于赤道上空）、轨道周期正好等于一个地球自转周期（86164.09s），因此，相对于地球上的观测者保持静止，故称为地球静止轨道。

由椭圆轨道周期计算公式可知，当轨道周期 $T = 86164.09\text{s}$ 时，轨道长半轴 a 为

$$a = \sqrt[3]{\frac{T^2}{4\pi^2}\mu} \approx 42164.17\text{km} \tag{6-10}$$

式中，地心引力常数 μ 的单位为 km^3/s^2，轨道长半轴 a 的单位为 km。

显然，地球静止轨道必然是一个圆轨道（椭圆轨道速度不均匀，不可能相对地球静止）。由圆轨道的轨道长半轴等于地心距可知，地球静止轨道距离地面的高度 $H = 42164.17 - 6378.14 \approx 35786(\text{km})$（约 3.6 万千米）。

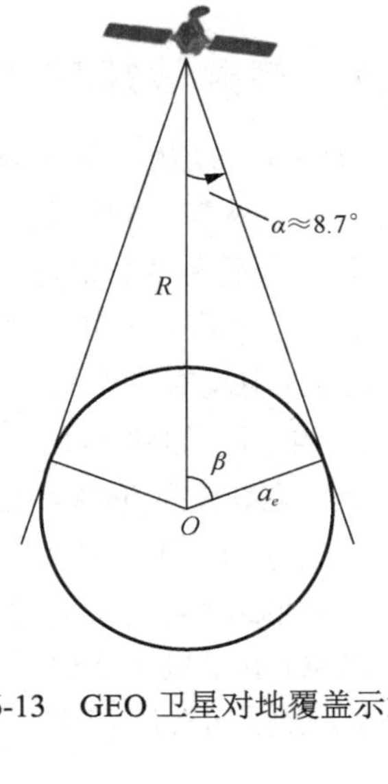

图 6-13　GEO 卫星对地覆盖示意图

位于距地面约 3.6 万千米高的北斗 GEO 卫星，对地球具有很好的覆盖特性，充分发挥其“站得高，望得远”的优势。如图 6-13 所示，$R = a = 42164.17\text{km}$，$a_e = 6378.137\text{km}$，

不难得出，GEO 卫星对地观测的最小张角(半角) $\alpha=\arcsin\left(a_e/R\right)\approx 8.7^\circ$。对应的地心角半角 $\beta=90^\circ-\alpha\approx 81.3^\circ$。从而可以估算出其覆盖面积占整个地球表面积的百分比为 $2\beta/360^\circ\times 100\%\approx 45.17\%$。即赤道上空两颗间隔 2β (约160°)的 GEO 卫星就能覆盖地球 90%以上的面积。因此，理论上只需在赤道上空以120°为间隔布置 3 颗 GEO 卫星就能覆盖整个地球。

实际上，由于地球非球形引力等摄动力对 GEO 卫星的作用，并不存在“静止不动的卫星”，只能要求卫星位置“静止”在一定范围内。发射“静止卫星”时，选择适宜的轨道椭圆长半轴(称为定点选择)，可以达到在一定范围内“静止不动的”目的。

北斗三号系统采用至少 3 颗 GEO 卫星，其对地覆盖范围如图 6-14 所示。不难看出，这些 GEO 卫星对中国和亚太地区具有很好的覆盖效果。

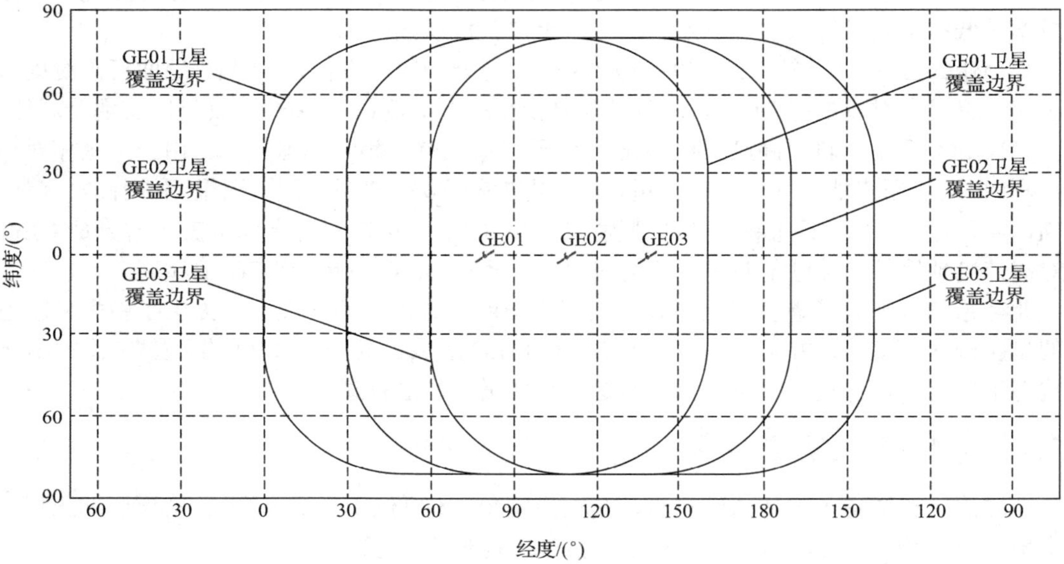

图 6-14　3 颗北斗 GEO 卫星对地覆盖范围

6.3.2　倾斜地球同步轨道卫星

地球同步轨道，是一种卫星运行周期与地球自转周期(86164.09s 或 23h56min4.09s)相同的轨道。地球静止轨道是一种轨道倾角和偏心率均为零的地球同步轨道。倾斜地球同步轨道是一类倾角不为零的地球同步轨道。北斗系统采用的倾斜地球同步轨道是倾角为 55°、偏心率为 0 的地球同步轨道，英文缩写为 IGSO。

IGSO 卫星有一个特性，其星下点轨迹是一个纬度范围为$[-i,i]$(i为轨道倾角)、南北对称的“8”字形，如图 6-15 所示(图中所示并不是北斗卫星的星下点轨迹，只是为了说明 IGSO 卫星星下点轨迹的形状特性)。星下点是指卫星和地心连线与地球表面的相交点，各个星下点的连线就称为星下点轨迹。显然，IGSO 的星下点轨迹是每日重复的，这种轨道称为回归轨道。IGSO 是回归周期为 1 天(恒星日)的回归轨道。

IGSO 卫星星下点轨迹的回归特性，使得地球上的用户能够在固定的时间内看到同一颗卫星(由于卫星运行周期比 1 个太阳日短 4min，因此，第二天比第一天提前约 4min)。鉴于 IGSO

在区域覆盖方面具有极大的优势，北斗二号区域系统的 14 颗卫星中有 5 颗是 IGSO 卫星，从而对中国和亚太地区形成良好的覆盖。

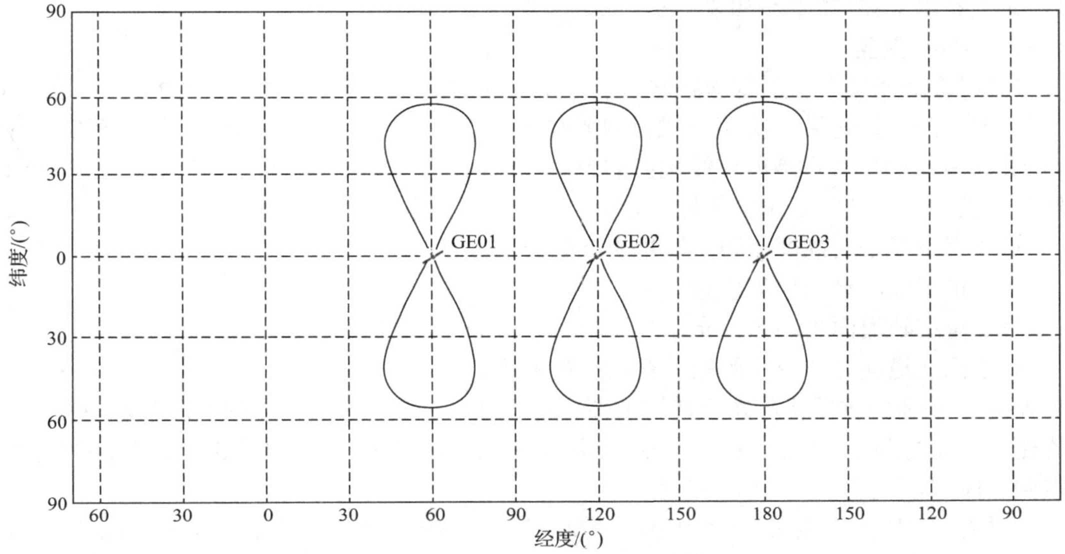

图 6-15　IGSO 卫星星下点轨迹

6.3.3　地球中圆轨道卫星及 Walker 星座

1. 地球中圆轨道

轨道高度在 5000～20000km 范围的圆轨道称为地球中圆轨道。北斗 MEO 卫星的轨道高度为 21528km，轨道倾角为 55°，其星下点轨迹如图 6-16 所示。

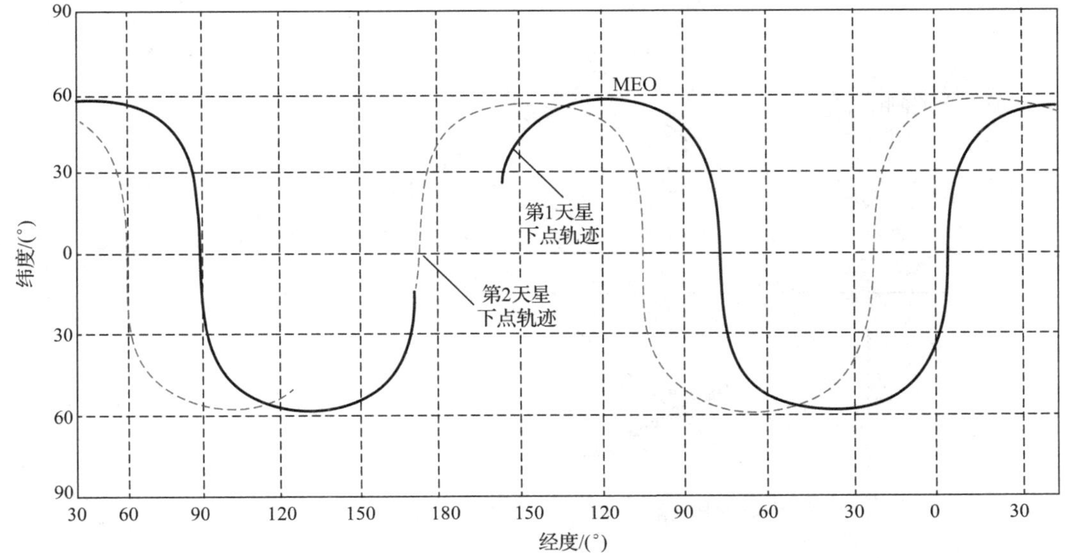

图 6-16　MEO 卫星星下点轨迹

由图 6-16 可知，北斗 MEO 卫星不是星下点轨迹每日重复的回归轨道。实际上，北斗 MEO 卫星是 7 天(13 圈)回归轨道。因此，为了实现全球覆盖(这里指任一点同时可见 4 颗以上卫星)，必须利用多颗(如 24～30 颗)同样的卫星组成卫星星座。

2. Walker 星座

卫星星座是指诸多卫星部署在轨道上，卫星轨道形成稳定的空间几何结构，同时卫星之间保持固定的时空关系，从而形成具有特定航天任务的卫星系统。1971 年，英国科学家 J.G.Walker 首次提出实现地面连续覆盖的卫星星座，称为 Walker 星座，也称 Delta 星座。Walker 星座是一类均匀对称的星座，其特点如下：

(1) 所有卫星采用高度相同、倾角相同的圆轨道。

(2) 轨道平面沿赤道均匀分布。

(3) 卫星在轨道面内均匀分布。

(4) 不同轨道面之间卫星的相位存在一定关系。

Walker 星座的重要优势在于其均匀性、对称性，在卫星数量确定的情况下，使覆盖面积最优化，因此得到了广泛的重视。Walker 星座在北斗、GPS、GLONASS 和 Galileo 等系统中都得到了应用。

可以用 $T'/P/F$ 来标记一个 Walker 星座，称为 Walker 星座的描述符，如图 6-17 所示，其中，T' 为卫星总个数；P 为轨道面数，每个轨道面包含 T'/P 颗均匀分布的卫星；F 为整数，满足 $0 \leqslant F \leqslant P-1$，$F$ 代表相邻轨道面的相位参数，即当一颗卫星的相位是零时，其东面相邻轨道面内的一颗卫星的相位是 $2\pi F/T'$。

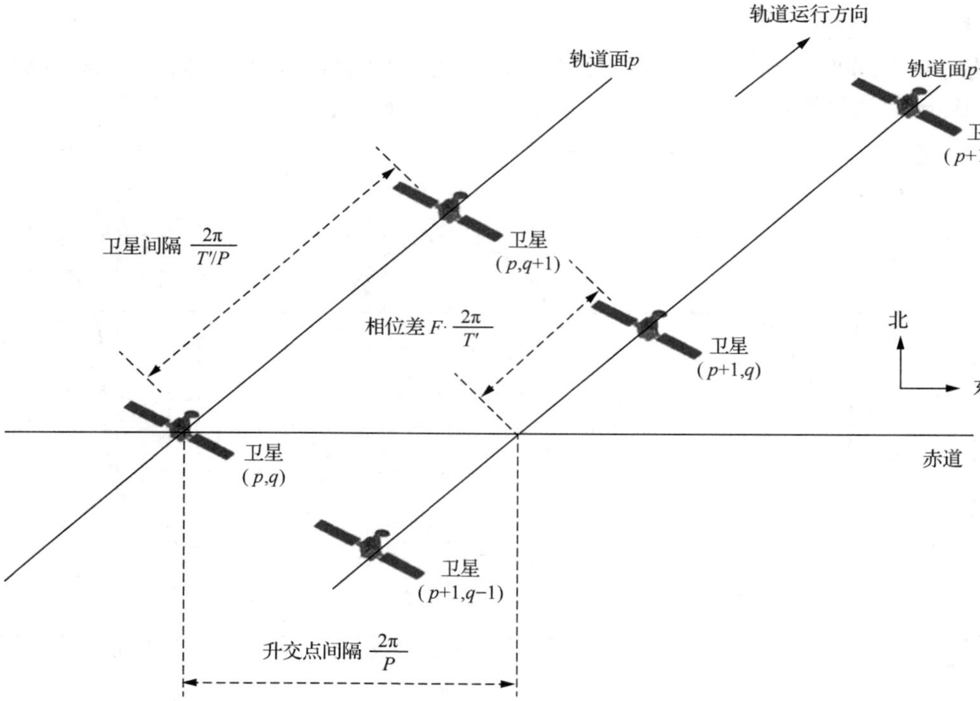

图 6-17 以 $T'/P/F$ 描述的 Walker 星座卫星分布示意图

在 Walker 星座中，T' 颗卫星均匀分布在 P 个轨道面上，轨道平面的升交点沿赤道等间隔排列，即相邻轨道平面升交点赤经之差为 $\Delta\Omega = \frac{2\pi}{P}$。每个轨道平面内的各卫星以 $\frac{2\pi}{T'/P}$ 角度等间隔分布。为了保证各轨道面上的卫星均匀分布在不同的位置，还定义了各轨道面相邻两颗卫星的相对位置关系 $\Delta\omega_f = \frac{2\pi}{T'}F$。

在地心惯性坐标系中，星座中的卫星用其轨道根数（a、e、i、ω、Ω、ν）表示。由于 Walker 星座中所有卫星采用高度相同、倾角相同的圆轨道，因此每一颗卫星的初始轨道由基准项（a_0、e_0、i_0）确定第 i 颗卫星的升交点赤经 Ω_i^0 和相位 $\omega_i^0 + \nu_i^0$。圆轨道的相位 $\omega + \nu$ 可记为 u，也称纬度幅角。因此，区分 Walker 星座中的卫星只需两个参数，即升交点赤经 Ω 和纬度幅角 u。其中，升交点赤经 Ω 实际上代表轨道面，纬度幅角 u 代表轨道面内的相位。

已知某基准卫星（也称为种子卫星）的升交点赤经 Ω_0 和纬度幅角 u_0，则星座中第 j 个轨道面上第 k 颗卫星的升交点赤经和相位为

$$\Omega_j = \Omega_0 + (j-1)\frac{2\pi}{P} \tag{6-11}$$

$$u_{jk} = u_0 + (j-1)\frac{2\pi}{T'}F + (k-1)\frac{2\pi}{T'/P} \tag{6-12}$$

式中，$j = 1,2,\cdots,P$；$k = 1,2,\cdots,T'/P$。

北斗三号采用 24/3/1 的 Walker 星座。根据上述 Walker 星座的特点，可以算出北斗三号 MEO 星座的一些特征参数。

(1) 各轨道平面升交点赤经之差 $\Delta\Omega$ 为

$$\Delta\Omega = \frac{2\pi}{P} = \frac{360^\circ}{3} = 120^\circ$$

(2) 每个轨道平面的卫星数 n_s 为

$$n_s = \frac{T'}{P} = \frac{24}{3} = 8\ (\text{颗})$$

(3) 每个轨道平面内卫星之间的间隔 Δu 为

$$\Delta u = \frac{2\pi}{n_s} = \frac{360^\circ}{8} = 45^\circ$$

(4) 相邻轨道相邻卫星的相位差 $\Delta\omega_f$ 为

$$\Delta\omega_f = \frac{2\pi}{T'}F = \frac{360^\circ}{24}\times 1 = 15^\circ$$

由上述计算结果可知，北斗三号 MEO 星座 3 个轨道面以 120° 等间隔均匀分布，每个轨道面有 8 颗卫星，轨道面内卫星以 45° 间隔均匀分布，邻轨道相邻卫星的相位差为 15°。如图 6-18 所示，当第 2 轨道面的 S_{21} 卫星经过升交点时，与其相邻的第 1 轨道面的卫星 S_{11}，相位为 -15°，第 3 轨道面相邻卫星 S_{31} 的相位为 15°。这样设计的好处是当某一轨道面的卫星向地平线以下运行时，相邻轨道的卫星能够很快补充上来，从而保证足够的卫星数，提高服务的连续性。

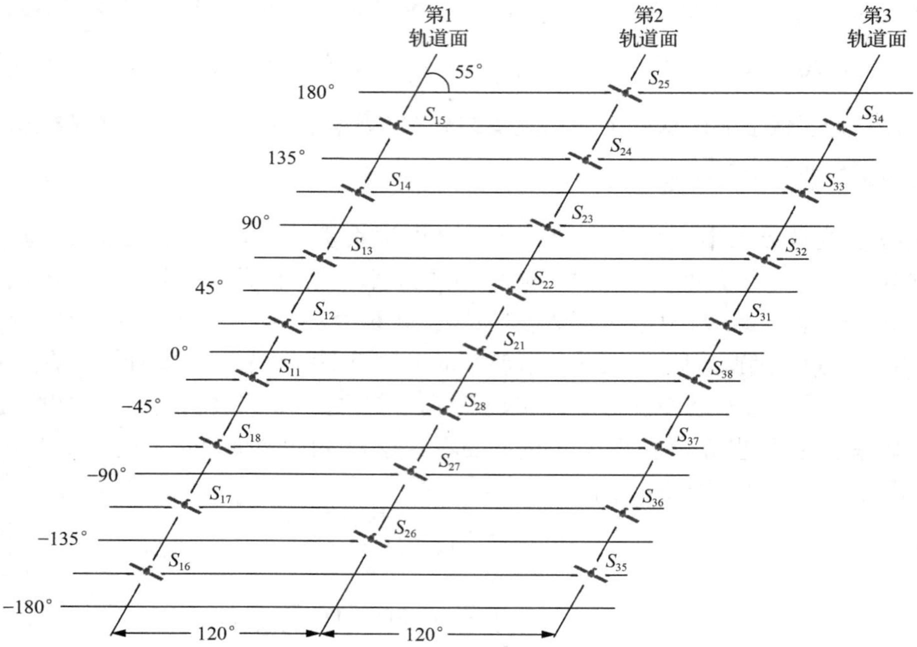

图 6-18　北斗三号 MEO 星座卫星分布示意图

6.4　北斗卫星位置计算

导航卫星的位置是由卫星星历计算得到的，卫星星历是描述卫星轨道运动的一组参数。了解卫星轨道运动原理是理解卫星星历的基础。

6.4.1　行星运动三大定律

人们对卫星绕地球运动的理解，最初来源于对天体运动的观测和分析，尤其是太阳系行星绕太阳运动的观测。德国天文学家、物理学家约翰尼斯·开普勒(1571—1630)，在分析处理另一位天文学家第谷·布拉赫(1546—1601)对行星运动的长期观测数据时，发现了行星运动的规律，总结形成了行星运动三大定律。

第一定律：所有行星的运动轨迹都是椭圆形，太阳位于圆的一个焦点上。行星(以地球为例)绕太阳运动的椭圆轨道如图 6-19 所示。

第二定律：太阳中心到行星中心的连线，在相等时间内所扫过的面积相等。由第二定律可知，行星绕太阳运动的速度是随着时间变化的(图 6-20)，在近日点最快，远日点最慢。这一定律符合能量守恒定理：地球在近日点时势能最小、动能最大，因此速度最快；在远日点时，势能最大、动能小，因此速度最慢。

第三定律：行星绕太阳的公转周期的平方与它们轨道长半轴的立方成正比。因此，有

$$T^2 = ka^3 \tag{6-13}$$

式中，T 为轨道周期；a 为轨道长半轴；k 为比例系数。

根据开普勒行星运动三大定律，可以将卫星绕地球运动的一般规律描述为：卫星绕地球运动的轨迹是椭圆形，地球位于椭圆的一个焦点上，如图 6-21 所示；卫星质心与地心

的连线，在相等时间内所扫过的面积相等；卫星绕地球运动的周期的平方与轨道长半轴的立方成正比。

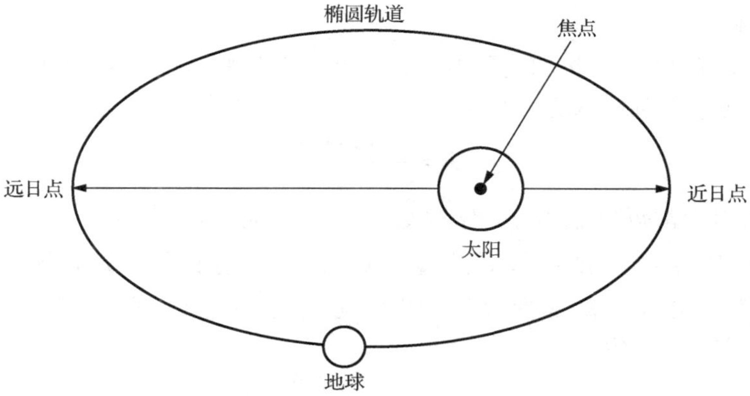

图 6-19　行星绕着太阳运动

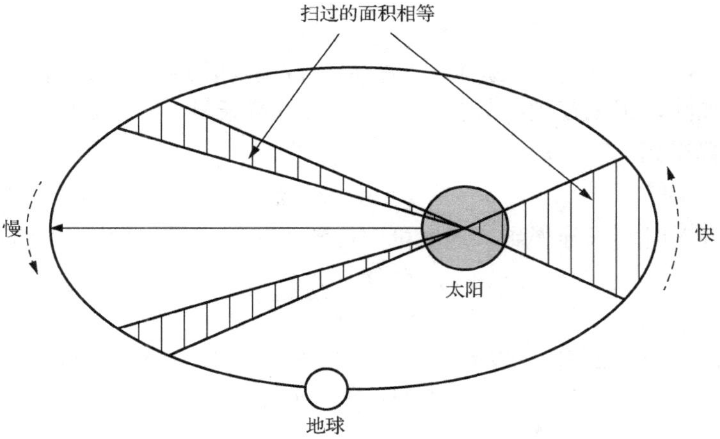

图 6-20　相等时间内扫过的面积相等

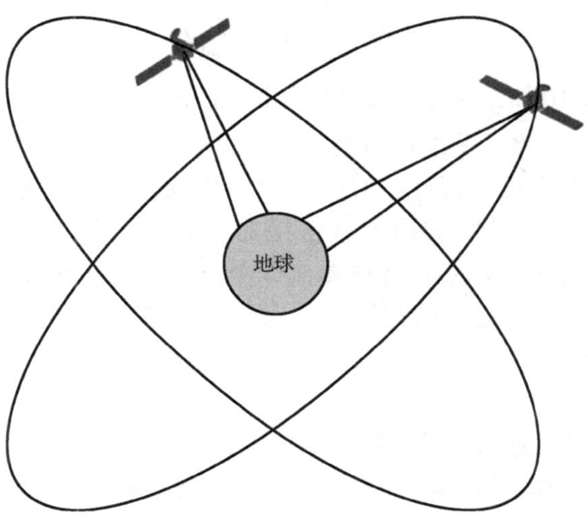

图 6-21　卫星绕地球运动的轨道

6.4.2　二体问题与轨道根数

1. 二体问题

设地球的质量为M'，卫星的质量为m，卫星在地心惯性坐标系中的位置矢量为$\boldsymbol{r}$，根据万有引力定律，卫星受到地球的引力为

$$\boldsymbol{F}=-\frac{GM'm}{r^2}\frac{\boldsymbol{r}}{r} \tag{6-14}$$

式中，G为万有引力常数（$6.673\times10^{-11}\mathrm{m}^3/(\mathrm{kg}\cdot\mathrm{s}^2)$）；$r$为地心距，有$r=\|\boldsymbol{r}\|$。

在地心惯性坐标系中，假设地球的位置矢量为$\boldsymbol{r}_E$，卫星的位置矢量为$\boldsymbol{r}_S$，由牛顿第三定律可知，两个相互作用的物体，其受力大小相等、方向相反；因此，地球受到卫星的引力是$-\boldsymbol{F}$。再根据牛顿第二定律，可得

$$M'\ddot{\boldsymbol{r}}_E=-\boldsymbol{F}=\frac{GM'm}{r^2}\frac{\boldsymbol{r}}{r} \tag{6-15}$$

$$m\ddot{\boldsymbol{r}}_s=\boldsymbol{F}=-\frac{GM'm}{r^2}\frac{\boldsymbol{r}}{r} \tag{6-16}$$

不难看出，式(6-15)左右两边的质量M'、式(6-16)左右两边的质量m都可以消掉。

根据矢量叠加法，卫星在地心惯性坐标系中的位置矢量$\boldsymbol{r}$可由地球的位置矢量$\boldsymbol{r}_E$和卫星的位置矢量$\boldsymbol{r}_S$计算得到。

$$\boldsymbol{r}=\boldsymbol{r}_S-\boldsymbol{r}_E \tag{6-17}$$

加速度可以由速度对时间求导得到，速度可由位置对时间求导得到，于是有

$$\ddot{\boldsymbol{r}}=\frac{\mathrm{d}^2\boldsymbol{r}}{\mathrm{d}^2t}=\frac{\mathrm{d}^2\left(\boldsymbol{r}_S-\boldsymbol{r}_E\right)}{\mathrm{d}^2t}=\ddot{\boldsymbol{r}}_S-\ddot{\boldsymbol{r}}_E \tag{6-18}$$

将式(6-15)和式(6-16)两边相同的质量消掉后，代入式(6-18)，从而得到卫星运动的加速度为

$$\ddot{\boldsymbol{r}}=-\frac{G(M'+m)}{r^3}\boldsymbol{r} \tag{6-19}$$

式(6-19)中，由于$m\ll M'$，因而可简化为

$$\ddot{\boldsymbol{r}}=-\frac{GM'}{r^3}\boldsymbol{r}=-\frac{\mu}{r^3}\boldsymbol{r} \tag{6-20}$$

式中，$\mu=3.986004418\times10^{14}\mathrm{m}^3/\mathrm{s}^2$，称为地心引力常数。

由万有引力定律可知，除了受地球引力的作用外，卫星同样会受到来自太阳、月球以及太阳系内其他行星的引力作用。因此，万有引力定律揭示了卫星运动的根本原因。对于地球附近的卫星，地球是对卫星影响最大且占绝对优势的天体。因此，为了便于对轨道的理解，只考虑地球引力的影响，并将地球看作一个质量集中在地心、均匀致密的质点。在这两个假设条件下研究卫星轨道运动的问题，称为二体问题。式(6-20)就是二体问题的动力学描述。

2. 轨道根数

二体问题的解也称为开普勒轨道根数。如图 6-22 所示，在地心惯性坐标系中，a为轨道长半轴，e为偏心率，i为轨道倾角，Ω为升交点赤经，ω为近地点角距，ν为t时刻的真近点角。

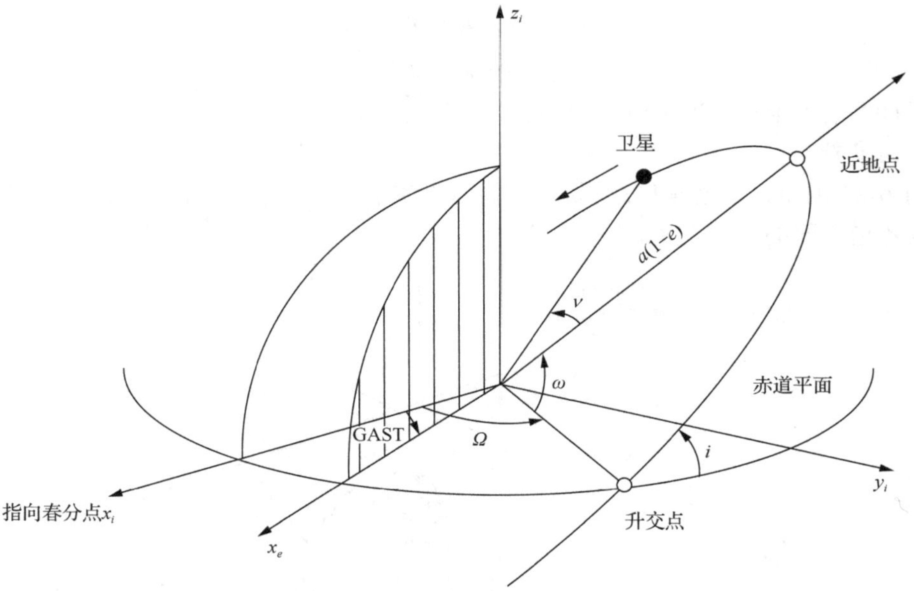

图 6-22　开普勒轨道根数

在二体问题假设下，设卫星在地心惯性坐标系中的位置矢量 $\boldsymbol{r}=(x,y,z)$，于是，式(6-20)可写成分量形式为

$$\begin{cases} \ddot{x}=-\dfrac{\mu}{\left(\sqrt{x^2+y^2+z^2}\right)^3}x \\ \ddot{y}=-\dfrac{\mu}{\left(\sqrt{x^2+y^2+z^2}\right)^3}y \\ \ddot{z}=-\dfrac{\mu}{\left(\sqrt{x^2+y^2+z^2}\right)^3}z \end{cases} \tag{6-21}$$

不难看出，式(6-21)是一个三元二阶微分方程。根据微积分理论可知，每积分一个二阶微分方程需要两个积分常数，因此，积分式(6-21)需要 6 个相互独立的积分常数。采用轨道 6 根数(a,e,i,Ω,ω,ν)来表征二体问题的解。实际上，开普勒轨道 6 根数可分为形状参数，即长半轴 a 和偏心率 e；定向参数，即倾角 i、升交点赤经 Ω 和近地点角距 ω；位置参数，即真近点角 ν。下面分别对这 3 组参数进行说明。

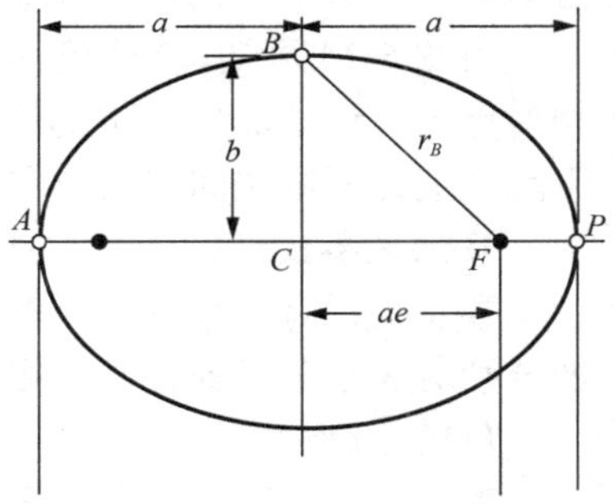

图 6-23　椭圆轨道形状参数

1) 形状参数

如图 6-23 所示，地球位于椭圆的焦点 F，故 P 为近地点，A 为远地点。根据椭圆的定义，椭圆中心 C 到焦点 F 的距离为长半轴 a 和偏心率 e 的乘积，因此，不难得到近地点的地心距 r_p 和远地点的地心距 r_a 为

$$r_p = a - ae = a(1-e) \tag{6-22}$$

$$r_a = a + ae = a(1+e) \tag{6-23}$$

由于椭圆的长半轴 a 和偏心率 e 决定了椭圆的形状大小，因此把它们称为形状参数。

2) 定向参数

如图 6-24 所示，轨道倾角 i 是轨道平面与赤道平面的夹角(二面角)。轨道倾角决定了轨道平面与赤道平面的空间关系。

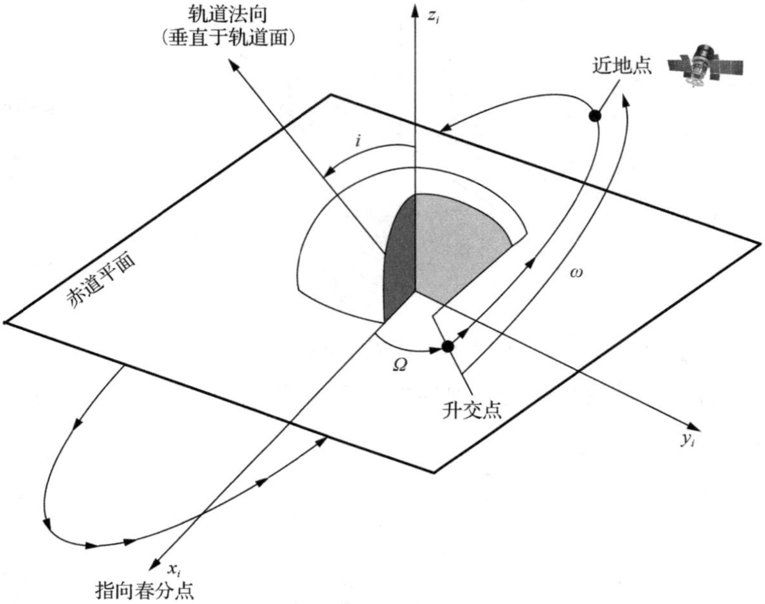

图 6-24　轨道倾角、升交点赤经及近地点角距示意图

升交点赤经 Ω 是指在地球赤道平面内，升交点与春分点之间的地心夹角。升交点是指当卫星由南向北运行时，其轨道与地球赤道面的一个交点。升交点赤经 Ω 确定了轨道平面与赤道平面相交点的位置。

近地点角距 ω 是指在轨道平面上，升交点与近地点之间的地心夹角。近地点角距确定了近地点在轨道中的位置。近地点角距也称为近地点幅角。

由图 6-24 可知，轨道倾角 i 和升交点赤经 Ω 唯一地确定了卫星轨道平面与地球体之间的相对定向；近地点角距 ω 则确定了椭圆在轨道平面内的定向。可见，这 3 个参数唯一描述了卫星轨道在三维空间中的方向，故称为定向参数。

3) 位置参数

事实上，有 3 个参数可以描述卫星的位置：真近点角 ν、偏近点角 E 和平近点角 M。下面分别对 3 个角度的定义及相互间的计算关系进行说明。

(1) 真近点角 ν。

真近点角 ν 的定义为从近地点起算，近地点地心矢量与卫星位置矢量的夹角。真近点角 ν 明确了 t 时刻卫星在轨道上的位置，因此称为位置参数。由圆轨道的长半轴 a、偏心率 e 和真近点角 ν，可以给出椭圆轨道的标准方程为

$$r = \frac{a\left(1-e^2\right)}{1-e\cos\nu} \tag{6-24}$$

式中，r 为卫星地心距。该方程是由解二体运动方程(式(6-20))得到的。

有时为了表示从升交点起算的卫星位置，采用升交点角距来描述。由于真近点角 ν 是由近地点起算的，而近地点角距 ω 是从升交点起算的，故不难得到升交点角距 u 为

$$u = \nu + \omega \tag{6-25}$$

由于升交点在赤道(0°纬线)上，因此，升交点角距也称为纬度幅角。

(2) 偏近点角 E 。

偏近点角和真近点角的关系如图 6-25 所示。偏近点角 E 的定义是：以卫星椭圆轨道中心 C 为圆心、以长半轴 a 为半径作椭圆的外接圆；过卫星位置 S 作平行于短半轴的直线 SH ，SH 的延长线交外接圆于 S' ；CS' 与 CP（P 为近地点)间的夹角即偏近点角 E 。

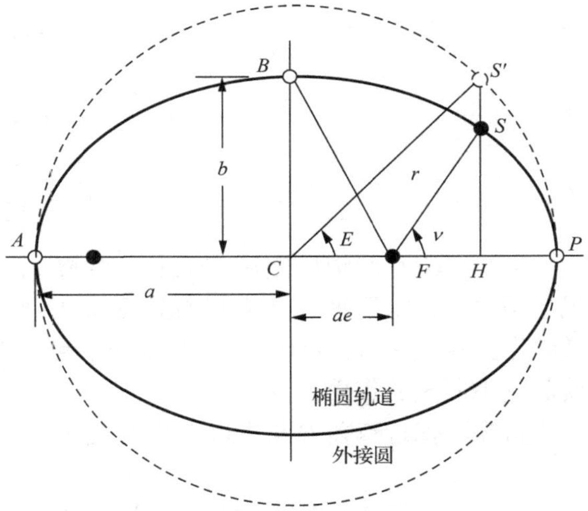

图 6-25　偏近点角和真近点角的关系

由图 6-25 可知，偏近点角 E 和真近点角 ν 有如下关系式：

$$a\cos E - ae = r\cos\nu \tag{6-26}$$

于是

$$\cos\nu = \frac{a}{r}(\cos E - e) \tag{6-27}$$

将式(6-27)代入式(6-24)，得

$$r = a(1-e\cos E) \tag{6-28}$$

由式(6-24)和式(6-27)，可得真近点角与偏近点角之间的关系为

$$\begin{cases} \cos\nu = \dfrac{\cos E - e}{1-e\cos E} \\ \sin\nu = \dfrac{\sqrt{1-e^2}\sin E}{1-e\cos E} \end{cases} \tag{6-29}$$

或者根据式(6-29)，写出基于半角公式的常用形式为

$$\tan\left(\frac{\nu}{2}\right) = \sqrt{\frac{1+e}{1-e}}\tan\left(\frac{E}{2}\right) \tag{6-30}$$

式(6-30)之所以常用，是因为相比式(6-29)需要根据正弦和余弦判断象限，式(6-30)可以直接根据式(6-31)计算得到真近点角 ν 为

$$\nu = 2\arctan\left[\sqrt{\frac{1+e}{1-e}}\tan\left(\frac{E}{2}\right)\right] \tag{6-31}$$

(3) 平近点角 M 。

平近点角是一个假设量，如果卫星在轨道上运动的平均角速率为 n ，则平近点角的定义为

$$M = n(t-t_0) \tag{6-32}$$

式中，t_0 为卫星过近地点的时刻；t 为某一时刻(或观测卫星的时刻)。平均运动角速率 n 的定

义为

$$n = \frac{2\pi}{T} \tag{6-33}$$

式中，T 为卫星运动的周期，即卫星绕地球运行一周所需的时间。由开普勒行星运动第三定律数学表达式得

$$\frac{T^2}{a^3} = \frac{4\pi^2}{\mu} \tag{6-34}$$

解得

$$T = 2\pi\sqrt{\frac{a^3}{\mu}} \tag{6-35}$$

从而

$$n = \sqrt{\frac{\mu}{a^3}} \tag{6-36}$$

于是

$$M = \sqrt{\frac{\mu}{a^3}}(t - t_0) \tag{6-37}$$

可见，卫星轨道确定后，平近点角 M 只与时间 t 有关，是时间的线性函数。因此，在卫星星历中，通常用平近点角 M 描述卫星在 t 时刻的位置。虽然平近点角 M 便于计算，却与椭圆轨道无直接关系。为此，需要建立平近点角 M 与真近点角 ν 之间的关系。此时，偏近点角 E 就起到中间量的作用。

首先，偏近点角 E 与平近点角 M 之间的重要关系为

$$E = M + e\sin E \tag{6-38}$$

式(6-38)称为开普勒方程，它是一个超越方程。已知偏近点角 E 求解平近点角 M 很容易，但已知平近点角 M 求偏近点角 E 却比较困难，通常采用迭代法求解。迭代法的初值可取为

$$E_0 = M$$

然后进行迭代计算，第 i 次迭代公式为

$$E_i = M + e\sin(E_{i-1})$$

当 $|E_i - E_{i-1}| < \varepsilon$ 时，迭代算法收敛。其中，ε 为某一预定微小量，如 1×10^{-13} 。对北斗卫星而言，由于 e 是一个小量，一般在迭代 $2\sim3$ 次后就会收敛。

至此，便可根据卫星的平近点角 M ，先由式(6-38)采用迭代方法计算得到相应的偏近点角 E ，再由式(6-29)或式(6-30)计算相应的真近点角 ν 。

6.4.3　卫星位置和速度计算

虽然轨道 6 根数很形象地描述了卫星运动的情况，但是通常在直角坐标系中描述卫星的位置和速度，为此，定义如图 6-26 所示的轨道坐标系 $Ox_Sy_Sz_S$ ：坐标原点与地心重合，x_S 轴由地心指向近地点，z_S 轴过地心垂直于轨道平面，即 z_S 轴平行于轨道法向。y_S 轴与 x_S 轴、z_S 轴构成右手直角坐标系。

由轨道坐标系的定义，结合图 6-26，可知卫星在轨道坐标系中的位置坐标为

$$\begin{bmatrix} x_S \\ y_S \\ z_S \end{bmatrix} = \begin{bmatrix} r\cos\nu \\ r\sin\nu \\ 0 \end{bmatrix} \tag{6-39}$$

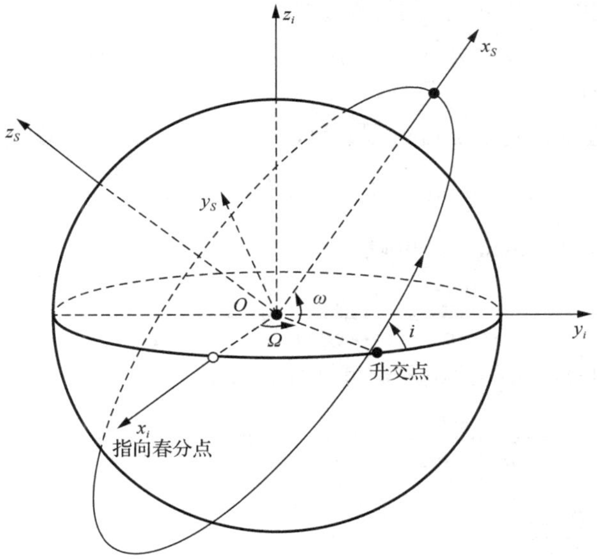

图 6-26　轨道坐标系

1. 卫星位置的计算

为了在天球惯性坐标系中表示卫星的位置，需要将卫星的位置由轨道坐标系转换到天球惯性坐标系。由图 6-26 容易得到，由轨道坐标系到天球惯性坐标系的转换顺序为：先绕 z_S 轴旋转 $-\omega$，将 x_S 轴转到赤道平面；再绕新的 x_S 轴旋转 $-i$，将 z_S 轴转到与天球惯性坐标系的 z_i 轴重合；最后绕新的 z_S 轴旋转 $-\Omega$，将新的 x_S 轴旋转到与天球惯性坐标系的 x_i 轴重合。上述过程写成转换矩阵为

$$C_S^i = \begin{bmatrix} \cos\Omega\cos\omega - \sin\Omega\sin\omega\cos i & \cos\Omega\sin\omega + \sin\Omega\cos\omega\cos i & -\sin\Omega\sin i \\ -\sin\Omega\cos\omega - \cos\Omega\sin\omega\cos i & -\sin\Omega\sin\omega + \cos\Omega\cos\omega\cos i & -\cos\Omega\sin i \\ -\sin i\sin\omega & \cos\omega\sin i & \cos i \end{bmatrix} \tag{6-40}$$

于是，卫星在天球惯性坐标系的坐标可由轨道坐标系的坐标转换得到

$$\boldsymbol{r} = \begin{bmatrix} x \\ y \\ z \end{bmatrix} = C_S^i \begin{bmatrix} r\cos\nu \\ r\sin\nu \\ 0 \end{bmatrix} \tag{6-41}$$

进一步推导，则有

$$\boldsymbol{r} = r\cos\nu \cdot \boldsymbol{P} + r\sin\nu \cdot \boldsymbol{Q} \tag{6-42}$$

其中，向量 $\boldsymbol{P}$、$\boldsymbol{Q}$ 分别为 x_S 轴、y_S 轴的单位向量，即

$$\boldsymbol{P} = C_S^i \begin{bmatrix} 1 \\ 0 \\ 0 \end{bmatrix} = \begin{bmatrix} \cos\Omega\cos\omega - \sin\Omega\sin\omega\cos i \\ -\sin\Omega\cos\omega - \cos\Omega\sin\omega\cos i \\ -\sin\omega\sin i \end{bmatrix} \tag{6-43}$$

$$\boldsymbol{Q} = C_S^i \begin{bmatrix} 0 \\ 1 \\ 0 \end{bmatrix} = \begin{bmatrix} \cos\Omega\sin\omega + \sin\Omega\cos\omega\cos i \\ -\sin\Omega\sin\omega + \cos\Omega\cos\omega\cos i \\ \cos\omega\sin i \end{bmatrix} \tag{6-44}$$

结合式(6-28)和式(6-29)，式(6-42)的等价形式为

$$\boldsymbol{r}=a(\cos E-e)\cdot\boldsymbol{P}+a\sqrt{1-e^2}\sin E\cdot\boldsymbol{Q} \tag{6-45}$$

2. 卫星速度的计算

式(6-45)左右两边对时间求导可得到速度，由于a、e、$\boldsymbol{P}$、$\boldsymbol{Q}$与时间无关，故可得

$$\dot{\boldsymbol{r}}=-a\sin E\frac{\mathrm{d}E}{\mathrm{d}t}\cdot\boldsymbol{P}+a\sqrt{1-e^2}\cos E\frac{\mathrm{d}E}{\mathrm{d}t}\cdot\boldsymbol{Q} \tag{6-46}$$

由开普勒方程$n(t-t_0)=E-e\sin E$，可得

$$\frac{\mathrm{d}E}{\mathrm{d}t}=\frac{n}{1-e\cos E}=\frac{\sqrt{\mu/a^3}}{1-e\cos E} \tag{6-47}$$

将式(6-47)代入式(6-46)，可得卫星的速度计算公式为

$$\dot{\boldsymbol{r}}=\frac{\sqrt{\mu}}{\sqrt{a}\left(1-e\cos E\right)}(-\sin E\cdot\boldsymbol{P}+\sqrt{1-e^2}\cos E\cdot\boldsymbol{Q}) \tag{6-48}$$

6.4.4　北斗卫星星历

北斗卫星发射含有轨道信息的导航电文，用户接收机接收到导航信号后，经过解码便可获得所需要的卫星星历，因此，这种星历也称为广播星历。广播星历一般包括相对某一参考历元的开普勒轨道根数和轨道摄动改正项参数。

北斗系统在发展过程中，采用了两种相似但又有区别的广播星历。为了便于区分，根据其使用的阶段，将其命名为北斗二号广播星历和北斗三号广播星历。实际上，在从北斗二号到北斗三号的平稳过渡期中，北斗卫星均播发这两种星历。

1. 北斗二号广播星历

由前面章节的分析可知，开普勒轨道根数只有在二体假设下，才能保持不变(除了表示卫星位置的三个近点角)。在摄动力作用下，开普勒轨道根数随时间发生长期、长周期或短周期等变化。因此，为了描述轨道摄动，必须扩展轨道 6 根数，增加一些轨道摄动改正项参数，从而能够借由这些参数更准确地计算卫星位置。

北斗二号广播星历由 6 个开普勒轨道根数、3 个摄动线性改正项和 6 个周期改正项系数等一共 15 个描述轨道特征的参数和 1 个星历参考时间组成，其广播星历参数的更新时间是 1h。北斗二号广播星历参数定义如表 6-1 所示。

表 6-1　北斗二号广播星历参数定义

序号	参数	定义
1	t_{oe}	星历参考时间
2	$\sqrt{a}$	卫星轨道长半轴的平方根
3	e	轨道偏心率
4	i_0	t_{oe} 时的轨道倾角
5	Ω_0	周历元零时刻计算的升交点经度
6	ω	近地点角距
7	M_0	t_{oe} 时的平近点角

续表

序号	参数	定义
8	Δn	平均运动角速率改正值
9	$\dot{\Omega}$	升交点赤经变化率
10	$\dot{i}$	轨道倾角变化率
11	C_{uc}	升交点角距余弦调和改正项振幅
12	C_{us}	升交点角距正弦调和改正项振幅
13	C_{rc}	卫星地心距余弦调和改正项振幅
14	C_{rs}	卫星地心距正弦调和改正项振幅
15	C_{ic}	轨道倾角余弦调和改正项振幅
16	C_{is}	轨道倾角正弦调和改正项振幅

在北斗二号广播星历的 16 个参数中，t_{oe} 表示星历参考时间，从每星期六/星期日子夜零点起算，即星期六的 24:00:00 或者星期日的 00:00:00 起算。其余 15 个参数表示的轨道运动情况如图 6-27 所示。

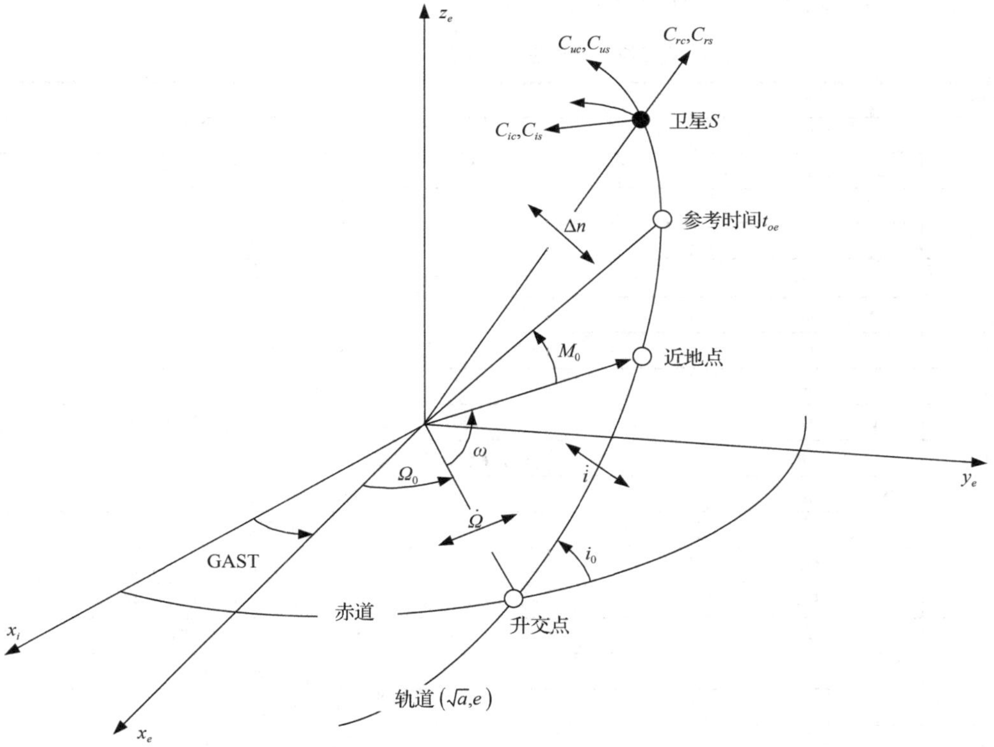

图 6-27　北斗二号广播星历示意图

6 个开普勒轨道根数前面已经介绍了，需要注意的是 Ω_0 不是参考时刻的升交点赤经，而是根据参考时间计算的轨道升交点经度，其余 9 个参数可以分为两组。第一组为 3 个摄动线性改正项，包括：

(1) 平均运动角速率改正值 Δn，或称为卫星平均运动角速度与计算值之差。它是在 J_2 项摄动、日月引力摄动和太阳光压摄动作用下，近地点角距的变化率 $\dot{\omega}$ 长期漂移的结果。

(2) 升交点赤经的变化率 $\dot{\Omega}$ 是升交点赤经摄动量中的长期漂移项，主要是由 J_2 项摄动和极移运动造成的。

(3) 轨道倾角变化率 $\dot{i}$，是摄动力对轨道面法向正反两个方向综合作用的结果。

第二组为 6 个周期改正项系数，分别由升交点角距、卫星地心距和轨道倾角组成三对余弦和正弦调和改正项振幅。这些周期改正项主要是由 J_2 项摄动和地球引力场高阶带谐系数的周期项影响，以及月球引力摄动等其他摄动力影响造成的。

2. 北斗三号广播星历

为了提高卫星星历的精度，北斗三号采用了由 18 个轨道参数组成的广播星历。北斗三号广播星历包括星历参考时间 t_{oe} 轨道六根数 $\left(\Delta a, e, i_0, \omega, \Omega_0, \nu_0\right)$、长期项 $\left(\dot{a}, \Delta n, \Delta\dot{n}, \dot{\Omega}, \dot{i}\right)$ 和短周期项 $\left(C_{rs}, C_{rc}, C_{is}, C_{ic}, C_{uc}, C_{us}\right)$。与 16 个参数的北斗二号广播星历相比，北斗三号广播星历将轨道六根数中的长半轴 $\sqrt{a}$ 改成了长半轴的改变量 Δa，并在长期项增加了半长轴的变化率 $\dot{a}$ 和平均运动角速率改正量的变化率 $\Delta\dot{n}$。其中，$\dot{a}$ 吸收了长半轴 a 因 J_{22} 项摄动影响短周期项转变成的长周期项，以及一部分 e 的长周期项，Δn 对 M_0、ω 变化量沿迹方向的长期项和长周期项进行了改进。北斗三号广播星历参数定义如表 6-2 所示。

表 6-2　北斗三号广播星历参数定义

序号	参数	定义
1	t_{oe}	星历参考时间
2	Δa	参考时刻长半轴相对于参考值的偏差
3	e	轨道偏心率
4	i_0	t_{oe} 时的轨道倾角
5	Ω_0	周历元零时刻计算的升交点经度
6	ω	近地点角距
7	M_0	t_{oe} 时的平近点角
8	$\dot{a}$	长半轴变化率
9	Δn	参考时刻卫星平均运动角速率与计算值之差
10	$\Delta\dot{n}$	参考时刻卫星平均运动角速率与计算值之差的变化率
11	$\dot{\Omega}$	升交点赤经变化率
12	$\dot{i}$	轨道倾角变化率
13	C_{uc}	升交点角距(纬度幅角)余弦调和改正项振幅
14	C_{us}	升交点角距(纬度幅角)正弦调和改正项振幅
15	C_{rc}	卫星地心距余弦调和改正项振幅
16	C_{rs}	卫星地心距正弦调和改正项振幅
17	C_{ic}	轨道倾角余弦调和改正项振幅
18	C_{is}	轨道倾角正弦调和改正项振幅

6.4.5　基于卫星星历的北斗卫星位置计算

用户接收机根据接收到的北斗三号卫星星历参数可以计算卫星在北斗坐标系（BeiDou coordinate system，BDCS）中的坐标，北斗三号卫星星历用户算法见表 6-3。

表 6-3　北斗三号卫星星历用户算法

公式	说明
$\mu = 3.986004418\times10^{14}\,\mathrm{m^3/s^2}$	BDCS 下的地心引力常数
$\dot{\Omega}_e = 7.292115\times10^{-5}\,\mathrm{rad/s}$	BDCS 下的地球自转角速度
$\pi = 3.1415926535898$	圆周率
$t_k = t - t_{oe}$	计算与参考时刻的时间差
$a_0 = a_{\mathrm{ref}} + \Delta a$	计算参考时刻的长半轴
$a_k = a_0 + \dot{a} t_k$	计算长半轴
$n_0 = \sqrt{\dfrac{\mu}{a^3}}$	计算参考时刻的卫星平均运动角速率
$\Delta n_A = \Delta n_0 + \dfrac{1}{2}\Delta\dot{n}_0 t_k$	计算卫星平均运动角速率的偏差
$n_A = n_0 + \Delta n_A$	计算改正后的卫星平均运动角速率
$M_k = M_0 + n_A t_k$	计算平近点角
$E_k = M_k + e\sin E_k$	迭代计算偏近点角
$\begin{cases}\sin\nu_k = \dfrac{\sqrt{1-e^2}\sin E_k}{1-e\cos E_k}\\ \cos\nu_k = \dfrac{\cos E_k - e}{1-e\cos E_k}\end{cases}$	计算真近点角
$\phi_k = \nu_k + \omega$	计算纬度幅角
$\begin{cases}\delta u_k = C_{us}\sin(2\phi_k) + C_{uc}\cos(2\phi_k)\\ \delta r_k = C_{rs}\sin(2\phi_k) + C_{rc}\cos(2\phi_k)\\ \delta i_k = C_{is}\sin(2\phi_k) + C_{ic}\cos(2\phi_k)\end{cases}$	计算纬度幅角改正项、地心距改正项及轨道倾角改正项
$u_k = \phi_k + \delta u_k$	计算改正后的纬度幅角
$r_k = a_k(1-e\cos E_k) + \delta r_k$	计算改正后的地心距
$i_k = i_0 + \dot{i}\cdot t_k + \delta i_k$	计算改正后的轨道倾角
$\begin{cases}x_k = r_k\cos u_k\\ y_k = r_k\sin u_k\end{cases}$	计算卫星在轨道平面内的坐标
$\Omega_k = \Omega_0 + (\dot{\Omega} - \dot{\Omega}_e)t_k - \dot{\Omega}_e t_{oe}$	计算改正后的升交点经度
$\begin{cases}X_k = x_k\cos\Omega_k - y_k\cos i_k\sin\Omega_k\\ Y_k = x_k\sin\Omega_k + y_k\cos i_k\cos\Omega_k\\ Z_k = y_k\sin i_k\end{cases}$	计算 MEO/IGSO 卫星在 BDCS 坐标系中的坐标

注：t 是信号发射时刻的北斗时，即修正信号传播时延后的系统时间。t_k 是 t 和星历参考时刻 t_{oe} 之间的总时间差，并考虑了跨过一周开始或结束的时间，即如果 t_k 大于 302400，就从 t_k 中减去 604800；而如果 t_k 小于−302400，就对 t_k 加上 604800。

长半轴参考值：$a_{\mathrm{ref}} = 27906100\mathrm{m}(\mathrm{MEO})$，$a_{\mathrm{ref}} = 42162200\mathrm{m}(\mathrm{IGSO/GEO})$。

【例 6-1】 表 6-4 是北斗三号 MEO 卫星在某日播发的星历 18 参数，根据这 18 个参数计算 MEO 卫星在信号发射时刻 t（北斗时）为 172810（周内秒）时的空间位置。

表 6-4　北斗三号 MEO 卫星在某日播发的星历 18 参数

序号	参数	参数取值
1	t_{oe}	$1.728000000000\times10^{5}$
2	Δa	-29.99218750000
3	$\dot{a}$	$-3.354261313149\times10^{-14}$

续表

序号	参数	参数取值
4	e	$1.014769659378\times10^{-4}$
5	ω	1.742683660307
6	Δn_0	$4.160173287916\times10^{-9}$
7	$\Delta\dot{n}_0$	$-1.053772269961\times10^{-13}$
8	M_0	−1.278362820234
9	Ω_0	1.844942331859
10	$\dot{\Omega}$	$-7.095652705274\times10^{-9}$
11	i_0	$9.567195685131\times10^{-1}$
12	$\dot{i}$	$2.705469836535\times10^{-10}$
13	C_{uc}	$4.138797521591\times10^{-6}$
14	C_{us}	$6.177462637424\times10^{-6}$
15	C_{rc}	$2.321757812500\times10^{2}$
16	C_{rs}	83.27343750000
17	C_{ic}	$1.862645149231\times10^{-9}$
18	C_{is}	$-4.842877388000\times10^{-8}$

参照《北斗卫星导航系统空间信号接口控制文件——公开服务信号 B1C(1.0 版)》中的星历用户算法，将计算过程分解为以下几步。

(1) 计算归化时间 t_k。卫星星历给出的轨道参数以星历参考时间 t_{oe} 作为基准，为了得到各个轨道参数在 t 时刻的值，必须求出 t 时刻与星历参考时间 t_{oe} 之间的差异，公式为

$$t_k = t - t_{oe}$$

根据 t 和星历中的 t_{oe} 可得 $t_k = 10\text{s}$。

(2) 计算长半轴。星历 18 参数中没有直接提供长半轴的值，而是提供了参考时间 t_{oe} 长半轴相对于参考值的偏差和长半轴的变化率，据此计算长半轴的过程如下。

首先，计算参考时间 t_{oe} 的长半轴 a_0。

$$a_0 = a_{\text{ref}} + \Delta a$$

其中，a_{ref} 为长半轴的参考值，MEO 卫星为 27906100m，IGSO/GEO 卫星为 42162200m。

然后，计算 t（归化时间 t_k）时刻的长半轴 a_k。

$$a_k = a_0 + a t_k$$

代入数据后计算得到 $a_0 = 27906070.007813\text{m}$，$a_k = 27906070.007813\text{m}$。

(3) 计算卫星的平均运动角速率 n_0。根据 a_0 可得

$$n_0 = \sqrt{\frac{\mu}{a_0^3}}$$

卫星的平均运动角速率的偏差为

$$\Delta n_A = \Delta n_0 + \frac{1}{2}\Delta n_0 t_k$$

校正后的卫星平均运动角速率计算公式为

$$n_A = n_0 + \Delta n_A$$

代入数据后，计算得到卫星在 t_k 时刻校正后的平均运动角速率（单位：rad / s）为 0.000135436。

(4) 计算信号发射时刻的平近点角 M_k。将星历中给出的 M_0 代入以下公式。

$$M_k = M_0 + n_A t_k$$

代入数据后，计算得到卫星在 t_k 时刻的平近点角 M_k（单位：rad）为 −1.277008。

(5) 计算信号发射时刻的偏近点角 E_k。根据 M_k 和星历中的 e，采用迭代法计算偏近点角。E_k 的迭代初始值 E_0 可置为 M_k，计算公式为

$$\begin{cases} E_0 = M_k \\ E_{k+1} = M_k + e\sin E_k \end{cases}$$

当 E_k 前后两次的计算值小于设定的阈值（如 10^{-13}）时，结束迭代，一般经过 2～3 次迭代后即可获得相当精确的解。

代入数据后，计算得到卫星在 t_k 时刻的偏近点角 E_k（单位：rad）为 −1.277106。

(6) 计算信号发射时刻的真近点角 ν_k。根据 E_k 和星历中的 e，真近点角的计算公式为

$$\begin{cases} \sin\nu_k = \dfrac{\sqrt{1-e^2}\sin E_k}{1-e\cos E_k} \\ \cos\nu_k = \dfrac{\cos E_k - e}{1-e\cos E_k} \\ \nu_k = \arctan\dfrac{\sqrt{1-e^2}\sin E_k}{\cos E_k - e} \end{cases}$$

代入数据后，计算得到卫星在 t_k 时刻的真近点角 ν_k（单位：rad）为 −1.277203。

(7) 计算信号发射时刻的纬度幅角 ϕ_k。根据 ν_k 和星历中的 ω，计算纬度幅角。

$$\phi_k = \nu_k + \omega$$

代入数据后，计算得到卫星在 t_k 时刻的纬度幅角 ϕ_k（单位：rad）为 0.465481。

(8) 计算信号发射时刻的摄动校正项。根据第 (7) 步计算得到的 ϕ_k 和星历参数中的 C_{uc}、C_{us}、C_{rc}、C_{rs}、C_{ic}、C_{is}，计算纬度幅角改正项 δu_k、地心距改正项 δr_k、轨道倾角改正项 δi_k，计算公式为

$$\begin{cases} \delta u_k = C_{us}\sin(2\phi_k) + C_{uc}\cos(2\phi_k) \\ \delta r_k = C_{rs}\sin(2\phi_k) + C_{rc}\cos(2\phi_k) \\ \delta i_k = C_{is}\sin(2\phi_k) + C_{ic}\cos(2\phi_k) \end{cases}$$

代入数据后，计算得到卫星在 t_k 时刻的摄动校正项如表 6-5 所示。

表 6-5　时刻的摄动校正项

δu_k / rad	δr_k / m	δi_k / rad
7.426649×10^{-6}	205.424990	-3.773719×10^{-8}

(9) 计算摄动校正后的纬度幅角 u_k、卫星地心距 r_k、轨道倾角 i_k。将第(8)步计算得到的摄动校正量代入以下各式。

$$u_k = \phi_k + \delta u_k$$
$$r_k = a_k\left(1 - e\cos E_k\right) + \delta r_k$$
$$i_k = i_0 + \dot{i} \cdot t_k + \delta i_k$$

代入数据后，计算得到卫星在 t_k 时刻的摄动校正后的纬度幅角 u_k、卫星地心距 r_k、轨道倾角 i_k 如表 6-6 所示。

表 6-6　摄动校正后的纬度幅角、卫星地心距、轨道倾角

u_k / rad	r_k / m	i_k / rad
0.465488	27905455.657068	0.956720

(10) 计算卫星在轨道平面内的坐标。通过以下公式将极坐标 (r_k, u_k) 转换成在轨道平面直角坐标系 $\left(X', Y'\right)$ 中的坐标 $\left(x'_k, y'_k\right)$。

$$x'_k = r_k \cos u_k$$
$$y'_k = r_k \sin u_k$$

代入数据后，计算得到卫星 t_k 时刻在轨道平面内的坐标计算为(24936384.003833, 12525622.070058)。

(11) 计算信号发射时刻的升交点经度 Ω_k。播发星历 18 参数的卫星为 MEO 或 IGSO，升交点经度的线性模型为

$$\Omega_k = \Omega_0 + \left(\dot{\Omega} - \dot{\Omega}_e\right)t_k - \dot{\Omega}_e t_{oe}$$

代入数据后，计算得到卫星 t_k 时刻的升交点经度为 -10.756562（单位：rad）。

(12) 计算卫星在北斗坐标系(一种地心地固直角坐标系)中的坐标。第(9)步计算得到了卫星在轨道平面内的坐标，轨道平面直角坐标系先绕 X' 轴旋转 $-i_k$，再绕旋转后的 Z' 轴旋转 $-\Omega_k$，即可转换成 BDCS，公式为

$$\begin{cases} x_k = x'_k \cos\Omega_k - y'_k \cos i_k \sin\Omega_k \\ y_k = x'_k \sin\Omega_k + y'_k \cos i_k \cos\Omega_k \\ z_k = y'_k \sin i_k \end{cases}$$

代入数据后，得到 t 时刻(归化时间 t_k)卫星在 BDCS 中的坐标(单位：m)为(−12915669.009428, 22518845.369529,10237262.949185)。

6.5　北斗卫星导航单点定位精度评估

利用北斗系统进行单点定位，其精度不但取决于所测卫星在空间的几何分布，通常称为卫星的几何分布形状，而且取决于观测量的精度。其中，观测量的精度与卫星轨道和钟差、大气传播延迟、接收机噪声等因素有关，本节主要介绍卫星的几何分布形状对定位精度的影响，以及观测卫星的选择问题。

6.5.1　精度衰减因子

根据最小二乘原理，对如下定位结果进行精度评估。

$$\hat{\boldsymbol{X}}=\left(\boldsymbol{A}^{\mathrm{T}}\boldsymbol{A}\right)^{-1}\boldsymbol{A}^{\mathrm{T}}\boldsymbol{L}$$

$\hat{\boldsymbol{X}}$ 的方差阵为

$$\boldsymbol{D}=\sigma_0^2\boldsymbol{Q}=\sigma_0^2\left(\boldsymbol{A}^{\mathrm{T}}\boldsymbol{A}\right)^{-1} \tag{6-49}$$

式中，σ_0^2 为伪距观测量方差；$\boldsymbol{Q}=\left(\boldsymbol{A}^{\mathrm{T}}\boldsymbol{A}\right)^{-1}$ 称为 $\hat{\boldsymbol{X}}$ 的协方差阵或权逆阵，有

$$\boldsymbol{Q}=\begin{bmatrix} Q_{11} & Q_{12} & Q_{13} & Q_{14} \\ Q_{21} & Q_{22} & Q_{23} & Q_{24} \\ Q_{31} & Q_{32} & Q_{33} & Q_{34} \\ Q_{41} & Q_{42} & Q_{43} & Q_{44} \end{bmatrix} \tag{6-50}$$

从而

$$\boldsymbol{D}=\sigma_0^2\begin{bmatrix} Q_{11} & Q_{12} & Q_{13} & Q_{14} \\ Q_{21} & Q_{22} & Q_{23} & Q_{24} \\ Q_{31} & Q_{32} & Q_{33} & Q_{34} \\ Q_{41} & Q_{42} & Q_{43} & Q_{44} \end{bmatrix}=\begin{bmatrix} \sigma_x^2 & \sigma_{xy} & \sigma_{xz} & \sigma_{xt} \\ \sigma_{yx} & \sigma_y^2 & \sigma_{yz} & \sigma_{yt} \\ \sigma_{zx} & \sigma_{zy} & \sigma_z^2 & \sigma_{zt} \\ \sigma_{tx} & \sigma_{ty} & \sigma_{tz} & \sigma_t^2 \end{bmatrix} \tag{6-51}$$

于是，用均方差表示三维位置分量和时间分量的精度为

$$\sigma_x=\sigma_0\sqrt{Q_{11}},\quad \sigma_y=\sigma_0\sqrt{Q_{22}},\quad \sigma_z=\sigma_0\sqrt{Q_{33}},\quad \sigma_t=\sigma_0\sqrt{Q_{44}} \tag{6-52}$$

由式(6-52)可看出，定位精度取决于两个因素。其一，观测值的精度 σ_0，由观测中各项误差所决定。其二，观测卫星的几何形状。权逆阵由系数阵 $\boldsymbol{A}$ 所决定，而 $\boldsymbol{A}$ 由观测矢量的方向余弦 $\left(e_x,e_y,e_z\right)$ 所构成。因此它取决于观测卫星的几何形状结构。所以，权逆阵的元素 Q_{11}、Q_{22}、Q_{33} 等是由观测卫星几何形状结构所决定的。

在导航和定位中，使用精度衰减因子(dilution of precision，DOP)来衡量定位精度。DOP 值可细分为位置精度衰减因子(position dilution of precision，PDOP)、水平精度衰减因子(horizontal dilution of precision，HDOP)、垂直精度衰减因子(vertical dilution of precision，VDOP)、时间精度衰减因子(time dilution of precision，TDOP)和几何精度衰减因子(geometric dilution of precision，GDOP)。

(1)位置精度衰减因子。由式(6-51)可知三维位置的定位精度(均方差)为

$$\sigma_p=\sqrt{\sigma_x^2+\sigma_y^2+\sigma_z^2} \tag{6-53}$$

将式(6-52)代入式(6-53)，可得

$$\sigma_p=\sigma_0\sqrt{Q_{11}+Q_{22}+Q_{33}} \tag{6-54}$$

定义仅与卫星几何结构有关的量 $\sqrt{Q_{11}+Q_{22}+Q_{33}}$ 为三维位置的精度衰减因子，用符号 PDOP 表示，即

$$\mathrm{PDOP}=\sqrt{Q_{11}+Q_{22}+Q_{33}} \tag{6-55}$$

(2) 水平精度衰减因子和垂直精度衰减因子。实际应用中，为了估算站点的位置精度，常采用其在大地坐标系中的表达形式。假设在大地坐标系中相应点位坐标的权系数阵为

$$\boldsymbol{Q}_B = \begin{bmatrix} g_{11} & g_{12} & g_{13} \\ g_{21} & g_{22} & g_{23} \\ g_{31} & g_{32} & g_{33} \end{bmatrix} \tag{6-56}$$

$\boldsymbol{Q}_B$ 由协方差传播律，可得

$$\boldsymbol{Q}_B = \boldsymbol{H}\boldsymbol{Q}_X\boldsymbol{H}^{\mathrm{T}} \tag{6-57}$$

式中，$\boldsymbol{Q}_X$ 是 $\boldsymbol{Q} = \left(\boldsymbol{A}^{\mathrm{T}}\boldsymbol{A}\right)^{-1}$ 的前 3 行和前 3 列，即

$$\boldsymbol{Q}_X = \begin{bmatrix} Q_{11} & Q_{12} & Q_{13} \\ Q_{21} & Q_{22} & Q_{23} \\ Q_{31} & Q_{32} & Q_{33} \end{bmatrix} \tag{6-58}$$

$\boldsymbol{H}$ 是由测站点大地纬度 B 、经度 L 确定的地球协议坐标系至大地坐标系的坐标转换矩阵。

$$\boldsymbol{H} = \begin{bmatrix} -\sin L & \cos L & 0 \\ -\sin B\cos L & -\sin B\sin L & \cos B \\ \cos B\cos L & \cos B\sin L & \sin B \end{bmatrix} \tag{6-59}$$

于是，HDOP 定义为

$$\mathrm{HDOP} = \sqrt{g_{11} + g_{22}} \tag{6-60}$$

VDOP 定义为

$$\mathrm{VDOP} = \sqrt{g_{33}} \tag{6-61}$$

(3) 时间精度衰减因子。时间精度衰减因子定义为

$$\mathrm{TDOP} = \sqrt{Q_{44}} \tag{6-62}$$

(4) 几何精度衰减因子。几何精度衰减因子定义为

$$\mathrm{GDOP} = \sqrt{Q_{11} + Q_{22} + Q_{33} + Q_{44}} = \sqrt{\mathrm{PDOP}^2 + \mathrm{TDOP}^2} \tag{6-63}$$

即表示所测卫星的几何分布对解算用户接收机三维位置和时钟钟差的综合影响。

DOP 值作为评估卫星导航系统定位性能的重要手段之一，不仅具有测量意义，还具有明确的数学意义。在测量方面，DOP 反映了由观测卫星与接收机空间几何布局的影响造成的伪距误差与用户位置误差间的比例系数，是评估用户位置精度的重要指标。在数学方面，DOP 作为基于最小二乘平差解的权逆阵对角线的重要组成部分，同时也是未知参数协方差对角线元素与伪距等效方差的比值，反映了观测信息对于解算的未知参数的贡献程度。几何分布越好，DOP 值就越小，而在同等用户等效距离误差下，DOP 值越小，代表星座分布结构越好，定位精度就越高。

6.5.2　导航卫星几何分布

由以上讨论可知，精度因子实际上就是误差比例因子，即由于接收机与卫星间几何结构的影响，伪距观测误差被放大 PDOP 和 TDOP 倍，得到三维位置误差和钟差。因此，精度因子对定位和钟差精度有着重要的影响。

定位误差中的权系数矩阵完全取决于可见卫星的数量及其相对于用户的几何分布，与信号的强弱或接收机的好坏无关。权系数中的元素值越小，则测量误差被放大成定位误差的程度就越低。可见，卫星-用户之间的几何构型对定位精度影响非常大。以二维测距定位情况为例说明。如图 6-28 所示，图中弧线表示测距的均值和误差区间，阴影处表示定位解算的不确定范围，箭头方向表示从用户到卫星信号的视线矢量。在测距精度一定的情况下，当视线矢量互相垂直时，定位误差最小。

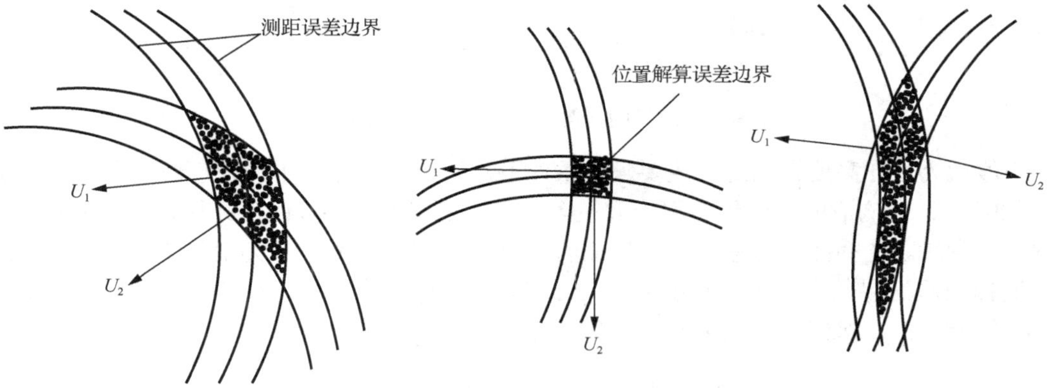

图 6-28　星站几何构型对二维定位精度的影响

DOP 值对定位精度具有直接影响，可以应用 DOP 来进行如下工作。

(1) 卫星星座设计：通过设计星座参数($T'/P/F$ 参数)，使任何时间、任何地点的 DOP 值最小。

(2) 误差分析：用户在一些特殊情况下的误差分析。

(3) 实时误差估计：根据 DOP 值实时给出用户定位误差。

(4) 实时选星：选择 DOP 值最小的几颗星(四颗以上)进行定位。

6.5.3　导航卫星星座选择

精度因子的数值与所测卫星的几何分布形状有关。理论分析表明，在由观测站至四颗卫星的观测方向中，当任意两方向之间的夹角接近109.5°时，其六面体的体积最大，如图 6-29 所示。但是，在实际观测中，为了减弱大气折射的影响，可见卫星高度角的设置不能过低。所以必须在这一条件下，尽可能使所测卫星与观测站所构成的六面体的体积接近最大，即

$$\mathrm{DOP} \propto \frac{1}{V} \tag{6-64}$$

式中，V 为六面体的体积。

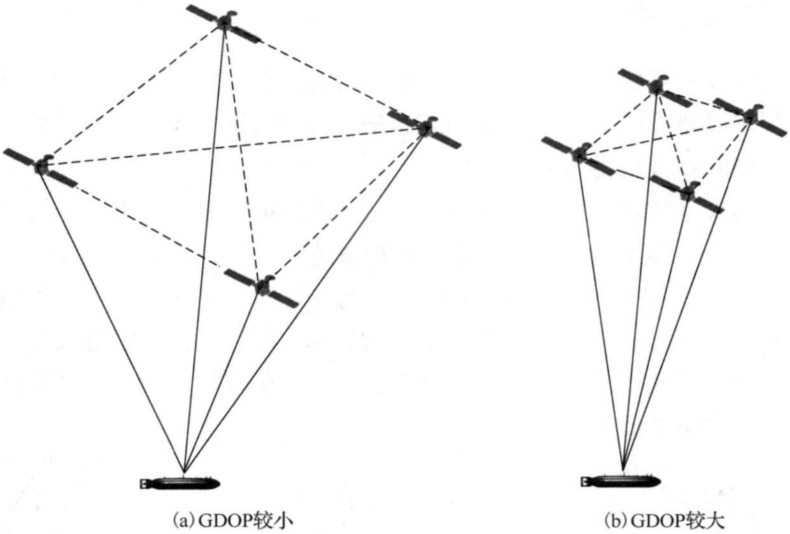

图 6-29　卫星的几何分布与 GDOP 的关系示意图

一般认为，在高度角满足上述要求的条件下，当 1 颗卫星处于天顶，而其余 3 颗卫星相距约120°时，所构成的六面体体积接近最大。实际工作中，这可作为选择和评价观测卫星分布图形的参考。选择能取得最佳定位精度的 4 颗卫星进行观测，称为最佳星座的选择。最佳星座选择观测卫星的高度角(仰角)不小于5°以减小大气折射误差的影响，并且 4 颗卫星的 GDOP 值最小，以保证获得最优的定位和定时精度。

第 7 章　水下机器人组合导航原理与系统

微课

水下机器人要求导航系统具有自主隐蔽性、长时稳定性和环境适配性等特点，采用单一导航方法，长时序系统精度和可靠性都很难满足水下机器人对导航性能的要求。水下组合导航技术是提高水下机器人导航系统精度和可靠性的有效途径。水下机器人组合导航系统具有如下特点：第一，组合导航系统以惯性系统为核心，通过组合导航方式融合各导航传感器信息抑制惯性系统误差，提高水下机器人潜航定位自主隐蔽性；第二，组合导航系统具有冗余性，基于容错导航算法，可以实现导航传感器的自主切换与重构，增强系统长期稳定性与可靠性；第三，组合导航系统在水下机器人航行中辅以其他水下导航设备参量信息对惯导系统进行对准和重调，有效提升水下导航系统海洋环境适配性。

7.1　水下机器人组合导航基本概念

水下机器人组合导航系统是以惯性系统为核心，基于信息融合技术将其他导航系统或导航传感器与其有机组合构成的水下导航系统。水下机器人组合导航系统方案包括水下非耦合导航、水下松耦合导航及水下紧耦合导航结构。

1. 水下非耦合导航系统相关概念

水下机器人组合导航系统最简单的设计方案是非耦合组合方案。该方案中以惯性系统为核心参考导航系统，其他水下导航设备或导航系统和惯性系统相互独立地解算水下机器人的航向、位置、速度等导航信息。组合导航系统周期性地融合各系统导航信息，优化自身输出的导航信息，抑制导航误差随时间的快速增长。

2. 水下松耦合导航系统相关概念

与非耦合组合方案相似，水下松耦合导航系统以惯性系统为核心，利用各导航传感器的观测信息，基于信息融合算法得到导航参数或其误差的状态估计。水下松耦合导航系统中各导航传感器相互独立，导航结构易于实现。但是由于导航传感器误差随其自身规律发生变化，而各导航传感器之间并不相互修正与辅助，因此制约了水下松耦合导航系统的导航精度。

3. 水下紧耦合导航系统相关概念

水下紧耦合导航系统以惯性系统为核心，利用信息融合技术，基于导航传感器观测信息获得导航参数及各导航传感器误差参数估计值，实现组合导航系统各个传感器之间的相互辅助，相互修正，补偿各导航传感器误差，使量测信息更为精确，提高组合导航系统的精度与稳定性。但是由于水下紧耦合导航系统各传感器间相互辅助修正，需要组合导航算法适配各类导航传感器的机理与构造差异，这导致水下紧耦合组合导航在水下机器人平台的应用和研究上存在较大困难。

7.2　水下机器人组合导航基础

7.2.1　随机变量相关概念

1. 样本空间

样本空间是随机试验的所有可能结果组成的集合，记为Ω。

2. 基本事件

基本事件(样本点)是样本空间中的元素，即随机试验的每一个结果，称为样本点，记为ω。

3. 随机事件

随机事件是样本空间的某个子集，称为随机事件，简称事件。

样本空间包含了随机试验的所有可能的基本事件，而与试验有关的其他更复杂的结果都可以通过基本事件来表示，随机试验中由若干基本事件来表示的试验结果称为随机事件，因此随机事件是由若干基本事件组成的集合，因而是样本空间的子集。设A为随机事件，则A发生，当且仅当组成A的某个(并且只有一个)基本事件发生，若ω是组成A的一个基本事件，则ω发生导致A发生，称ω为对A有利的基本事件，记为$\omega \in A$，这里基本事件ω与随机事件A的关系恰是元素与集合的关系。

4. 事件域

设Ω是样本空间，F是Ω的某些子集构成的集合，如果：

(1) $\Omega \in F$；

(2) 若$A \in F$，则$\overline{A} \in F$；

(3) 若$A_n \in F$，$n=1,2,\cdots$，则$\bigcup_{n=1}^{\infty} A_n \in F$；

则F是一事件域。

5. 概率与概率空间

设Ω是样本空间，F是事件域，(Ω,F)为可测空间，定义于F上的函数P对于事件域F上的任一随机事件A均有$P(A) \in \mathbf{R}$，且满足以下条件：

(1) 非负性，$0 \leqslant P(A) \leqslant 1$，$\forall A \in F$；

(2) 归一性，$P(\Omega)=1$；

(3) 可数可加性，$P\left(\bigcup_{n=1}^{\infty} A_n\right)=\sum_{n=1}^{\infty} P(A_n)$，$A_n \in F$，$\forall n \in N$，$A_i \cap A_j=\varnothing$，$i \neq j$，$i,j \in N$；

则称P为可测空间(Ω,F)上的概率(测度)，(Ω,F,P)为概率空间。

6. 条件概率

假定随机事件B发生，随机事件A发生的概率称作条件概率，记作$P(A \mid B)$，计算公式如下：

$$P(A \mid B)=\frac{P(A,B)}{P(B)} \tag{7-1}$$

条件概率$P(A \mid B)$也称为后验概率，$P(A,B)$是随机事件A和B同时发生的概率，称为随

机事件 A 和随机事件 B 的联合概率。独立事件概率 $P(A)$、$P(B)$ 称为先验概率，是独立事件 A、B 各自发生的概率，不涉及之前的任何信息。可见，条件概率可用于描述事件 A、B 之间的相关性，即在已知 A 的相关事件 B 发生的条件下，事件 A 发生的概率，从而通过已知的先验信息确定后验概率。

7. 随机变量

定义于样本空间 Ω 上的实值函数 $X(\omega)$，x 是任意实数，若 $\{\omega \mid X(\omega) \leqslant x\} \in F$，则 X 是事件域 F 的随机变量。若要知道试验的全部可能结果及事件域上各种可能结果发生的概率，就必须要知道随机变量的概率分布(probability distribution)。

8. 概率分布函数

概率分布函数也称分布律，或累积分布函数(cumulative distribution function，CDF)。

设 X 是一个随机变量，x 是任意实数，函数

$$F_X(x) = P(X \leqslant x) \tag{7-2}$$

是随机变量 X 的概率分布函数。

将 $X \leqslant x$ 并且 $Y \leqslant y$ 时的概率定义为 X 和 Y 的联合概率分布函数：

$$F_{XY}(x,y) = P(X \leqslant x, Y \leqslant y) \tag{7-3}$$

9. 连续型随机变量及其概率密度函数

如果对于随机变量 X 的分布函数 $F_X(x)$，存在非负函数 $p(x)$，使得对于任意实数 x 有

$$F_X(x) = \int_{-\infty}^{x} p_X(t)\mathrm{d}t \tag{7-4}$$

则 X 为连续型随机变量，$p_X(x)$ 称为 X 的概率密度函数。

显然，概率密度的实质是概率分布的微分，即

$$p_X(x) = \frac{\mathrm{d}F_X(x)}{\mathrm{d}x} \tag{7-5}$$

联合概率密度函数定义为联合分布函数的微分，即

$$p_{XY}(x,y) = \frac{\partial^2 F_{XY}(x,y)}{\partial x \partial y} \tag{7-6}$$

显然，若将概率密度视为物体的密度，则概率分布可视为物体的质量。

10. 条件概率密度

与条件概率相似，条件概率密度是指在给定某一事件发生的条件下，另一事件发生的概率密度函数。设二元连续随机变量 (X,Y) 的概率密度为 $p_{XY}(x,y)$，(X,Y) 关于 Y 的边缘概率密度为 $p_Y(y)$，对于固定的 y，若 $p_Y(y) > 0$ 且连续，则在给定 $Y = y$ 的条件下，X 的条件概率密度为

$$p_{X|Y}(x \mid y) = \frac{p_{XY}(x,y)}{p_Y(y)} \tag{7-7}$$

同理，对于固定的 x，若 $p_X(x) > 0$ 且连续，则在给定 $X = x$ 的条件下，Y 的条件概率密度为

$$p_{Y|X}(y \mid x) = \frac{p_{XY}(x,y)}{p_X(x)} \tag{7-8}$$

分布函数、概率密度函数虽然能够全面、完整地描述随机变量表示的随机事件，但是很不方便，很多分布函数或概率密度函数甚至难以用初等函数表达。若不追求随机变量的完整描述，而是采用数字特征描述随机变量，不但形式更加简单，而且能够更加具体地反映随机变量的某些概率特征。随机变量的数字特征即为随机变量的矩，包括一阶矩(均值)、二阶矩(方差)、高阶矩等。

11. 一阶矩

连续型随机变量 X 的概率密度函数为 $p_X(x)$，若积分

$$E(X)=\int_{-\infty}^{+\infty} x p_X(x)\mathrm{d}x \tag{7-9}$$

绝对收敛，则称 $E(X)$ 为随机变量 X 的数学期望。

数学期望是线性算子，即 $E(aX+bY)=aE(X)+bE(Y)$。设 Y 是随机变量 X 的连续函数 $Y=g(X)$，$g\in C$，若积分 $\int_{-\infty}^{+\infty} g(x)p_X(x)\mathrm{d}x$ 绝对收敛，则 $E(Y)=E\left[g(x)\right]=\int_{-\infty}^{+\infty} g(x)p_X(x)\mathrm{d}x$。

12. 条件均值

设 X 和 Y 为随机变量，若 (X,Y) 为离散型，且在给定 $X=x$ 时，Y 有分布 $P(Y=a_i\mid X=x)=p_i$，$i=1,2,\cdots$，或者 (X,Y) 为连续型，且在给定 $X=x$ 时，Y 的条件概率密度函数为 $p_X(y\mid x)$，则有条件均值(条件期望)

$$E(Y\mid X=x)=\begin{cases}\int_{-\infty}^{+\infty} y p_{Y\mid X}(y\mid x)\mathrm{d}y, & X、Y\text{为连续型随机变量}\\ \sum_i a_i p_i, & X、Y\text{为离散型随机变量}\end{cases} \tag{7-10}$$

条件均值 $E(Y\mid X)$ 是一个随机变量，有自己的分布，当给定条件 $X=x$ 时，条件均值 $E(Y\mid X=x)$ 是一个函数，可以记为 $h(x)$，像普通函数那样进行计算即可，两者联系即 X 会有一定的概率取值为 x，此时 $E(Y\mid X=x)=h(x)$，按照 h 的运算法则即可。不加证明地给出如下定理。

最小方差估计 $X_{MV}(Z)$ 等于量测为某一具体实现条件下的条件均值：

$$X_{MV}(Z)=E[X\mid Z] \tag{7-11}$$

且是状态 X 的无偏估计。

13. 二阶中心矩

连续型随机变量 X 的概率密度函数为 $p_X(x)$，若积分

$$D(X)=\int_{-\infty}^{+\infty}\left[x-E(X)\right]^2 p_X(x)\mathrm{d}x \tag{7-12}$$

绝对收敛，则称二阶中心矩 $D(X)$ 为随机变量 X 的方差。$\sigma(X)=\sqrt{D(X)}$ 为随机变量的标准差。

14. 二阶混合中心距

若 X、Y 为两个连续随机变量，则称

$$\operatorname{cov}(X,Y)=E\left\{\left[X-E(X)\right]\left[Y-E(Y)\right]\right\}=\int_{-\infty}^{+\infty}\int_{-\infty}^{+\infty}\left[x-E(X)\right]\left[y-E(Y)\right]p_{XY}(x,y)\mathrm{d}x\mathrm{d}y \tag{7-13}$$

为二者之间的二阶混合中心距(协方差)。当 $X=Y$ 时，协方差化为方差，即 $\operatorname{cov}(X,X)=D(X)$。

7.2.2　随机向量相关概念

1. 随机向量

设 $\{X_i(\omega)\}$, $i=1,2,\cdots,n$ 是定义在同一个概率空间 (Ω,F,P) 上的 n 个随机变量，则称 $\boldsymbol{X}(\omega)=\begin{bmatrix}X_1(\omega) & X_2(\omega) & \cdots & X_n(\omega)\end{bmatrix}^{\mathrm{T}}$ 为 n 维随机向量。

2. 随机向量联合分布函数

随机向量 $\boldsymbol{X}=\begin{bmatrix}X_1 & X_2 & \cdots & X_n\end{bmatrix}^{\mathrm{T}}$ 的联合分布函数定义为

$$F(x_1,\ x_2,\ \cdots,\ x_n)=P(X_1\leqslant x_1,\ X_2\leqslant x_2,\ \cdots,\ X_n\leqslant x_n) \tag{7-14}$$

式中，$\begin{bmatrix}x_1, & x_2, & \cdots, & x_n\end{bmatrix}^{\mathrm{T}}\in\mathbf{R}^n$，是 n 维实数空间中的一点。

与一维随机变量类似，随机向量也可用概率密度、数学期望、方差和矩等来描述其统计规律。

3. 随机向量数学期望

若随机向量 $\boldsymbol{X}$ 中任一随机变量 X_i 的数学期望 $E(X_i)$ 存在，则随机向量 $\boldsymbol{X}$ 的数学期望为 $E(\boldsymbol{X})=\begin{bmatrix}E(X_1) & E(X_2) & \cdots & E(X_n)\end{bmatrix}^{\mathrm{T}}$。

随机向量中任意两个随机变量 X_i 和 X_j 的协方差为

$$c_{ij}=\mathrm{cov}(X_i,X_j)=E\{[X_i-E(X_i)][X_j-E(X_j)]\} \tag{7-15}$$

特别地，当 $i=j$ 时，随机向量中随机变量 X_i 的方差为

$$c_{ii}=\mathrm{cov}(X_i,X_i)=E\{[X_i-E(X_i)][X_i-E(X_i)]\}=D(X_i) \tag{7-16}$$

从而，随机向量中任意两个随机变量 X_i 和 X_j 的相关系数为

$$\rho=\frac{\mathrm{cov}(X_i,X_j)}{\sqrt{D(X_i)}\sqrt{D(X_j)}}\Rightarrow\mathrm{cov}(X_i,X_j)=\rho\sqrt{D(X_i)}\sqrt{D(X_j)} \tag{7-17}$$

4. 随机向量协方差矩阵

$$\boldsymbol{P}=E\left\{[\boldsymbol{X}-E(\boldsymbol{X})][\boldsymbol{X}-E(\boldsymbol{X})]^{\mathrm{T}}\right\}=\begin{bmatrix}c_{11} & c_{12} & \cdots & c_{1n}\\ c_{21} & c_{22} & \cdots & c_{2n}\\ \vdots & \vdots & & \vdots\\ c_{n1} & c_{n2} & \cdots & c_{nn}\end{bmatrix} \tag{7-18}$$

显然，协方差矩阵为对称阵。

5. 多元正态分布（多变量高斯分布）

n 维随机向量 $\boldsymbol{X}=\begin{bmatrix}X_1 & X_2 & \cdots & X_n\end{bmatrix}^{\mathrm{T}}$ 中各个分量均服从正态分布，如果协方差矩阵 $\boldsymbol{P}$ 是非奇异的，那么该分布可以由以下的概率密度函数(pdf)来描述：

$$p_{\boldsymbol{X}}(x_1,\cdots,x_k)=\frac{1}{\sqrt{(2\pi)^k|\boldsymbol{P}|}}\mathrm{e}^{-\frac{1}{2}(\boldsymbol{X}-\boldsymbol{\mu})^{\mathrm{T}}\boldsymbol{P}^{-1}(\boldsymbol{X}-\boldsymbol{\mu})} \tag{7-19}$$

式中，$\boldsymbol{\mu}$ 为随机向量的均值；$\boldsymbol{P}$ 为协方差矩阵；$|\boldsymbol{P}|$ 表示协方差矩阵 $\boldsymbol{P}$ 的行列式。

例如，二元正态分布 $\boldsymbol{X}=\begin{bmatrix}X_1 & X_2\end{bmatrix}^{\mathrm{T}}$ 的概率密度函数均值为 $E(\boldsymbol{X})=\begin{bmatrix}\mu_{X_1} & \mu_{X_2}\end{bmatrix}^{\mathrm{T}}$，协方

差矩阵 $\boldsymbol{P}=\begin{bmatrix}\sigma_{X_1}^2 & \rho\sigma_{X_1}\sigma_{X_2}\\ \rho\sigma_{X_1}\sigma_{X_2} & \sigma_{X_2}^2\end{bmatrix}$，其中 ρ 是 X_1 与 X_2 之间的相关系数，$\sigma_{X_1}>0$，$\sigma_{X_2}>0$。显然有

$$|\boldsymbol{P}|=\left(1-\rho^2\right)\sigma_{X_1}^2\sigma_{X_2}^2 \tag{7-20}$$

$$\boldsymbol{P}^{-1}=\begin{bmatrix}\dfrac{1}{\sigma_{X_1}^2\left(1-\rho^2\right)} & -\dfrac{\rho}{\sigma_{X_1}\sigma_{X_2}\left(1-\rho^2\right)}\\ -\dfrac{\rho}{\sigma_{X_1}\sigma_{X_2}\left(1-\rho^2\right)} & \dfrac{1}{\sigma_{X_2}^2\left(1-\rho^2\right)}\end{bmatrix} \tag{7-21}$$

则

$$p_{\boldsymbol{X}}\left(x_1,x_2\right)=\frac{1}{2\pi\sigma_{X_1}\sigma_{X_2}\sqrt{1-\rho^2}}\mathrm{e}^{-\frac{1}{2\left(1-\rho^2\right)}\left[\left(\frac{x_1-\mu_{X_1}}{\sigma_{X_1}}\right)^2-2\rho\left(\frac{x_1-\mu_{X_1}}{\sigma_{X1}}\right)\left(\frac{x_2-\mu_{X_2}}{\sigma_{X_2}}\right)+\left(\frac{x_2-\mu_{X_2}}{\sigma_{X_2}}\right)^2\right]} \tag{7-22}$$

7.2.3　随机过程相关概念

1. 随机过程

设 (Ω,F,P) 是一个概率空间，T 是一个实参数集，定义在 Ω 和 T 上的二元函数 $X(\omega,t)$，如果对于任意固定的 $t\in T$，$X(\omega,t)$ 是 (Ω,F,P) 上的随机变量，则称 $\{X(\omega,t),\omega\in\Omega,t\in T\}$ 为该概率空间上的随机过程，简记为 $\{X(t),t\in T\}$。

如图 7-1 所示，设 $\{X(t),t\in T\}$ 是随机过程，则当 t 固定时，$X(t)$ 是一个随机变量，称为随机过程 $\{X(t),t\in T\}$ 在 t 时刻的状态。随机变量 $X(t)$（t 固定，$t\in T$）所有可能取值的集合，称为随机过程的状态空间，记为 S。因此随机过程可看作一个无穷多维的随机向量。

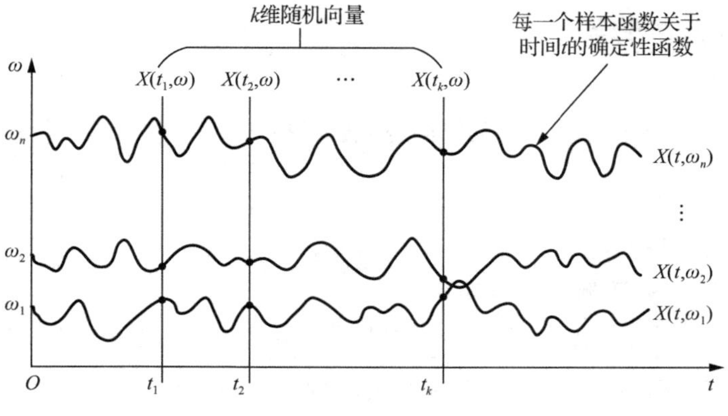

图 7-1　随机过程示意图

设 $\{X(t),t\in T\}$ 是随机过程，则当 $\omega\in\Omega$ 固定时，$X(t)$ 是定义在 T 上不具有随机性的普通函数，记为 $x(t)$，称为随机过程的一个样本函数。其图像称为随机过程的一条样本曲线(轨道或实现)。可见，随机过程可以看作无穷多个确定性函数组成的集合，这些曲线可能相交，但

其中任意两条不会重合。对于随机过程，求有限维分布函数族是研究随机过程统计特性的一种方法。

2. 有限维分布函数族

设$\{X(t),t\in T\}$是随机过程，其一维分布函数，二维分布函数，…，n维分布函数的全体

$$F=\{F(t_1,t_2,\cdots,t_n;x_1,x_2,\cdots,x_n),x_i\in R,t_i\in T,i=1,2,\cdots,n,n\in N\} \tag{7-23}$$

称为随机过程$\{X(t),t\in T\}$的有限维分布函数族。

随机过程的有限维分布函数族虽然能够完整地描述随机过程的概率特征，但在实际中很难求取。因此，像随机变量一样，通过计算有限维分布函数族的数字特征研究随机过程的统计特性。

3. 均值函数

设$\{X(t),t\in T\}$是随机过程，$\forall t\in T$，$X(t)$是一个随机变量，如果$E[X(t)]$存在，记为$m_X(t)$，称$m_X(t)$，$t\in T$为随机过程$\{X(t),t\in T\}$的均值函数。

设随机过程$\{X(t),t\in T\}$的一维分布函数为$F(t;x)$，则随机过程$\{X(t),t\in T\}$的均值函数为

$$m_X(t)=E[X(t)]=\int_{-\infty}^{+\infty}x(t)\mathrm{d}F(t;x),\quad t\in T \tag{7-24}$$

随机过程的均值函数$m_X(t)$在t时刻的值表示随机过程在t时刻所处状态$X(t)$的平均值$E(X)$，当$t\in T$时，$m_X(t)$在几何上为一条确定曲线，表示随机过程$\{X(t),t\in T\}$样本函数曲线的摆动中心。

4. 方差函数

设$\{X(t),t\in T\}$是随机过程，$\forall t\in T$，$X(t)$是一个随机变量，如果$D[X(t)]$存在，记为$D_X(t)$，称$D_X(t)$，$t\in T$为随机过程$\{X(t),t\in T\}$的方差函数。

显然，$D_X(t)=D[X(t)]=E[X(t)-m_X(t)]^2$，$t\in T$。随机过程的方差函数$D_X(t)$在$t$时刻的值表示随机过程在$t$时刻所处状态取值离开均值的偏差程度。

5. 协方差函数

设$\{X(t),t\in T\}$是随机过程，$\forall s,t\in T$，$X(s)$、$X(t)$是两个随机变量，如果$\mathrm{cov}(X(s),X(t))$存在，记为$C_X(s,t)$，称$C_X(s,t)$，$s,t\in T$为随机过程$\{X(t),t\in T\}$的协方差函数。

显然

$$\begin{aligned}C_X(s,t)&=\mathrm{cov}(X(s),X(t))D[X(t)]\\&=E\{[X(s)-m_X(s)][X(t)-m_X(t)]\}\\&=E[X(s)X(t)]-m_X(s)m_X(t)\end{aligned} \tag{7-25}$$

6. 相关函数

设$\{X(t),t\in T\}$是随机过程，$\forall s,t\in T$，$X(s)$、$X(t)$是两个随机变量，如果$E[X(s)X(t)]$存在，记为$R_X(s,t)$，称$R_X(s,t)$，$s,t\in T$为随机过程$\{X(t),t\in T\}$的相关函数。

7. 均方值函数

设$\{X(t),t\in T\}$是随机过程，$\forall t\in T$，$X(t)$是一随机变量，如果$E\left[X^2(t)\right]$存在，记为$\Phi_X(t)$，称$\Phi_X(t)$，$t\in T$为随机过程$\{X(t),t\in T\}$的均方值函数。

随机过程$\{X(t),t\in T\}$的协方差函数、相关函数和均值函数的关系为

$$C_X(s,t)=R_X(s,t)-m_X(s)m_X(t),\quad s,t\in T \tag{7-26}$$

取$s=t$，则随机过程的方差函数和协方差函数的关系为

$$D_X(t)=C_X(t,t),\quad t\in T \tag{7-27}$$

均方值函数和相关函数的关系为

$$\Phi_X(t)=R_X(t,t),\quad t\in T \tag{7-28}$$

均值函数和相关函数是随机过程的两个本质数字特征，随机过程的均值函数称为随机过程的一阶矩，均方值函数称为随机过程的二阶矩，显然相关函数、协方差函数、方差函数也是随机过程的一种二阶矩数字特征。

8. 几类重要的随机过程

1) 二阶矩过程

如果随机过程$\{X(t),t\in T\}$的一阶矩、二阶矩存在(有限)，则称$\{X(t),t\in T\}$是二阶矩过程。

2) 均方连续

设有二阶矩过程$\{X(t),t\in T\}$，若对每一个$t\in T$，有

$$\lim_{h\to 0}E\left[|X(t+h)-X(t)|^2\right]=0 \tag{7-29}$$

则称$X(t)$在点t均方连续，记作$\lim\limits_{h\to 0}X(t+h)=X(t)$，若对$T$中一切点都均方连续，则称$X(t)$在$T$上均方连续。

3) 平稳过程

统计特性不随时间推移而变化的随机过程称为平稳过程，包括严平稳过程和宽平稳过程。随机过程概率分布未知情况下，要得到随机过程的均值函数、方差函数、相关函数等数字特征，只有通过大量重复观察试验实现随机过程的所有样本函数$\{x(t)\}$，找到各个样本函数$x(t)$的发生概率，再对随机过程的所有样本函数$\{x(t)\}$求统计平均才可能得到。这在实际应用中极其不易实现。19 世纪，俄国数学家辛钦从理论上证明了均方连续的平稳过程，对均方连续的平稳过程任何一个样本函数$x(t)$所做的时间平均，在概率意义上趋近于统计平均。从而可以通过随机过程$X(t)$的一个样本函数$x(t)$，求取整个随机过程的统计特征信息。对于平稳过程，一个十分重要的问题是如何求其均值和自相关函数。

设$\{X(t),-\infty<t<+\infty\}$为均方连续的平稳过程，则称

$$\langle X(t)\rangle=\lim_{T\to+\infty}\frac{1}{2T}\int_{-T}^{T}X(t)\,\mathrm{d}t \tag{7-30}$$

为该过程的时间均值；称

$$\langle X(t)\overline{X}(t-\tau)\rangle=\lim_{T\to+\infty}\frac{1}{2T}\int_{-T}^{T}X(t)\overline{X}(t-\tau)\,\mathrm{d}t \tag{7-31}$$

为该过程的时间相关函数。

设$\{X(t),-\infty<t<+\infty\}$为均方连续的平稳过程，$\mu_X$和$R_X(\tau)$分别为其均值与自相关函数。如果

$$\lim_{T\to+\infty}\frac{1}{2T}\int_{-T}^{T}X(t)\mathrm{d}t=\mu_X \tag{7-32}$$

以概率 1 成立，则称此过程的均值具有各态历经性(遍历性)；如果

$$\lim_{T\to+\infty}\frac{1}{2T}\int_{-T}^{T}X(t)\overline{X}(t-\tau)\mathrm{d}t=R_X(\tau) \tag{7-33}$$

以概率 1 成立，则称此过程的相关函数具有各态历经性(遍历性)。

大数定理表明，随着时间 n 的无限增长，平稳随机过程的样本函数$x(t)$将按照时间平均以越来越大的概率近似于过程的统计平均。平稳随机过程的各态历经性表明各态历经过程各样本函数的时间平均实际上可以认为是相同的，于是随机过程的统计平均可以用任一样本函数的时间平均替代。

4) 严平稳过程

有限维分布不随时间的推移而变化的随机过程称为严平稳过程。

5) 宽平稳过程

设随机过程$\{X(t),t\in T\}$是二阶矩过程，如果对于任意$t\in T$，$m_X(t)=m_X$，m_X为常数，且对于任意$s,t\in T$，$R_X(s,t)=R_X(t-s)$，称$\{X(t),t\in T\}$为宽(弱，广义)平稳过程。

严平稳过程不一定是宽平稳过程，因为严平稳过程只涉及有限维分布，并不一定存在一阶矩、二阶矩；相应地，宽平稳过程也不一定是严平稳过程，因为宽平稳过程只要求均值函数与时间无关，相关函数仅依赖于时间间隔，推导不出随机过程的有限维分布不随时间的推移而发生改变。

6) 正态过程

设$\{X(t),t\in T\}$是随机过程，如果对于任意$n\geqslant1$和任意$t_1,t_2,\cdots,t_n\in T$，$\left[X(t_1),X(t_2),\cdots,X(t_n)\right]^{\mathrm{T}}$是 n 维正态随机变量，则称$\{X(t),t\in T\}$为正态过程或高斯过程。

二阶矩存在的严平稳过程一定是宽平稳过程；正态过程是严平稳过程的充要条件是其为宽平稳过程。

7) 独立增量过程

设$\{X(t),t\in T\}$是随机过程，如果对于任意$n\geqslant3$和任意的$t_1<t_2<\cdots<t_n\in T$，$X(t_2)-X(t_1),X(t_3)-X(t_2),\cdots,X(t_n)-X(t_{n-1})$是相互独立的随机变量，则称随机过程$\{X(t),t\in T\}$是独立增量过程。

8) 平稳增量过程

如果对于任意$s<t\in T,X(t)-X(s)$分布仅依赖于$t-s$的时间差，而与 s、t 本身的取值无关，则称$\{X(t),t\in T\}$为平稳增量过程。

9) 平稳的独立增量过程

如果$\{X(t),t\in T\}$既是平稳增量过程，又是独立增量过程，则称随机过程$\{X(t),t\in T\}$为平稳的独立增量过程。

10) Wiener 过程（布朗运动，Brownian motion）

称随机过程$\{W(t),t\geqslant T\}$是参数为σ^2的 Wiener 过程，如果

(1) $W(0)=0$；

(2) $\{W(t),t\geqslant T\}$是平稳的独立增量过程；

(3) $\forall 0\leqslant s<t$，$W(t)-W(s)\sim N\left(0,\sigma^2(t-s)\right)$。

参数为σ^2的 Wiener 过程具有如下性质：

(1) $\forall t>0$，$W(t)\sim N\left(0,\sigma^2 t\right)$；

(2) $m_W(t)=0$，$D_W(t)=\sigma^2 t$，$R_W(s,t)=C_W(s,t)=\sigma^2\min(s,t)$，$s,t\geqslant 0$；

(3) Wiener 过程是正态过程。

11) 高斯白噪声过程

参数为σ^2的 Wiener 过程$\{W(t),t\geqslant 0\}$的导数过程$\{W'(t),t\geqslant 0\}$称为参数为σ^2的高斯白噪声过程或高斯白噪声。

12) 马尔可夫过程

设$\{X(t),t\in T\}$的状态空间为S，如果$\forall n\geqslant 2$，$\forall t_1<t_2<\cdots<t_n\in T$，在条件$X(t_i)=x_i$，$x_i\in S$，$i=1,2,\cdots,n-1$下，$X(t_n)$的条件分布函数等于在条件$X(t_{n-1})=x_{n-1}$下的条件分布函数，即

$$\begin{aligned}&P\left(X(t_n)\leqslant x_n\mid X(t_1)=x_1,X(t_2)=x_2,\cdots,X(t_{n-1})=x_{n-1}\right)\\&=P\left(X(t_n)\leqslant x_n\mid X(t_{n-1})=x_{n-1}\right),\quad x_n\in\mathbf{R}\end{aligned}\tag{7-34}$$

称随机过程$\{X(t),t\in T\}$为马尔可夫过程。

可见，马尔可夫过程是无后效的随机过程，可以证明布朗运动是马尔可夫过程。

13) 马尔可夫链

时间参数和状态空间都是离散的马尔可夫过程称为马尔可夫链。

7.2.4 随机系统相关概念

1. 运态系统

由相互影响、相互制约、相互关联的对象构成的具有某种特定功能的有机整体称为系统。对于特定系统，系统以外的部分称为环境，系统本身与外部环境的分界称为系统边界。外部环境对系统的作用称为系统输入，系统对外部环境的作用称为系统输出。

系统状态根据某种规律随时间演化或变化的系统是动态系统（dynamic system）。需要指出的是动态系统和系统运动是两个不同的概念。运动是系统的基本属性，一切系统，包括静态系统，都是在不断地运动之中。唯有系统在运动中状态随时间发生变化的，才是动态系统。

动态系统理论来源于经典力学。美国数学家 G.D.伯克霍夫发展了法国数学家 H.庞加莱在天体动力学和微分方程定性理论方面的研究，奠定了动态系统的理论基础。而现代控制理论的发展促进了动态系统的理论研究，将动态系统理论从经典力学领域扩展到一般广义系统。解析动态系统的关键是通过求解微分方程来研究系统的演化过程。因为微分方程不但能够联系动态系统的系统输入和系统输出，而且能够描述动态系统状态之间的关系，揭示系统状态

的演化规律和行为特征。而演化规律用微分方程描述的动态系统称为微分动态系统。

刻画动态系统状态行为的一组变量称为状态向量，状态向量具有马尔可夫性，即状态向量具备归结动态系统以往演化规律和行为特征的性质，状态向量的未来变化只依赖于当前状态值和外界环境施加的系统输入值，与动态系统达到当前状态的运动过程无关。如果确定了动态系统的状态向量，那么动态系统的内部结构也便清楚了。一般可以通过状态空间模型描述动态系统，即

$$\begin{cases}\dot{\boldsymbol{X}}(t)=f\left(t,\boldsymbol{X}(t),\boldsymbol{U}(t)\right),\\ \boldsymbol{Z}(t)=h\left(t,\boldsymbol{X}(t)\right),\end{cases}\quad t\in T \tag{7-35}$$

式中，T 是时间集合；t 是给定时间；$\boldsymbol{U}(t)\in\mathbf{R}^r$，$\boldsymbol{Z}(t)\in\mathbf{R}^m$ 分别是系统在 t 时刻的控制输入向量和输出向量；而 $\boldsymbol{X}(t)\in\mathbf{R}^n$ 是 t 时刻系统的状态向量，其中 $\dot{\boldsymbol{X}}(t)$ 表示 t 时刻系统状态向量的微分。设 $\boldsymbol{X}$ 为状态向量空间，$\boldsymbol{U}$ 和 $\boldsymbol{Z}$ 分别是输入向量空间和输出向量空间，则 $f(t,\cdot)$ 表示系统的态变映射或状态演化映射 $\boldsymbol{X}\times\boldsymbol{U}\rightarrow\boldsymbol{X}$，$h(t,\cdot)$ 表示系统的输出映射 $\boldsymbol{X}\rightarrow\boldsymbol{Z}$。如果系统的状态演化映射和输出映射都不直接依赖于时间变量，则称其为时不变系统，否则称为时变系统。若状态空间模型中 $f(t,\cdot)$ 和 $h(t,\cdot)$ 均为线性映射，则称此系统为线性系统，否则称为非线性系统。

2. 确定性系统和不确定性系统

当且仅当动态系统特性、参数和系统输入都是按确定规律随时间变化时，动态系统称为确定性系统。确定性系统的状态和输出随时间的演化过程是时间变量的确定性函数。对于确定性系统，系统任一时刻的演化行为可以通过求解状态方程和输出方程唯一确定，获得系统状态与输出态势。若动态系统的特性或参数中包含某种不确定性，即动态系统演化不能通过确定规律描述，动态系统称为不确定性系统。不确定性系统分为随机系统和非随机类型不确定性系统，其中，研究非随机类型不确定性系统的相关理论和方法称为鲁棒分析理论，不在本书讨论范围之内。

3. 随机系统

若动态系统不确定性服从某种统计规律，则不确定系统中的不确定性因素称为随机因素，描述受随机因素作用的动态系统称为随机系统。随机系统模型是含有随机过程的微分方程或差分方程。目前针对随机系统的分析研究，已经形成一个独立的分支，研究随机系统的相关理论和方法称为随机系统理论。随机系统的状态空间模型可以表示为

$$\begin{cases}\dot{\boldsymbol{X}}(t)=f\left(t,\boldsymbol{X}(t),\boldsymbol{U}(t),\boldsymbol{W}(t)\right),\\ \boldsymbol{Z}(t)=h\left(t,\boldsymbol{X}(t),\boldsymbol{V}(t)\right),\end{cases}\quad t\in T \tag{7-36}$$

此时，即使系统输入向量 $\boldsymbol{U}(t)$ 是确定的，系统状态向量 $\boldsymbol{X}(t)$ 和输出向量 $\boldsymbol{Z}(t)$ 也是不确定的。这时动态系统还受到 t 时刻过程噪声向量 $\boldsymbol{W}(t)\in\mathbf{R}^p$ 和观测噪声向量 $\boldsymbol{V}(t)\in\mathbf{R}^q$ 的作用，系统的态变映射 $f(t,\cdot)$ 和系统的输出映射 $h(t,\cdot)$ 都是随机的。

4. 随机线性连续系统

具有随机输入的线性连续时间系统称为随机线性连续系统。线性系统是最为简单和最为基本的一类动态系统，线性系统模型方程具有线性属性，满足叠加原理。设系统输入分别是 $x_1(t)$ 和 $x_2(t)$，输出分别是 $y_1(t)=H\left[x_1(t)\right]$ 和 $y_2(t)=H\left[x_2(t)\right]$，若对于任意两个非零有限常数 a

和 b，系统模型满足：

$$ay_1(t)+by_2(t)=H\left[ax_1(t)+bx_2(t)\right] \tag{7-37}$$

则该系统称为线性系统。

若式(7-36)中向量函数 f 和 h 对于 $\boldsymbol{X}(t)$、$\boldsymbol{U}(t)$、$\boldsymbol{W}(t)$ 和 $\boldsymbol{V}(t)$ 都是线性的，则线性系统状态方程和观测方程如下：

$$\begin{aligned}\dot{\boldsymbol{X}}(t)&=\boldsymbol{A}(t)\boldsymbol{X}(t)+\boldsymbol{B}(t)\boldsymbol{U}(t)+\boldsymbol{F}(t)\boldsymbol{W}(t)\\ \boldsymbol{Z}(t)&=\boldsymbol{H}(t)\boldsymbol{X}(t)+\boldsymbol{D}(t)\boldsymbol{U}(t)+\boldsymbol{G}(t)\boldsymbol{V}(t)\end{aligned} \tag{7-38}$$

式中，$\boldsymbol{A}(t)$ 是 $n\times n$ 系统矩阵；$\boldsymbol{B}(t)$ 是 $n\times r$ 输入矩阵；$\boldsymbol{F}(t)$ 是 $n\times p$ 过程噪声矩阵；$\boldsymbol{H}(t)$ 是 $m\times n$ 观测矩阵；$\boldsymbol{D}(t)$ 是 $m\times r$ 前馈矩阵；$\boldsymbol{G}(t)$ 是 $m\times q$ 观测噪声矩阵。

如果 $\boldsymbol{A}(t)$、$\boldsymbol{B}(t)$、$\boldsymbol{F}(t)$、$\boldsymbol{D}(t)$、$\boldsymbol{H}(t)$ 和 $\boldsymbol{G}(t)$ 都是与时间无关的常值矩阵，且 $\boldsymbol{W}(t)$ 与 $\boldsymbol{V}(t)$ 都是平稳随机过程，则式(7-38)可写成如下的随机线性定常系统数学模型：

$$\begin{aligned}\dot{\boldsymbol{X}}(t)&=\boldsymbol{A}\boldsymbol{X}(t)+\boldsymbol{B}\boldsymbol{U}(t)+\boldsymbol{F}\boldsymbol{W}(t)\\ \boldsymbol{Z}(t)&=\boldsymbol{H}\boldsymbol{X}(t)+\boldsymbol{D}\boldsymbol{U}(t)+\boldsymbol{G}\boldsymbol{V}(t)\end{aligned} \tag{7-39}$$

在研究和分析随机线性系统的状态估计时，可以暂时不考虑系统的确定性输入，即认为 $\boldsymbol{B}(t)=0$，$\boldsymbol{D}(t)=0$，则式(7-38)和式(7-39)可分别写成：

$$\begin{aligned}\dot{\boldsymbol{X}}(t)&=\boldsymbol{A}(t)\boldsymbol{X}(t)+\boldsymbol{F}(t)\boldsymbol{W}(t)\\ \boldsymbol{Z}(t)&=\boldsymbol{H}(t)\boldsymbol{X}(t)+\boldsymbol{G}(t)\boldsymbol{V}(t)\end{aligned} \tag{7-40}$$

和

$$\begin{aligned}\dot{\boldsymbol{X}}(t)&=\boldsymbol{A}\boldsymbol{X}(t)+\boldsymbol{F}\boldsymbol{W}(t)\\ \boldsymbol{Z}(t)&=\boldsymbol{H}\boldsymbol{X}(t)+\boldsymbol{G}\boldsymbol{V}(t)\end{aligned} \tag{7-41}$$

关于随机线性连续过程噪声的假设与性质如下。

(1)过程噪声向量 $\boldsymbol{W}(t)$ 和观测噪声向量 $\boldsymbol{V}(t)$ 为零均值或非零均值的白噪声或高斯白噪声随机过程向量，即

$$\begin{cases}E\left[\boldsymbol{W}(t)\right]=0 \quad \text{或} \quad E\left[\boldsymbol{W}(t)\right]=\mu_W\\ E\left[\boldsymbol{W}(t)\boldsymbol{W}^{\mathrm{T}}(\tau)\right]=\boldsymbol{Q}(t)\delta(t-\tau)\end{cases} \tag{7-42}$$

$$\begin{cases}E\left[\boldsymbol{V}(t)\right]=0 \quad \text{或} \quad E\left[\boldsymbol{V}(t)\right]=\mu_V\\ E\left[\boldsymbol{V}(t)\boldsymbol{V}^{\mathrm{T}}(\tau)\right]=\boldsymbol{R}(t)\delta(t-\tau)\end{cases} \tag{7-43}$$

式中，$\boldsymbol{Q}(t)$ 是过程噪声向量 $\boldsymbol{W}(t)$ 的协方差矩阵，为对称非负定矩阵；$\boldsymbol{R}(t)$ 是系统的观测噪声向量 $\boldsymbol{V}(t)$ 的协方差矩阵，为对称正定矩阵；$\delta(t-\tau)$ 是狄拉克 δ 函数，满足：

$$\begin{cases}\delta(t-\tau)=\begin{cases}0, & t\neq\tau\\ +\infty, & t=\tau\end{cases}\\ \displaystyle\int_{-\infty}^{+\infty}\delta(\tau)\mathrm{d}\tau=1\end{cases} \tag{7-44}$$

(2)过程噪声向量 $\boldsymbol{W}(t)$ 和观测噪声向量 $\boldsymbol{V}(t)$ 不相关或 δ 相关，即

$$E\left[\boldsymbol{W}(t)\boldsymbol{V}^{\mathrm{T}}(\tau)\right]=0 \tag{7-45}$$

或

$$E\left[\boldsymbol{W}(t)\boldsymbol{V}^{\mathrm{T}}(\tau)\right]=\boldsymbol{S}(t)\delta(t-\tau) \tag{7-46}$$

式中，$\boldsymbol{S}(t)$ 是 $\boldsymbol{W}(t)$ 和 $\boldsymbol{V}(t)$ 的协方差强度阵。

(3) 系统的初始状态 $\boldsymbol{X}(t_0)$ 是某种已知分布或正态分布的随机向量，其均值向量和方差阵分别为

$$\begin{cases}E\left[\boldsymbol{X}(t_0)\right]=\boldsymbol{X}_0\\E\left[\boldsymbol{X}(t_0)\boldsymbol{X}^{\mathrm{T}}(t_0)\right]=\boldsymbol{P}_0\end{cases} \tag{7-47}$$

(4) 过程噪声向量 $\boldsymbol{W}(t)$ 和观测噪声向量 $\boldsymbol{V}(t)$ 都与初始状态 $\boldsymbol{X}(t_0)$ 不相关，即

$$\begin{cases}E\left[\boldsymbol{X}(t_0)\boldsymbol{W}^{\mathrm{T}}(t)\right]=0\\E\left[\boldsymbol{X}(t_0)\boldsymbol{V}^{\mathrm{T}}(t)\right]=0\end{cases} \tag{7-48}$$

过程噪声和观测噪声与系统的初始状态不相关的假设在多数情况下是有实际意义的。首先，因为观测设备属于系统的外围设备，它的观测误差不应与系统的初始状态有关。其次，过程噪声与系统初始状态往往也是无关的，例如，对于一个惯性导航系统，其系统过程噪声（如陀螺漂移和加速度计误差等）一般与系统初始状态（如经度、纬度和高度等）是无关的或者关系不大。

5. 线性系统状态空间法

设单输入单输出线性时不变系统的输入 u 和输出 y 均为标量函数，采用时间域单变量高阶微分方程描述系统输入输出，表征系统动态过程，即

$$z^{(n)}+a_{n-1}z^{(n-1)}+\cdots+a_1z^{(1)}+a_0z=b_mu^{(m)}+b_{m-1}u^{(m-1)}+\cdots+b_1u^{(1)}+b_0u$$

其对应的状态空间描述可按如下两类情形来导出。

(1) $m<n$ 即系统为严真情形。对应的一个状态空间描述为

$$\dot{\boldsymbol{X}}=\begin{bmatrix}0 & 1 & & \\ \vdots & & \ddots & \\ 0 & & & 1\\ -a_0 & -a_1 & \cdots & -a_{n-1}\end{bmatrix}\boldsymbol{X}+\begin{bmatrix}0\\ \vdots\\ 0\\ 1\end{bmatrix}u \tag{7-49}$$

$$z=\left[b_0,\cdots,b_m,0,\cdots,0\right]\boldsymbol{X} \tag{7-50}$$

(2) $m=n$ 即系统为真情形。对应的状态空间描述为

$$\dot{\boldsymbol{X}}=\begin{bmatrix}0 & 1 & & \\ \vdots & & \ddots & \\ 0 & & & 1\\ -a_0 & -a_1 & \cdots & -a_{n-1}\end{bmatrix}\boldsymbol{X}+\begin{bmatrix}0\\ \vdots\\ 0\\ 1\end{bmatrix}u \tag{7-51}$$

$$z=\left[(b_0-b_na_0),(b_1-b_na_1),\cdots,(b_{n-1}-b_na_{n-1})\right]\boldsymbol{X}+b_0u \tag{7-52}$$

[证明]

(1) 设 $m<n$，系统为严真情形。为便于推证，不失一般性，引入微分算符 $s=\mathrm{d}/\mathrm{d}t$，此时输入输出描述为

$$z=\frac{b_ms^m+b_{m-1}s^{m-1}+\cdots+b_1s+b_0}{s^n+a_{n-1}s^{n-1}+\cdots+a_1s+a_0}u \tag{7-53}$$

把式(7-53)分解为

$$\overline{z}=\frac{1}{s^n+a_{n-1}s^{n-1}+\cdots+a_1s+a_0}u \tag{7-54}$$

$$z=\left(b_ms^m+b_{m-1}s^{m-1}+\cdots+b_1s+b_0\right)\overline{z} \tag{7-55}$$

或表示为

$$\overline{z}^{(n)}+a_{n-1}\overline{z}^{(n-1)}+\cdots+a_1\overline{z}^{(1)}+a_0\overline{z}=u \tag{7-56}$$

$$z=b_m\overline{z}^{(m)}+b_{m-1}\overline{z}^{(m-1)}+\cdots+b_1\overline{z}^{(1)}+b_0\overline{z} \tag{7-57}$$

由系统为 n 阶可知，有且仅有 n 个独立状态变量，将状态变量取为

$$x_1=\overline{z},x_2=\overline{z}^{(1)},\cdots,x_n=\overline{z}^{(n-1)} \tag{7-58}$$

利用式(7-56)和式(7-57)，可得

$$\begin{aligned}
&\dot{x}_1=\overline{z}^{(1)}=x_2\\
&\dot{x}_2=\overline{z}^{(2)}=x_3\\
&\quad\vdots\\
&\dot{x}_{n-1}=\overline{z}^{(n-1)}=x_n\\
&\dot{x}_n=-a_0x_1-a_1x_2-\cdots-a_{n-1}x_n+u
\end{aligned} \tag{7-59}$$

和

$$z=b_0x_1+b_1x_2+\cdots+b_mx_{m-1} \tag{7-60}$$

从而，通过引入状态向量 $\boldsymbol{X}=\left[x_1,x_2,\cdots,x_n\right]^{\mathrm{T}}$，并将式(7-59)和式(7-60)表示为向量方程，就得到此种情形的状态空间描述式(7-49)和式(7-50)。

(2) 设 $m=n$，系统为真情形。类似地，将输入输出描述为

$$z=\left[b_n+\frac{\left(b_{n-1}-b_na_{n-1}\right)p^{n-1}+\cdots+\left(b_0-b_na_0\right)}{s^n+a_{n-1}s^{n-1}+\cdots+a_1s+a_0}\right]u \tag{7-61}$$

进而，通过对上述真有理分式作除法，导出其常数项和严真有理分式项，有

$$z=\frac{b_ns^n+b_{n-1}s^{n-1}+\cdots+b_1s+b_0}{s^n+a_{n-1}s^{n-1}+\cdots+a_1s+a_0}u \tag{7-62}$$

类似地，将其分解为

$$\begin{aligned}
&\overline{z}^{(n)}+a_{n-1}\overline{z}^{(n-1)}+\cdots+a_1\overline{z}^{(1)}+a_0\overline{z}=u\\
&z=\left(b_{n-1}-b_na_{n-1}\right)\overline{z}^{(n-1)}+\cdots+\left(b_0-b_na_0\right)\overline{z}+b_nu
\end{aligned} \tag{7-63}$$

注意到，式(7-63)中第一个方程等同于式(7-56)，表明在式(7-58)所示状态向量组的选取下，状态方程同于 $m<n$ 情形的状态方程(7-49)，从而证得式(7-51)。而由式(7-63)中第二个方程可以导出：

$$z=\left(b_0-b_na_0\right)x_1+\left(b_1-b_na_1\right)x_2+\cdots+\left(b_{n-1}-b_na_{n-1}\right)x_n+b_0u \tag{7-64}$$

通过将其表示为向量方程，即可导出输出方程(7-52)。证明完成。

6. 线性系统状态空间法实例

例 7-1　给定一份单输入单输出线性时不变系统，得输入输出描述：

$$2z^{(3)}+32z^{(2)}+388z^{(1)}+1280z=320u^{(1)}+1440u$$

首先，将上述方程首一化，即把方程左端首系数化为 1，有

$$z^{(3)}+16z^{(2)}+194z^{(1)}+640z=160u^{(1)}+720u$$

对此例子，$n=3$，$m=1$，且属于$m<n$，即系统为严真情形，基于此可定出状态为 3 维。于是，由此并利用式(7-49)和式(7-50)，再将上述方程中的系数直接填入相应参数矩阵，无须计算就可导出状态空间描述为

$$\begin{bmatrix}\dot{x}_1\\ \dot{x}_2\\ \dot{x}_3\end{bmatrix}=\begin{bmatrix}0 & 1 & 0\\ 0 & 0 & 1\\ -640 & -194 & -16\end{bmatrix}\begin{bmatrix}x_1\\ x_2\\ x_3\end{bmatrix}+\begin{bmatrix}0\\ 0\\ 1\end{bmatrix}u$$

$$z=\begin{bmatrix}720 & 160 & 0\end{bmatrix}\begin{bmatrix}x_1\\ x_2\\ x_3\end{bmatrix}$$

例 7-2　给定一个单输入单输出线性时不变系统，得输入输出描述：

$$g(s)=\frac{4s^3+160s+720}{s^3+16s^2+194s+640}$$

对此例子，$n=3$，$m=3$，且属于$m=n$，即系统为真情形。基于此可知，系统维数为 3，并先计算定出：

$$b_0-b_3a_0=720-4\times640=-1840$$
$$b_1-b_3a_1=160-4\times194=-616$$
$$b_2-b_3a_2=0-4\times16=-64$$

于是利用式(7-51)和式(7-52)，并将方程系数和计算得到的系数填入相应的参数矩阵，即可导出状态空间描述为

$$\begin{bmatrix}\dot{x}_1\\ \dot{x}_2\\ \dot{x}_3\end{bmatrix}=\begin{bmatrix}0 & 1 & 0\\ 0 & 0 & 1\\ -640 & -194 & -16\end{bmatrix}\begin{bmatrix}x_1\\ x_2\\ x_3\end{bmatrix}+\begin{bmatrix}0\\ 0\\ 1\end{bmatrix}u$$

$$z=\begin{bmatrix}-1840 & -616 & -64\end{bmatrix}\begin{bmatrix}x_1\\ x_2\\ x_3\end{bmatrix}+4u$$

7. 线性系统运动分析

线性系统运动分析是指基于系统状态空间描述分析系统的运动行为，方法主要包括定量分析和定性分析两种。其中，定量分析(运动分析)主要分析系统对给定输入的精确响应及其性质，数学上体现为状态方程的解析解形式。定性分析则是定性研究决定系统行为和综合系统结构的可控性、可观测性和稳定性等重要关键性质。

线性系统定量运动分析根据线性系统叠加原理，把线性系统运动分解为初始状态和输入向量单独作用下的分运动，其中初始状态引起的自由运动为系统的零输入响应；输入作用引起的强迫运动为系统的零状态响应。

零输入响应指系统输入u为零时，由初始状态x_0单独作用所引起的运动，即求自治状态方程

$$\dot{\boldsymbol{X}}=\boldsymbol{A}(t)\boldsymbol{X},\ \boldsymbol{X}(t_0)=\boldsymbol{X}_0,\ t\in[t_0,t_\alpha] \tag{7-65}$$

的解。零输入响应用 $x_{0u}(t)$ 表示。

零状态响应指系统初始状态 x_0 为零时，由系统输入 u 单独作用所引起的运动，即求强迫状态方程

$$\dot{\boldsymbol{X}}=\boldsymbol{A}(t)\boldsymbol{X}+\boldsymbol{B}(t)\boldsymbol{U},\quad \boldsymbol{X}(t_0)=0,\quad t\in[t_0,t_\alpha] \tag{7-66}$$

的解。零状态响应用 $x_{0x}(t)$ 表示。

根据叠加原理，线性系统总的运动响应为

$$\boldsymbol{X}(t)=\boldsymbol{X}_{0u}(t)+\boldsymbol{X}_{0x}(t) \tag{7-67}$$

对于线性定常系统

$$\dot{\boldsymbol{X}}=\boldsymbol{AX}+\boldsymbol{BU},\quad \boldsymbol{X}(t_0)=\boldsymbol{X}_0,\quad t\geqslant t_0 \tag{7-68}$$

其零输入响应是定常自治状态方程 $\dot{\boldsymbol{X}}=\boldsymbol{AX}$，$\boldsymbol{X}(t_0)=\boldsymbol{X}_0$，$t\in[t_0,t_\alpha]$ 的解。而零状态响应则是定常强迫状态方程 $\dot{\boldsymbol{X}}=\boldsymbol{AX}+\boldsymbol{BU}$，$\boldsymbol{X}(t_0)=0$，$t\in[t_0,t_\alpha]$ 的解。设 n 维线性定常系统自治状态方程的一组线性无关解为 $\boldsymbol{X}_1(t)$，$\boldsymbol{X}_2(t)$，…，$\boldsymbol{X}_n(t)$。设 $\boldsymbol{\varPsi}(t)=[\boldsymbol{X}_1(t)\quad \boldsymbol{X}_2(t)\quad \cdots\quad \boldsymbol{X}_n(t)]$，有

$$\begin{aligned}\dot{\boldsymbol{\varPsi}}(t)&=[\dot{\boldsymbol{X}}_1(t)\quad \dot{\boldsymbol{X}}_2(t)\quad \cdots\quad \dot{\boldsymbol{X}}_n(t)]\\&=[\boldsymbol{AX}_1(t)\quad \boldsymbol{AX}_2(t)\quad \cdots\quad \boldsymbol{AX}_n(t)]\\&=\boldsymbol{A}[\boldsymbol{X}_1(t)\quad \boldsymbol{X}_2(t)\quad \cdots\quad \boldsymbol{X}_n(t)]\\&=\boldsymbol{A\varPsi}(t)\end{aligned} \tag{7-69}$$

对于给定的线性定常系统，系统的基本解阵定义为矩阵方程

$$\dot{\boldsymbol{\varPsi}}(t)=\boldsymbol{A\varPsi}(t),\quad \boldsymbol{\varPsi}(t_0)=\boldsymbol{H},\quad t\geqslant t_0 \tag{7-70}$$

的 $n\times n$ 解阵 $\boldsymbol{\varPsi}(t)$，其中 $\boldsymbol{H}$ 为任意非奇异实值矩阵，且 $\boldsymbol{\varPsi}(t)$ 的解为 $\boldsymbol{\varPsi}(t)=\mathrm{e}^{\boldsymbol{A}t}$，$t\geqslant 0$。

由于 $\boldsymbol{\varPsi}(t)$ 由 n 个线性无关的解构成，则可确定可逆矩阵 $\boldsymbol{P}$，将 $\boldsymbol{\varPsi}(t)$ 化为对角线标准型，即

$$\boldsymbol{\varPsi}(t)=\mathrm{e}^{\boldsymbol{A}t}=\boldsymbol{P}\begin{bmatrix}\mathrm{e}^{\lambda_1 t}&&\\&\ddots&\\&&\mathrm{e}^{\lambda_n t}\end{bmatrix}\boldsymbol{P}^{-1} \tag{7-71}$$

设 $\boldsymbol{\varLambda}=\begin{bmatrix}\lambda_1&&\\&\ddots&\\&&\lambda_n\end{bmatrix}$，则 $\boldsymbol{A}=\boldsymbol{P\varLambda P}^{-1}$。从而 $\boldsymbol{\varPsi}^{-1}(t)\dot{\boldsymbol{\varPsi}}(t)=(\mathrm{e}^{\boldsymbol{A}t})^{-1}\boldsymbol{A}\mathrm{e}^{\boldsymbol{A}t}=\boldsymbol{P}\mathrm{e}^{-\boldsymbol{\varLambda}t}\boldsymbol{P}^{-1}$ $(\boldsymbol{P\varLambda P}^{-1})\boldsymbol{P}\mathrm{e}^{\boldsymbol{\varLambda}t}\boldsymbol{P}^{-1}=\boldsymbol{P}\mathrm{e}^{-\boldsymbol{\varLambda}t}\boldsymbol{\varLambda}\mathrm{e}^{\boldsymbol{\varLambda}t}\boldsymbol{P}^{-1}=\boldsymbol{P\varLambda P}^{-1}=\boldsymbol{A}$，则定常自治状态方程 $\dot{\boldsymbol{X}}=\boldsymbol{AX}=\boldsymbol{\varPsi}^{-1}(t)\dot{\boldsymbol{\varPsi}}(t)\boldsymbol{X}$。

显然有 $\boldsymbol{\varPsi}^{-1}(t)\dot{\boldsymbol{X}}(t)\boldsymbol{X}-\boldsymbol{\varPsi}^{-1}(t)\dot{\boldsymbol{\varPsi}}(t)\boldsymbol{\varPsi}^{-1}(t)\boldsymbol{X}(t)=0$，在 $[t_0,t]$ 上对等式两边进行积分有 $\boldsymbol{\varPsi}^{-1}(t)\boldsymbol{X}(t)-\boldsymbol{\varPsi}^{-1}(t_0)\boldsymbol{X}(t_0)=0$，则 $\boldsymbol{\varPsi}^{-1}(t)\boldsymbol{X}(t)=\boldsymbol{\varPsi}^{-1}(t_0)\boldsymbol{X}(t_0)$，即 $\boldsymbol{X}(t)=\boldsymbol{\varPsi}(t)\boldsymbol{\varPsi}^{-1}(t_0)\boldsymbol{X}(t_0)$。

和系统基本解阵满足如下关系的矩阵称为定常线性系统的状态转移矩阵：

$$\boldsymbol{\varPhi}(t-t_0)=\boldsymbol{\varPsi}(t)\boldsymbol{\varPsi}^{-1}(t_0),\qquad t\geqslant t_0 \tag{7-72}$$

由于 $\boldsymbol{\varPsi}^{-1}(t_0)$ 为常值矩阵，因此状态转移矩阵满足微分方程：

$$\dot{\boldsymbol{\varPhi}}(t-t_0)=\dot{\boldsymbol{\varPsi}}(t)\boldsymbol{\varPsi}^{-1}(t_0) \tag{7-73}$$

根据基本解阵方程，状态转移矩阵满足微分方程：

$$\dot{\boldsymbol{\varPhi}}(t-t_0)=\boldsymbol{A\varPsi}(t)\boldsymbol{\varPsi}^{-1}(t_0)=\boldsymbol{A\varPhi}(t-t_0),\quad \boldsymbol{\varPhi}(0)=\boldsymbol{I},\qquad t\geqslant t_0 \tag{7-74}$$

8. 线性定常系统状态转移矩阵性质

性质 7-1　状态转移矩阵的初始阵 $\boldsymbol{\Phi}(0)=\boldsymbol{I}$ 。

[证明]

根据状态转移矩阵同基本解阵的基本关系式：

$$\boldsymbol{\Phi}(t-t_0)=\boldsymbol{\Psi}(t)\boldsymbol{\Psi}^{-1}(t_0) \tag{7-75}$$

当 $t=t_0$ 时，有

$$\boldsymbol{\Phi}(t_0-t_0)=\boldsymbol{\Psi}(t_0)\boldsymbol{\Psi}^{-1}(t_0)=\boldsymbol{I} \tag{7-76}$$

性质 7-2　设 t_0 为起始时刻，若 $t_0=0$，则 $\dot{\boldsymbol{\Phi}}(t)=\boldsymbol{A}\boldsymbol{\Phi}(t)=\boldsymbol{\Phi}(t)\boldsymbol{A}$。

[证明]

$\dot{\boldsymbol{\Phi}}(t)=\boldsymbol{A}\boldsymbol{\Phi}(t)$ 为状态转移矩阵的定义式，由于

$$\boldsymbol{\Phi}(t)=\mathrm{e}^{\boldsymbol{A}t}=\boldsymbol{I}+\boldsymbol{A}t+\cdots+\frac{1}{k!}\boldsymbol{A}^k t^k+\cdots=\sum_{k=0}^{\infty}\frac{1}{k!}\boldsymbol{A}^k t^k \tag{7-77}$$

因此

$$\boldsymbol{A}\boldsymbol{\Phi}(t)=\sum_{k=0}^{\infty}\frac{1}{k!}\boldsymbol{A}^{k+1}t^k,\quad \boldsymbol{\Phi}(t)\boldsymbol{A}=\sum_{k=0}^{\infty}\frac{1}{k!}\boldsymbol{A}^{k+1}t^k \tag{7-78}$$

所以有

$$\boldsymbol{A}\boldsymbol{\Phi}(t)=\boldsymbol{\Phi}(t)\boldsymbol{A} \tag{7-79}$$

性质 7-3　传递性 $\boldsymbol{\Phi}(t_2-t_0)=\boldsymbol{\Phi}(t_2-t_1)\boldsymbol{\Phi}(t_1-t_0)$。

[证明]

$$\boldsymbol{X}(t_1)=\boldsymbol{\Phi}(t_1-t_0)\boldsymbol{X}(t_0) \tag{7-80}$$

$$\begin{aligned}\boldsymbol{X}(t_2)&=\boldsymbol{\Phi}(t_2-t_1)\boldsymbol{X}(t_1)=\boldsymbol{\Phi}(t_2-t_1)\boldsymbol{\Phi}(t_1-t_0)\boldsymbol{X}(t_0)\\&=\boldsymbol{\Psi}(t_2)\boldsymbol{\Psi}^{-1}(t_1)\boldsymbol{\Psi}(t_1)\boldsymbol{\Psi}^{-1}(t_0)\boldsymbol{X}(t_0)=\boldsymbol{\Phi}(t_2-t_0)\boldsymbol{X}(t_0)\end{aligned} \tag{7-81}$$

性质 7-4　可逆性 $\boldsymbol{\Phi}^{-1}(t)=\boldsymbol{\Phi}(-t)$，$\boldsymbol{\Phi}^{-1}(-t)=\boldsymbol{\Phi}(t)$。

[证明]

根据性质 7-3 有

$$\boldsymbol{I}=\boldsymbol{\Phi}(0)=\boldsymbol{\Phi}(t-t)=\boldsymbol{\Phi}(t)\boldsymbol{\Phi}(-t)=\boldsymbol{\Phi}(-t)\boldsymbol{\Phi}(t) \tag{7-82}$$

根据逆矩阵的定义有

$$\boldsymbol{\Phi}^{-1}(t)=\boldsymbol{\Phi}(-t),\quad \boldsymbol{\Phi}^{-1}(-t)=\boldsymbol{\Phi}(t) \tag{7-83}$$

可逆性可推广为 $\boldsymbol{\Phi}^{-1}(t-t_0)=\boldsymbol{\Psi}(t_0)\boldsymbol{\Psi}^{-1}(t)=\boldsymbol{\Phi}(t_0-t)$，根据转移矩阵的可逆性，对于线性系统有

$$\boldsymbol{X}(t)=\boldsymbol{\Phi}(t)\boldsymbol{X}(0),\quad \boldsymbol{X}(0)=\boldsymbol{\Phi}^{-1}(t)\boldsymbol{X}(t)=\boldsymbol{\Phi}(-t)\boldsymbol{X}(t) \tag{7-84}$$

即线性系统在 t 时刻的状态 $\boldsymbol{x}(t)$ 可由初始时刻的状态 $\boldsymbol{x}(0)$ 转移而来，而在初始时刻的状态 $\boldsymbol{X}(0)$ 也可由 $\boldsymbol{X}(t)$ 转移而来。

性质 7-5　$\boldsymbol{\Phi}(kt)=[\boldsymbol{\Phi}(t)]^k$。

[证明]

根据性质 7-3 有

$$\boldsymbol{\Phi}(kt)=\boldsymbol{\Phi}(t+t+\cdots+t)=\boldsymbol{\Phi}(t)\cdot\boldsymbol{\Phi}(t)\cdot\cdots\cdot\boldsymbol{\Phi}(t)=[\boldsymbol{\Phi}(t)]^k \tag{7-85}$$

9. 随机线性连续定常系统离散时间模型

水下机器人导航解算都是在计算机上进行的，因此建立随机线性连续定常系统的离散时间模型十分必要。本质上，随机线性连续定常系统离散时间模型是其连续时间模型的离散解，二者是对同一个对象的两种不同描述方式，同一个随机线性定常系统的离散时间模型与连续时间模型是一致的。

已知线性定常系统的状态方程为

$$\dot{\boldsymbol{X}}(t)=\boldsymbol{A}\boldsymbol{X}(t)+\boldsymbol{B}\boldsymbol{U}(t),\ \boldsymbol{X}(0)=\boldsymbol{X}_0,\ t\geqslant 0 \tag{7-86}$$

求该状态方程的解 $\boldsymbol{X}(t)$，其实就是求系统的状态响应。在求出系统状态转移矩阵 $\boldsymbol{\Phi}(t)$ 的基础上，直接利用公式计算，由

$$\boldsymbol{X}(t)=\boldsymbol{\Phi}(t)\boldsymbol{X}_0+\int_0^t\boldsymbol{\Phi}(t-\tau)\boldsymbol{B}\boldsymbol{U}(\tau)\mathrm{d}\tau,\ t\geqslant 0 \tag{7-87}$$

通过变量替换得到

$$\boldsymbol{X}(t)=\boldsymbol{\Phi}(t)\boldsymbol{X}_0+\int_0^t\boldsymbol{\Phi}(\tau)\boldsymbol{B}\boldsymbol{U}(t-\tau)\mathrm{d}\tau,\ t\geqslant 0 \tag{7-88}$$

则

$$\boldsymbol{X}(t)=\mathrm{e}^{\boldsymbol{A}(t-t_0)}\boldsymbol{X}_0+\int_{t_0}^t\mathrm{e}^{\boldsymbol{A}(t-\tau)}\boldsymbol{B}\boldsymbol{U}(\tau)\mathrm{d}\tau,\quad t\geqslant t_0 \tag{7-89}$$

在采样时间 h 内为

$$\boldsymbol{X}_k=\mathrm{e}^{\boldsymbol{A}h}\boldsymbol{X}_{k-1}+\int_{kh}^{(k+1)h}\mathrm{e}^{\boldsymbol{A}[(k+1)h-\tau]}\boldsymbol{B}\boldsymbol{U}_{k-1}\mathrm{d}\tau \tag{7-90}$$

$$\boldsymbol{X}_k=\mathrm{e}^{\boldsymbol{A}h}\boldsymbol{X}_{k-1}+\left(\int_{kh}^{(k+1)h}\mathrm{e}^{\boldsymbol{A}[(k+1)h-\tau]}\boldsymbol{B}\mathrm{d}\tau\right)\boldsymbol{U}_{k-1} \tag{7-91}$$

线性离散时间模型为

$$\boldsymbol{X}_k=\boldsymbol{\Phi}_{k,k-1}\boldsymbol{X}_{k-1}+\Delta\boldsymbol{U}_{k-1} \tag{7-92}$$

$$\boldsymbol{\Phi}_{k,k-1}=\mathrm{e}^{\boldsymbol{A}h} \tag{7-93}$$

$$\boldsymbol{\Gamma}_{k,k-1}=\boldsymbol{A}^{-1}\left(\boldsymbol{\Phi}_{k,k-1}-\boldsymbol{I}\right)\boldsymbol{B} \tag{7-94}$$

显然，线性系统离散化观测方程为

$$\boldsymbol{Z}_k=\boldsymbol{H}\boldsymbol{X}_k+\boldsymbol{D}\boldsymbol{U}_k \tag{7-95}$$

线性定常系统离散时间模型：

$$\begin{cases}\boldsymbol{X}_k=\boldsymbol{\Phi}_{k,k-1}\boldsymbol{X}_{k-1}+\boldsymbol{\Gamma}_{k,k-1}\boldsymbol{U}_{k-1}\\ \boldsymbol{Z}_k=\boldsymbol{H}\boldsymbol{X}_k+\boldsymbol{D}\boldsymbol{U}_k\end{cases} \tag{7-96}$$

根据离散模型的一阶近似为欧拉离散化，有状态转移矩阵：

$$\boldsymbol{\Phi}(t)=\mathrm{e}^{\boldsymbol{A}t}=\boldsymbol{I}+\boldsymbol{A}t+\cdots+\frac{1}{k!}\boldsymbol{A}^k t^k+\cdots=\sum_{k=0}^{\infty}\frac{1}{k!}\boldsymbol{A}^k t^k \tag{7-97}$$

则

$$\boldsymbol{\Phi}_{k,k-1}=\mathrm{e}^{\boldsymbol{A}h}=\boldsymbol{I}+\boldsymbol{A}h+\cdots+\frac{1}{k!}\boldsymbol{A}^k h^k+\cdots=\sum_{k=0}^{\infty}\frac{1}{k!}\boldsymbol{A}^k h^k \tag{7-98}$$

$$\boldsymbol{\Gamma}_{k,k-1}=\boldsymbol{A}^{-1}\left(\boldsymbol{\Phi}-\boldsymbol{I}\right)\boldsymbol{B}=\left(h+\frac{1}{2!}\boldsymbol{A}h^2+\cdots+\frac{1}{k!}\boldsymbol{A}^{k-1}h^k+\cdots\right)\boldsymbol{B} \tag{7-99}$$

从而

$$\boldsymbol{\Phi}_{k,k-1} = \mathrm{e}^{Ah} \approx \boldsymbol{I} + \boldsymbol{A}h \tag{7-100}$$

$$\boldsymbol{\Gamma}_{k,k-1} = \boldsymbol{A}^{-1}\left(\boldsymbol{\Phi}_{k,k-1} - \boldsymbol{I}\right)\boldsymbol{B} \approx \boldsymbol{B}h \tag{7-101}$$

7.2.5 随机系统状态估计

1. 随机系统状态估计相关公式

(1) 联合概率密度乘法公式：

$$p(x_1, x_2) = p(x_1)p(x_2|x_1) \tag{7-102}$$

设多元随机变量 $X^n = \{x_1, x_2, \cdots, x_n\}$ 的联合概率密度为 $p(X^n)$，则多次利用乘法公式可得联合概率密度链式公式：

$$p(X^n) = p(x_1)p(x_2|x_1)p(x_3|x_1, x_2)\cdots p(x_n|X^{n-1}) \tag{7-103}$$

(2) 边缘概率密度公式：

$$p(x_1) = \int p(x_1, x_2)\mathrm{d}x_2 = \int p(x_2)p(x_1|x_2)\mathrm{d}x_2 \tag{7-104}$$

(3) Bayes 公式。

根据联合概率密度乘法公式：

$$p(x_1, x_2) = p(x_1)p(x_2|x_1) \tag{7-105}$$

$$p(x_1, x_2) = p(x_2)p(x_1|x_2) \tag{7-106}$$

可见

$$p(x_1)p(x_2|x_1) = p(x_2)p(x_1|x_2) \tag{7-107}$$

从而有 Bayes 公式：

$$p(x_2|x_1) = \frac{p(x_2)p(x_1|x_2)}{p(x_1)} \tag{7-108}$$

又由边缘概率密度公式 $p(x_1) = \int p(x_2)p(x_1|x_2)\mathrm{d}x_2$ 有

$$p(x_2|x_1) = \frac{p(x_2)p(x_1|x_2)}{\int p(x_2)p(x_1|x_2)\mathrm{d}x_2} \tag{7-109}$$

(4) Chapman-Kolmogorov 公式。

根据联合概率密度乘法公式有

$$\begin{aligned} p(x_1, x_2, x_3|x_4) &= \frac{p(x_1, x_2, x_3, x_4)}{p(x_4)} = \frac{p(x_1, x_2, x_3, x_4)}{p(x_2, x_3, x_4)}\frac{p(x_2, x_3, x_4)}{p(x_4)} \\ &= p(x_1|x_2, x_3, x_4)p(x_2, x_3|x_4) \end{aligned} \tag{7-110}$$

此公式称为 Chapman-Kolmogorov 公式，可扩展到任意多个随机变量。Bayes 公式和 Chapman-Kolmogorov 公式是贝叶斯状态估计的基础。

2. 状态估计问题

假定 t 时刻已经获得系统的输入输出数据

$$Z^*(t) = \{\boldsymbol{Z}(t_0), \cdots, \boldsymbol{Z}(t), \boldsymbol{U}(t_0), \cdots, \boldsymbol{U}(t)\},\ t \in T \tag{7-111}$$

称为实时信息。若求系统状态的条件期望，则基于实时信息对系统状态的估计

$$\hat{X}(t)=E\left\{X(t)\mid Z^{*}(t)\right\},\quad t\in T \tag{7-112}$$

称为状态估计问题。

(1) 估计，设 $Z(t)$ 是与状态 $X(t)$ 有关的观测数据，若观测 $Z(t)$ 本身存在观测噪声 $V(t)$，即

$$Z(t)=h\left[X(t),V(t)\right] \tag{7-113}$$

则根据 $Z(t)$ 解算出系统状态 $X(t)$ 的计算值 $\hat{X}(t)$，称为 $X(t)$ 的估计。其中，$Z(t)$ 称为观测向量(量测向量)，$V(t)$ 称为观测噪声(或量测误差)。若 $X(t)$ 是观测向量 $Z(t)$ 的线性函数，即

$$Z(t)=HX(t)+V(t) \tag{7-114}$$

则 $\hat{X}(t)$ 称作 $X(t)$ 的线性估计。

按照量测与估计的时间顺序，估计可分为：设 t_1 时刻的观测向量为 $Z(t)$，相应的估计为 $\hat{X}(t)$，则当 $t=t_1$ 时，$\hat{X}(t)$ 称为 $X(t)$ 的滤波；当 $t>t_1$ 时，$\hat{X}(t)$ 称为 $X(t)$ 的预测；当 $t<t_1$ 时，$\hat{X}(t)$ 称为 $X(t)$ 的平滑。

(2) 最优估计问题，假设已知观测向量 $Z(t)$，求状态 $X(t)$，使得观测估计 $\hat{Z}(t)=h\left[\hat{X}(t)\right]$ 与观测向量 $Z(t)$ 或状态估计 $\hat{X}(t)$ 和状态 $X(t)$ 间的误差最小。

(3) 最优估计，指误差指标函数达到最值时的估计。

(4) 无偏估计，指状态的估计值和真实值具有相同的均值，即估计误差均值为零。

$$E\left[X(t)-\hat{X}(t)\right]=0 \tag{7-115}$$

(5) 最小平方误差估计，以量测估计 $\hat{Z}(t)$ 的偏差的平方和达到最小为指标函数。

$$\left[Z(t)-\hat{Z}(t)\right]^{\mathrm{T}}\left[Z(t)-\hat{Z}(t)\right]=\min \tag{7-116}$$

则所得估计 $\hat{X}(t)$ 为 $X(t)$ 的最小平方误差估计或最小二乘估计。

(6) 最小均方误差估计，以状态估计 $\hat{X}(t)$ 的均方误差集平均达到最小为指标。

$$E\left\{\left[X(t)-\hat{X}(t)\right]^{\mathrm{T}}\left[X(t)-\hat{X}(t)\right]\right\}=\min \tag{7-117}$$

则所得估计 $\hat{X}(t)$ 为 $X(t)$ 的最小均方误差估计或最小方差估计。

(7) 线性最小方差估计，假设 $\hat{X}(t)$ 与 $Z(t)$ 满足线性关系：

$$X(t)=BZ(t)+a \tag{7-118}$$

则 $\hat{X}(t)$ 为 $X(t)$ 的线性最小方差估计。

(8) 最优假设，以估计值出现的概率作为估计指标，在给定观测数据 z，以及假设空间 Ω 中不同假设 X 的先验概率密度 $p(x)$ 的条件下，最可能的假设。

(9) 贝叶斯估计，基于贝叶斯法则，计算最优假设概率的方法。观察贝叶斯公式：

$$p(x\mid z)=\frac{p(z\mid x)p(x)}{p(z)} \tag{7-119}$$

将贝叶斯估计中各概率密度函数定义为：先验概率(先验估计)(prior probability) $p(x)$，由以

往的数据分析得到，是假设 X 未获得新观测数据 z 前的初始概率；后验概率（后验估计）(posteriori probability) $p(x|z)$，是给定观测数据 z 后，假设 X 成立的置信度（概率）；似然度（likelihood）$p(z|x)$，是给定假设 X 时，观测数据 Z 的置信度；观测数据 Z 的先验概率 $p(z)$，即假设 X 没有确定时，观测 Z 的概率。

(10) 极大后验（maximum a posteriori，MAP）估计，由于观测数据 Z 的先验概率 $p(z)$ 不依赖于假设 X，因此可以将贝叶斯公式中的分母去掉，得到极大后验估计公式：

$$h_{\mathrm{MAP}}=\underset{x\in\Omega}{\arg\max}\,p(x|z)=\underset{x\in\Omega}{\arg\max}\frac{p(z|x)p(x)}{p(z)}=\underset{x\in\Omega}{\arg\max}\,p(z|x)p(x) \tag{7-120}$$

(11) 极大似然（maximum likelihood，ML）估计，假设空间 Ω 中每一个假设 X 有相同的先验概率密度 $p(x)$，则只需要考虑似然度 $p(z|x)$，使其达到最大（最优）的假设 X 称为极大似然估计，即将

$$h_{\mathrm{ML}}=\underset{x\in\Omega}{\arg\max}\,p(z|x)f(x) \tag{7-121}$$

转化为

$$h_{\mathrm{ML}}=\underset{x\in\Omega}{\arg\max}\,p(z|x) \tag{7-122}$$

后进行状态估计。

(12) 最优估计评价标准，人们在获得一个定位结果后，往往还想知道该结果与真实的位置相比，误差是多少，这就涉及定位结果的评估问题。定位误差是定位结果评估中最直观，也是关注度最高的指标之一。为了描述定位误差，下面以射击打靶为例，做一简单类比。评价一次射击的成绩，一般可以有两个指标：准确度和精确度。准确度表示弹着点的位置偏离靶心位置的程度，离靶心越近，准确度越高；反之越低。精确度表示弹着点位置的离散程度，离散程度越低（密度高），精确度越高；反之越低。如图 7-2 所示，图 7-2(a) 表示准确度高，但精确度不够；图 7-2(b) 表示精确度很高，但准确度不够；图 7-2(c) 表示准确度和精确度俱佳。

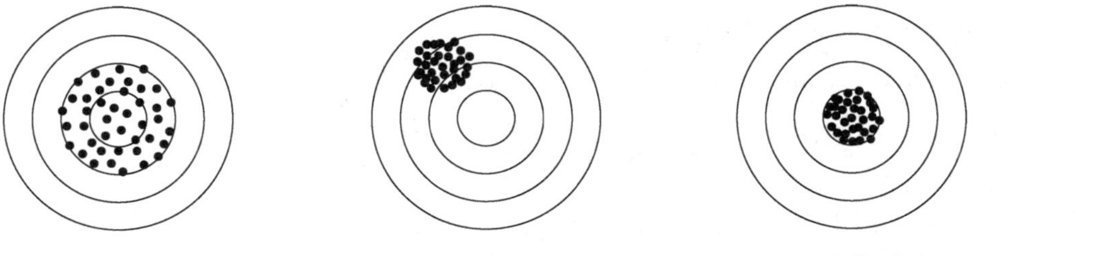

(a) 准确但不够精确　　(b) 精确但不够准确　　(c) 即准确又精确

图 7-2　准确度和精确度示意图

可见，估计精确性采用估计均方误差 $E\left\{\left[\boldsymbol{X}(t)-\hat{\boldsymbol{X}}(t)\right]^{\mathrm{T}}\left[\boldsymbol{X}(t)-\hat{\boldsymbol{X}}(t)\right]\right\}$ 作为衡量标准。估计准确性采用估计均值误差作为衡量标准。

3. 随机线性定常系统状态估计卡尔曼滤波算法

卡尔曼滤波状态估计算法是美国匈牙利裔数学家 R.E. Kalman 于 1960 年提出的一种可由计算机实现的随机线性定常系统状态估计算法。卡尔曼滤波估计将状态空间的概念引入最优估计理论中，将与系统状态有关的观测信息视为高斯白噪声激励的随机线性系统输出，用离

散时间模型描述线性系统输入、输出与状态间的关系，在估计过程中迭代利用系统状态方程、观测方程和高斯白噪声(过程噪声和观测噪声)激励的统计特性，通过先验观测结果与当前观测信息的加权求和，准确、稳定地从观测值中递推估计出线性随机系统的状态值。

卡尔曼滤波状态估计算法假设过程噪声为高斯白噪声，由于高斯白噪声通过线性系统后仍然是高斯白噪声随机过程，从而只用均值和方差即可完整描述线性系统相关统计特性。随机线性定常系统离散卡尔曼滤波状态估计算法如下。

假定被估计系统的状态方程为

$$\boldsymbol{X}_k=\boldsymbol{\Phi}_{k,k-1}\boldsymbol{X}_{k-1}+\boldsymbol{\Gamma}_{k-1}\boldsymbol{W}_{k-1} \tag{7-123}$$

$$\boldsymbol{Z}_k=\boldsymbol{H}_k\boldsymbol{X}_k+\boldsymbol{V}_k \tag{7-124}$$

其中，$\boldsymbol{W}_k$、$\boldsymbol{V}_k$为互相独立的零均值白噪声序列，其统计特征为

$$E(\boldsymbol{W}_k)=0 \tag{7-125}$$

$$E(\boldsymbol{V}_k)=0 \tag{7-126}$$

$$\operatorname{cov}\left[\boldsymbol{W}_k,\boldsymbol{W}_j\right]=E\left(\left[\boldsymbol{W}_k\boldsymbol{W}_j^{\mathrm{T}}\right]\right)=\boldsymbol{Q}\boldsymbol{\delta}_{kj} \tag{7-127}$$

$$\operatorname{cov}\left[\boldsymbol{V}_k,\boldsymbol{V}_j\right]=E\left(\left[\boldsymbol{V}_k\boldsymbol{V}_j^{\mathrm{T}}\right]\right)=\boldsymbol{R}\boldsymbol{\delta}_{kj} \tag{7-128}$$

$$\operatorname{cov}\left[\boldsymbol{W}_k,\boldsymbol{V}_j\right]=E\left(\left[\boldsymbol{W}_k\boldsymbol{V}_j^{\mathrm{T}}\right]\right)=0 \tag{7-129}$$

则离散型卡尔曼滤波基本方程为

$$\hat{\boldsymbol{X}}_{k|k-1}=\boldsymbol{\Phi}_{k,k-1}\hat{\boldsymbol{X}}_{k-1} \tag{7-130}$$

$$\boldsymbol{P}_{k|k-1}=\boldsymbol{\Phi}_{k,k-1}\boldsymbol{P}_{k-1}\boldsymbol{\Phi}_{k,k-1}^{\mathrm{T}}+\boldsymbol{\Gamma}_{k-1}\boldsymbol{Q}_{k-1}\boldsymbol{\Gamma}_{k-1}^{\mathrm{T}} \tag{7-131}$$

$$\boldsymbol{K}_k=\boldsymbol{P}_{k|k-1}\boldsymbol{H}_k^{\mathrm{T}}\left(\boldsymbol{H}_k\boldsymbol{P}_{k|k-1}\boldsymbol{H}_k^{\mathrm{T}}+\boldsymbol{R}_k\right)^{-1} \tag{7-132}$$

$$\boldsymbol{P}_k=(\boldsymbol{I}-\boldsymbol{K}_k\boldsymbol{H}_k)\boldsymbol{P}_{k|k-1}(\boldsymbol{I}-\boldsymbol{K}_k\boldsymbol{H}_k)^{\mathrm{T}}+\boldsymbol{K}_k\boldsymbol{P}_k\boldsymbol{K}_k^{\mathrm{T}} \tag{7-133}$$

$$\hat{\boldsymbol{X}}_k=\hat{\boldsymbol{X}}_{k|k-1}+\boldsymbol{K}_k\left(\boldsymbol{Z}_k-\boldsymbol{H}_k\hat{\boldsymbol{X}}_{k|k-1}\right) \tag{7-134}$$

4. 离散卡尔曼滤波最大后验推导

由 Chapman-Kolmogorov 公式

$$p\left(\hat{\boldsymbol{X}}_k\mid\boldsymbol{Z}_k,\boldsymbol{Z}_{k-1}\right)=\frac{p\left(\hat{\boldsymbol{X}}_k\mid\boldsymbol{Z}_{k-1}\right)p\left(\boldsymbol{Z}_k\mid\hat{\boldsymbol{X}}_k\right)}{p(\boldsymbol{Z}_k)} \tag{7-135}$$

给定k和$k-1$两个时刻的观测值$\boldsymbol{Z}_k$和$\boldsymbol{Z}_{k-1}$，估计状态$\boldsymbol{X}_k$的概率分布$p\left(\hat{\boldsymbol{X}}_k\mid\boldsymbol{Z}_k,\boldsymbol{Z}_{k-1}\right)$：

$$p\left(\hat{\boldsymbol{X}}_k\mid\boldsymbol{Z}_k,\boldsymbol{Z}_{k-1}\right)=\frac{p\left(\hat{\boldsymbol{X}}_k,\boldsymbol{Z}_k,\boldsymbol{Z}_{k-1}\right)}{p(\boldsymbol{Z}_k,\boldsymbol{Z}_{k-1})}=\frac{p(\boldsymbol{Z}_{k-1})p\left(\hat{\boldsymbol{X}}_k\mid\boldsymbol{Z}_{k-1}\right)p\left(\boldsymbol{Z}_k\mid\hat{\boldsymbol{X}}_k,\boldsymbol{Z}_{k-1}\right)}{p(\boldsymbol{Z}_k)p(\boldsymbol{Z}_{k-1}\mid\boldsymbol{Z}_k)} \tag{7-136}$$

由于$\boldsymbol{Z}_k$服从正态分布，因此$\boldsymbol{Z}_k$和$\boldsymbol{Z}_{k-1}$相互独立：

$$\begin{aligned}p\left(\hat{\boldsymbol{X}}_k\mid\boldsymbol{Z}_k,\boldsymbol{Z}_{k-1}\right)&=\frac{p(\boldsymbol{Z}_{k-1})p\left(\hat{\boldsymbol{X}}_k\mid\boldsymbol{Z}_{k-1}\right)p\left(\boldsymbol{Z}_k\mid\hat{\boldsymbol{X}}_k,\boldsymbol{Z}_{k-1}\right)}{p(\boldsymbol{Z}_k)p(\boldsymbol{Z}_{k-1}\mid\boldsymbol{Z}_k)}\\&=\frac{p\left(\hat{\boldsymbol{X}}_k\mid\boldsymbol{Z}_{k-1}\right)p\left(\boldsymbol{Z}_k\mid\hat{\boldsymbol{X}}_k\right)}{p(\boldsymbol{Z}_k)}\end{aligned} \tag{7-137}$$

式中，$p\left(\hat{\boldsymbol{X}}_k\mid\boldsymbol{Z}_{k-1}\right)$为给定$k-1$时刻的观测值时$k$时刻状态估计值，由状态方程可知，其服从

均值为 $\hat{\boldsymbol{X}}_{k|k-1}=\boldsymbol{\Phi}_{k,k-1}\hat{\boldsymbol{X}}_{k-1}$、方差为 $\boldsymbol{P}_{k|k-1}$ 的正态分布，即

$$p\left(\hat{\boldsymbol{X}}_k \mid \boldsymbol{Z}_{k-1}\right)=(2\pi)^{-D_X/2}\left|\boldsymbol{P}_{k|k-1}\right|^{-1/2}\exp\left(-\frac{1}{2}\left\|\hat{\boldsymbol{X}}_k-\hat{\boldsymbol{X}}_{k|k-1}\right\|_{\boldsymbol{P}_{k|k-1}^{-1}}^2\right) \tag{7-138}$$

将 $p(\boldsymbol{Z}_k)$ 分布视作归一化参数，由观测方程可知，$p\left(\boldsymbol{Z}_k \mid \hat{\boldsymbol{X}}_k\right)$ 服从均值为 $\boldsymbol{H}\hat{\boldsymbol{X}}_k$、方差为 $\boldsymbol{R}$ 的正态分布，即

$$p\left(\boldsymbol{Z}_k \mid \hat{\boldsymbol{X}}_k\right)=(2\pi)^{-D_Z/2}\left|\boldsymbol{R}\right|^{-1/2}\exp\left(-\frac{1}{2}\left\|\boldsymbol{Z}_k-\boldsymbol{H}\hat{\boldsymbol{X}}_k\right\|_{\boldsymbol{R}^{-1}}^2\right) \tag{7-139}$$

式中，D_X 和 D_Z 分别为状态向量和观测向量的维数；$p\left(\hat{\boldsymbol{X}}_k \mid \boldsymbol{Z}_k,\boldsymbol{Z}_{k-1}\right)$ 为后验估计，可化简为 $p\left(\hat{\boldsymbol{X}}_k \mid \boldsymbol{Z}_k\right)$，根据最大后验估计准则有

$$\ln p\left(\hat{\boldsymbol{X}}_k \mid \boldsymbol{Z}_k\right)=\boldsymbol{A}_1+\boldsymbol{A}_2+\left\|\hat{\boldsymbol{X}}_k-\hat{\boldsymbol{X}}_{k|k-1}\right\|_{\boldsymbol{P}_{k|k-1}^{-1}}^2+\left\|\boldsymbol{Z}_k-\boldsymbol{H}\hat{\boldsymbol{X}}_k\right\|_{\boldsymbol{R}^{-1}}^2 \tag{7-140}$$

令

$$\frac{\partial}{\partial \boldsymbol{X}_k}\ln p\left(\hat{\boldsymbol{X}}_k \mid \boldsymbol{Z}_k\right)=\frac{\partial}{\partial \boldsymbol{X}_k}\left\|\hat{\boldsymbol{X}}_k-\hat{\boldsymbol{X}}_{k|k-1}\right\|_{\boldsymbol{P}_{k|k-1}^{-1}}^2+\frac{\partial}{\partial \boldsymbol{X}_k}\left\|\boldsymbol{Z}_k-\boldsymbol{H}\hat{\boldsymbol{X}}_k\right\|_{\boldsymbol{R}^{-1}}^2=0 \tag{7-141}$$

显然，对二次型求导有

$$\frac{\partial}{\partial \hat{\boldsymbol{X}}_k}\left\|\hat{\boldsymbol{X}}_k-\hat{\boldsymbol{X}}_{k|k-1}\right\|_{\boldsymbol{P}_{k|k-1}^{-1}}^2=\left(\boldsymbol{P}_{k|k-1}^{-1}+\boldsymbol{P}_{k|k-1}^{-1}\right)\left(\hat{\boldsymbol{X}}_k-\hat{\boldsymbol{X}}_{k|k-1}\right)=2\boldsymbol{P}_{k|k-1}^{-1}\left(\hat{\boldsymbol{X}}_k-\hat{\boldsymbol{X}}_{k|k-1}\right) \tag{7-142}$$

$$\frac{\partial}{\partial \hat{\boldsymbol{X}}_k}\left\|\boldsymbol{Z}_k-\boldsymbol{H}\hat{\boldsymbol{X}}_k\right\|_{\boldsymbol{R}^{-1}}^2=-\boldsymbol{H}^{\mathrm{T}}\left(\boldsymbol{R}^{-1}+\boldsymbol{R}^{-1}\right)\left(\boldsymbol{Z}_k-\boldsymbol{H}\hat{\boldsymbol{X}}_k\right)=-2\boldsymbol{H}^{\mathrm{T}}\boldsymbol{R}^{-1}\left(\boldsymbol{Z}_k-\boldsymbol{H}\hat{\boldsymbol{X}}_k\right) \tag{7-143}$$

从而

$$\boldsymbol{P}_{k|k-1}^{-1}\left(\hat{\boldsymbol{X}}_k-\hat{\boldsymbol{X}}_{k|k-1}\right)-\boldsymbol{H}^{\mathrm{T}}\boldsymbol{R}^{-1}\left(\boldsymbol{Z}_k-\boldsymbol{H}\hat{\boldsymbol{X}}_k\right)=0 \tag{7-144}$$

$$\boldsymbol{P}_{k|k-1}^{-1}\hat{\boldsymbol{X}}_k-\boldsymbol{P}_{k|k-1}^{-1}\hat{\boldsymbol{X}}_{k|k-1}-\boldsymbol{H}^{\mathrm{T}}\boldsymbol{R}^{-1}\boldsymbol{Z}_k+\boldsymbol{H}^{\mathrm{T}}\boldsymbol{R}^{-1}\boldsymbol{H}\hat{\boldsymbol{X}}_k=0 \tag{7-145}$$

$$\left(\boldsymbol{P}_{k|k-1}^{-1}+\boldsymbol{H}^{\mathrm{T}}\boldsymbol{R}^{-1}\boldsymbol{H}\right)\hat{\boldsymbol{X}}_k=\boldsymbol{P}_{k|k-1}^{-1}\hat{\boldsymbol{X}}_{k|k-1}+\boldsymbol{H}^{\mathrm{T}}\boldsymbol{R}^{-1}\boldsymbol{Z}_k \tag{7-146}$$

$$\hat{\boldsymbol{X}}_k=\left(\boldsymbol{P}_{k|k-1}^{-1}+\boldsymbol{H}^{\mathrm{T}}\boldsymbol{R}^{-1}\boldsymbol{H}\right)^{-1}\left(\boldsymbol{P}_{k|k-1}^{-1}\hat{\boldsymbol{X}}_{k|k-1}+\boldsymbol{H}^{\mathrm{T}}\boldsymbol{R}^{-1}\boldsymbol{Z}_k\right) \tag{7-147}$$

根据逆矩阵的辅助定理，若 $\boldsymbol{A}=\boldsymbol{B}^{-1}+\boldsymbol{C}\boldsymbol{D}^{-1}\boldsymbol{C}^{\mathrm{T}}$，则 $\boldsymbol{A}^{-1}=\boldsymbol{B}-\boldsymbol{B}\boldsymbol{C}\left(\boldsymbol{D}+\boldsymbol{C}^{\mathrm{T}}\boldsymbol{B}\boldsymbol{C}\right)^{-1}\boldsymbol{C}^{\mathrm{T}}\boldsymbol{B}$，有

$$\hat{\boldsymbol{X}}_k=\left[\boldsymbol{P}_{k|k-1}-\boldsymbol{P}_{k|k-1}\boldsymbol{H}^{\mathrm{T}}\left(\boldsymbol{R}+\boldsymbol{H}\boldsymbol{P}_{k|k-1}\boldsymbol{H}^{\mathrm{T}}\right)^{-1}\boldsymbol{H}\boldsymbol{P}_{k|k-1}\right]\left(\boldsymbol{P}_{k|k-1}^{-1}\hat{\boldsymbol{X}}_{k|k-1}+\boldsymbol{H}^{\mathrm{T}}\boldsymbol{R}^{-1}\boldsymbol{Z}_k\right) \tag{7-148}$$

令

$$\boldsymbol{K}_k=\boldsymbol{P}_{k|k-1}\boldsymbol{H}^{\mathrm{T}}\left(\boldsymbol{R}+\boldsymbol{H}\boldsymbol{P}_{k|k-1}\boldsymbol{H}^{\mathrm{T}}\right)^{-1} \tag{7-149}$$

则

$$\begin{aligned}\hat{\boldsymbol{X}}_k&=\left(\boldsymbol{P}_{k|k-1}-\boldsymbol{K}_k\boldsymbol{H}\boldsymbol{P}_{k|k-1}\right)\left(\boldsymbol{P}_{k|k-1}^{-1}\hat{\boldsymbol{X}}_{k|k-1}+\boldsymbol{H}^{\mathrm{T}}\boldsymbol{R}^{-1}\boldsymbol{Z}_k\right)\\&=\hat{\boldsymbol{X}}_{k|k-1}+\boldsymbol{P}_{k|k-1}\boldsymbol{H}^{\mathrm{T}}\boldsymbol{R}^{-1}\boldsymbol{Z}_k-\boldsymbol{K}_k\boldsymbol{H}\hat{\boldsymbol{X}}_{k|k-1}-\boldsymbol{K}_k\boldsymbol{H}\boldsymbol{P}_{k|k-1}\boldsymbol{H}^{\mathrm{T}}\boldsymbol{R}^{-1}\boldsymbol{Z}_k\\&=\hat{\boldsymbol{X}}_{k|k-1}+\left(\boldsymbol{I}-\boldsymbol{K}_k\boldsymbol{H}\right)\boldsymbol{P}_{k|k-1}\boldsymbol{H}^{\mathrm{T}}\boldsymbol{R}^{-1}\boldsymbol{Z}_k-\boldsymbol{K}_k\boldsymbol{H}\hat{\boldsymbol{X}}_{k|k-1}\end{aligned} \tag{7-150}$$

$$\boldsymbol{K}_k\boldsymbol{R}=\left(\boldsymbol{I}-\boldsymbol{K}_k\boldsymbol{H}\right)\boldsymbol{P}_{k|k-1}\boldsymbol{H}^{\mathrm{T}} \tag{7-151}$$

则

$$\hat{\boldsymbol{X}}_k = \hat{\boldsymbol{X}}_{k|k-1} + \boldsymbol{K}_k \boldsymbol{R}\boldsymbol{R}^{-1}\boldsymbol{Z}_k - \boldsymbol{K}_k \boldsymbol{H}\hat{\boldsymbol{X}}_{k|k-1} = \hat{\boldsymbol{X}}_{k|k-1} + \boldsymbol{K}_k\left(\boldsymbol{Z}_k - \boldsymbol{H}\hat{\boldsymbol{X}}_{k|k-1}\right) \tag{7-152}$$

又

$$\boldsymbol{e}_{k|k-1} = \boldsymbol{X}_k - \hat{\boldsymbol{X}}_{k|k-1} = \boldsymbol{\Phi}_{k,k-1}\boldsymbol{X}_{k-1} + \boldsymbol{W}_k - \boldsymbol{\Phi}_{k,k-1}\hat{\boldsymbol{X}}_{k-1} = \boldsymbol{\Phi}_{k,k-1}\boldsymbol{e}_{k-1} + \boldsymbol{W}_k \tag{7-153}$$

则有离散化李雅普诺夫方程：

$$\boldsymbol{P}_{k|k-1} = \operatorname{cov}\left(\boldsymbol{e}_{k|k-1}\right) = \boldsymbol{\Phi}_{k,k-1}\boldsymbol{P}_{k-1}\boldsymbol{\Phi}_{k,k-1}^{\mathrm{T}} + \boldsymbol{Q} \tag{7-154}$$

又

$$\begin{aligned}\boldsymbol{e}_k &= \boldsymbol{X}_k - \hat{\boldsymbol{X}}_k = \boldsymbol{X}_k - \left[\hat{\boldsymbol{X}}_{k|k-1} + \boldsymbol{K}_k\left(\boldsymbol{Z}_k - \boldsymbol{H}\hat{\boldsymbol{X}}_{k|k-1}\right)\right]\\ &= \boldsymbol{X}_k - \left[\hat{\boldsymbol{X}}_{k|k-1} + \boldsymbol{K}_k\left(\boldsymbol{H}\boldsymbol{X}_k + \boldsymbol{V}_k - \boldsymbol{H}\hat{\boldsymbol{X}}_{k|k-1}\right)\right]\\ &= \left(\boldsymbol{X}_k - \hat{\boldsymbol{X}}_{k|k-1}\right) + \boldsymbol{K}_k\boldsymbol{H}\left(\boldsymbol{X}_k - \hat{\boldsymbol{X}}_{k|k-1}\right) - \boldsymbol{K}_k\boldsymbol{V}_k = \left(\boldsymbol{I} - \boldsymbol{K}_k\boldsymbol{H}\right)\boldsymbol{e}_{k|k-1} - \boldsymbol{K}_k\boldsymbol{V}_k\end{aligned} \tag{7-155}$$

则

$$\boldsymbol{P}_k = \operatorname{cov}\left(\boldsymbol{e}_k\right) = \left(\boldsymbol{I} - \boldsymbol{K}_k\boldsymbol{H}\right)\boldsymbol{P}_{k|k-1}\left(\boldsymbol{I} - \boldsymbol{K}_k\boldsymbol{H}\right)^{\mathrm{T}} - \boldsymbol{K}_k\boldsymbol{R}\boldsymbol{K}_k^{\mathrm{T}} \tag{7-156}$$

5. 非线性随机系统状态估计

由离散卡尔曼滤波公式可知，非线性滤波的难点在于计算随机状态经过非线性变换后的概率分布，即如何由已知状态 $\boldsymbol{X}_k$ 和方差 $\boldsymbol{P}_k$，计算其经过非线性变换后的状态 $\boldsymbol{X}_{k+1|k}$ 和方差 $\boldsymbol{P}_{k+1|k}$ 是实现非线性滤波的关键。目前非线性随机系统状态估计算法包括直接计算法、非线性函数逼近法、状态分布逼近法。

1）直接计算法

直接计算法又称贝叶斯滤波估计，利用贝叶斯公式，直接计算状态经非线性变换后的状态分布，适用于任意分布的非线性系统，结果精确，但难以实现。

设非线性系统模型为

$$\boldsymbol{X}_{k+1} = f\left(\boldsymbol{X}_k, \boldsymbol{U}_k, k\right) + \boldsymbol{W}_k \tag{7-157}$$

$$\boldsymbol{Z}_k = h\left(\boldsymbol{Z}_k, k\right) + \boldsymbol{V}_k \tag{7-158}$$

式中，$\boldsymbol{W}_k$ 和 $\boldsymbol{V}_k$ 为高斯白噪声，概率密度分别为 $p_w\left(\boldsymbol{W}_k\right)$ 和 $p_v\left(\boldsymbol{V}_k\right)$。初始状态 $\boldsymbol{X}_0$ 的概率密度为 $p_x\left(\boldsymbol{X}_0\right)$，且 $\boldsymbol{W}_k$、$\boldsymbol{V}_k$ 和 $\boldsymbol{X}_0$ 互不相关。设 k 时刻观测量和输入量时间序列为 Z^{*k}：

$$Z^{*k} = \left\{Z^k, U^{k-1}\right\} \tag{7-159}$$

式中，$Z^k = \left\{\boldsymbol{Z}_1, \boldsymbol{Z}_2, \cdots, \boldsymbol{Z}_k\right\}$；$U^{k-1} = \left\{\boldsymbol{U}_1, \boldsymbol{U}_2, \cdots, \boldsymbol{U}_{k-1}\right\}$。在给定 Z^{*k} 的情况下，状态 $\boldsymbol{X}_k$ 的最小方差估计 $\hat{\boldsymbol{X}}_{k|k}$ 等于量测为某一具体实现条件下的条件均值，设给定 Z^{*k} 条件下，状态 $\boldsymbol{X}_k$ 的条件概率密度为 $p\left(\boldsymbol{X}_k \mid Z^{*k}\right)$，则 $\boldsymbol{X}_k$ 的最小方差估计为

$$\hat{\boldsymbol{X}}_{k|k} = E\left(\boldsymbol{X}_k \mid Z^{*k}\right) = \int_{-\infty}^{+\infty} \boldsymbol{X}_k p\left(\boldsymbol{X}_k \mid Z^{*k}\right) \mathrm{d}\boldsymbol{X}_k \tag{7-160}$$

状态 $\boldsymbol{X}_k$ 估计误差的条件协方差为

$$\boldsymbol{P}_{k|k} = \operatorname{cov}\left(\tilde{\boldsymbol{X}}_k, \tilde{\boldsymbol{X}}_k \mid Z^{*k}\right) = \int_{-\infty}^{+\infty}\left(\boldsymbol{X}_k - \hat{\boldsymbol{X}}_{k|k}\right)\left(\boldsymbol{X}_k - \hat{\boldsymbol{X}}_{k|k}\right)^{\mathrm{T}} p\left(\boldsymbol{X}_k \mid Z^{*k}\right) \mathrm{d}\boldsymbol{X}_k \tag{7-161}$$

从而，贝叶斯滤波估计问题归结为条件概率密度 $p\left(\boldsymbol{X}_k \mid Z^{*k}\right)$ 的求解问题。设条件概率密度 $p\left(\boldsymbol{X}_k \mid Z^{*k}\right)$ 的时间更新为 $p\left(\boldsymbol{X}_{k+1} \mid Z^{*k+1}\right)$，根据贝叶斯公式有

$$p\left(\boldsymbol{X}_{k+1} \mid Z^{*k+1}\right)=p\left(\boldsymbol{X}_{k+1} \mid Z^{*k},\boldsymbol{Z}_{k+1},\boldsymbol{U}_k\right)=\frac{p\left(\boldsymbol{X}_{k+1},\boldsymbol{Z}_{k+1} \mid Z^{*k},\boldsymbol{U}_k\right)}{p\left(\boldsymbol{Z}_{k+1} \mid Z^{*k},\boldsymbol{U}_k\right)} \tag{7-162}$$

又由乘法公式有

$$p\left(\boldsymbol{X}_{k+1},\boldsymbol{Z}_{k+1} \mid Z^{*k},\boldsymbol{U}_k\right)=p\left(\boldsymbol{Z}_{k+1} \mid \boldsymbol{X}_{k+1}\right)p\left(\boldsymbol{X}_{k+1} \mid Z^{*k},\boldsymbol{U}_k\right)$$

又由 Chapman-Kolmogorov 公式可得

$$\begin{aligned}p\left(\boldsymbol{X}_{k+1} \mid \boldsymbol{X}_k,\boldsymbol{U}_k\right)&=\int_{-\infty}^{+\infty} p\left(\boldsymbol{X}_{k+1},\boldsymbol{W}_{k+1} \mid \boldsymbol{X}_k,\boldsymbol{U}_k\right)\mathrm{d}\boldsymbol{W}_{k+1}\\&=\int_{-\infty}^{+\infty} p\left(\boldsymbol{X}_{k+1} \mid \boldsymbol{W}_{k+1},\boldsymbol{X}_k,\boldsymbol{U}_k\right)p\left(\boldsymbol{W}_{k+1} \mid \boldsymbol{X}_k,\boldsymbol{U}_k\right)\mathrm{d}\boldsymbol{W}_{k+1}\end{aligned} \tag{7-163}$$

由 $\boldsymbol{W}_k$ 的独立性及系统方程可得

$$\begin{aligned}p\left(\boldsymbol{X}_{k+1} \mid \boldsymbol{X}_k,\boldsymbol{U}_k\right)&=\int_{-\infty}^{+\infty} p\left(\boldsymbol{X}_{k+1},\boldsymbol{W}_{k+1} \mid \boldsymbol{X}_k,\boldsymbol{U}_k\right)\mathrm{d}\boldsymbol{W}_{k+1}\\&=\int_{-\infty}^{+\infty} p\left(\boldsymbol{X}_{k+1} \mid \boldsymbol{X}_k,\boldsymbol{U}_k,\boldsymbol{W}_{k+1}\right)p_w\left(\boldsymbol{W}_{k+1}\right)\mathrm{d}\boldsymbol{W}_{k+1}\\&=p_w\left[\boldsymbol{X}_{k+1}-f\left(k,\boldsymbol{X}_k,\boldsymbol{U}_k\right)\right]\end{aligned} \tag{7-164}$$

可见，条件概率密度 $p\left(\boldsymbol{X}_{k+1} \mid \boldsymbol{X}_k,\boldsymbol{U}_k\right)$ 是以 $f\left(k,\boldsymbol{X}_k,\boldsymbol{U}_k\right)$ 为均值，形状与 $\boldsymbol{W}_{k+1}$ 的概率密度分布形状相同的一个函数。由 Chapman-Kolmogorov 公式得一步预报的条件概率密度函数为

$$\begin{aligned}p\left(\boldsymbol{X}_{k+1} \mid Z^{*k},\boldsymbol{U}_k\right)&=\int_{-\infty}^{+\infty} p\left(\boldsymbol{X}_{k+1} \mid \boldsymbol{X}_k,\boldsymbol{U}_k\right)p\left(\boldsymbol{X}_k \mid Z^{*k}\right)\mathrm{d}\boldsymbol{X}_k\\&=\int_{-\infty}^{+\infty} p_w\left[\boldsymbol{X}_{k+1}-f\left(k,\boldsymbol{X}_k,\boldsymbol{U}_k\right)\right]p\left(\boldsymbol{X}_k \mid Z^{*k}\right)\mathrm{d}\boldsymbol{X}_k\end{aligned} \tag{7-165}$$

由 $\boldsymbol{V}_k$ 的独立性及系统方程可得

$$\begin{aligned}p\left(\boldsymbol{Z}_{k+1} \mid \boldsymbol{X}_{k+1}\right)&=\int_{-\infty}^{+\infty} p\left(\boldsymbol{Z}_{k+1},\boldsymbol{V}_{k+1} \mid \boldsymbol{X}_{k+1}\right)\mathrm{d}\boldsymbol{V}_{k+1}\\&=\int_{-\infty}^{+\infty} p\left(\boldsymbol{Z}_{k+1} \mid \boldsymbol{X}_{k+1},\boldsymbol{V}_{k+1}\right)p_v\left(\boldsymbol{V}_{k+1}\right)\mathrm{d}\boldsymbol{V}_{k+1}\\&=p_v\left[\boldsymbol{Z}_{k+1}-h\left(k+1,\boldsymbol{X}_{k+1}\right)\right]\end{aligned} \tag{7-166}$$

给定 $\boldsymbol{X}_{k+1}$ 时，$\boldsymbol{Z}_{k+1}$ 的条件概率密度是以 $h\left(k+1,\boldsymbol{X}_{k+1}\right)$ 为均值，形状与 $\boldsymbol{V}_{k+1}$ 的概率密度分布形状相同的一个函数。

由以上可得 $\boldsymbol{Z}_{k+1}$ 的一步预报条件概率密度：

$$\begin{aligned}p\left(\boldsymbol{Z}_{k+1} \mid Z^{*k},\boldsymbol{U}_k\right)&=\int_{-\infty}^{+\infty} p\left(\boldsymbol{Z}_{k+1},\boldsymbol{X}_{k+1} \mid Z^{*k},\boldsymbol{U}_k\right)\mathrm{d}\boldsymbol{X}_{k+1}\\&=\int_{-\infty}^{+\infty} p\left(\boldsymbol{Z}_{k+1} \mid \boldsymbol{X}_{k+1}\right)p\left(\boldsymbol{X}_{k+1} \mid Z^{*k},\boldsymbol{U}_k\right)\mathrm{d}\boldsymbol{X}_{k+1}\\&=\int_{-\infty}^{+\infty} p_v\left[\boldsymbol{Z}_{k+1}-h\left(k+1,\boldsymbol{X}_{k+1}\right)\right]p\left(\boldsymbol{X}_{k+1} \mid Z^{*k},\boldsymbol{U}_k\right)\mathrm{d}\boldsymbol{X}_{k+1}\end{aligned} \tag{7-167}$$

在 $k+1$ 时刻，给定测量 $\boldsymbol{Z}_{k+1}$，基于贝叶斯公式可得贝叶斯滤波估计后验概率密度为

$$p(\boldsymbol{X}_{k+1} \mid \boldsymbol{Z}_{k+1})=p\left(\boldsymbol{X}_{k+1} \mid Z^{*k},\boldsymbol{Z}_{k+1},\boldsymbol{U}_k\right)=\frac{p(\boldsymbol{X}_{k+1},\boldsymbol{Z}_{k+1} \mid Z^{*k},\boldsymbol{U}_k)}{p(\boldsymbol{Z}_{k+1} \mid Z^{*k},\boldsymbol{U}_k)} \tag{7-168}$$

且

$$\begin{aligned}p\left(\boldsymbol{X}_{k+1},\boldsymbol{Z}_{k+1} \mid Z^{*k},\boldsymbol{U}_k\right)&=p(\boldsymbol{X}_{k+1} \mid \boldsymbol{Z}_{k+1})p\left(\boldsymbol{X}_{k+1} \mid Z^{*k},\boldsymbol{U}_k\right)\\&=p_v\left[\boldsymbol{Z}_{k+1}-h(k+1,\boldsymbol{X}_{k+1})\right]p\left(\boldsymbol{X}_{k+1} \mid Z^{*k},\boldsymbol{U}_k\right)\end{aligned} \tag{7-169}$$

由贝叶斯公式可得贝叶斯滤波公式：

$$p\left(\boldsymbol{X}_{k+1} \mid Z^{*k+1}\right)=\frac{p_v\left[\boldsymbol{Z}_{k+1}-h(k+1,\boldsymbol{X}_{k+1})\right]p\left(\boldsymbol{X}_{k+1} \mid Z^{*k},\boldsymbol{U}_k\right)}{\int_{-\infty}^{+\infty} p_v\left[\boldsymbol{Z}_{k+1}-h(k+1,\boldsymbol{X}_{k+1})\right]p\left(\boldsymbol{X}_{k+1} \mid Z^{*k},\boldsymbol{U}_k\right)\mathrm{d}\boldsymbol{X}_{k+1}} \tag{7-170}$$

2）非线性函数逼近法

非线性函数逼近将非线性系统方程和观测方程展开成泰勒级数，截取一阶或二阶有限项线性方程逼近原非线性状态空间模型，将线性方程代入线性卡尔曼滤波算法，实现对非线性系统状态的最优估计。扩展卡尔曼滤波(extended Kalman filter，EKF)算法是非线性函数逼近代表算法。扩展卡尔曼滤波适用于非线性系统的高斯平滑，但由于扩展卡尔曼滤波基于泰勒展开的二阶项截断逼近非线性系统模型，没有考虑系统状态和噪声变量的“概率扩散”(probabilistic spread)问题，系统状态随机向量传播后均值和方差只精确到一阶，对于本质非线性或强非线性系统，扩展卡尔曼滤波效果极易下降。

基于高斯、最小方差的假设，将非线性的状态方程和观测方程在当前状态估计值处进行线性化，再应用线性卡尔曼滤波的推导方法。

线性化原理：

$$f(x)=f(x_0)+f'(x_0)(x-x_0)+\frac{f''(x_0)}{2!}(x-x_0)^2+\cdots+\frac{f^{(n)}(x_0)}{n!}(x-x_0)^n+\cdots \tag{7-171}$$

在一阶项以后截断：

$$f(x)\approx f(x_0)+f'(x_0)(x-x_0)=f'(x_0)x+[f(x_0)-x_0f'(x_0)] \tag{7-172}$$

EKF 按照模型分类可分为离散系统 EKF、连续系统 EKF 以及连续-离散系统 EKF。

非线性离散系统模型：

$$\boldsymbol{X}_{k+1}=f(\boldsymbol{X}_k)+\boldsymbol{\Gamma}_k\boldsymbol{W}_k \tag{7-173}$$

$$\boldsymbol{Z}_{k+1}=h(\boldsymbol{X}_{k+1})+\boldsymbol{V}_{k+1} \tag{7-174}$$

其中，

$$E\left(\boldsymbol{W}_k\right)=E\left(\boldsymbol{V}_k\right)=0 \tag{7-175}$$

$$\operatorname{cov}\left(\boldsymbol{W}_k,\boldsymbol{W}_j\right)=\boldsymbol{Q}_k\delta_{kj}，\quad \operatorname{cov}\left(\boldsymbol{V}_k,\boldsymbol{V}_j\right)=\boldsymbol{R}_k\delta_{kj} \tag{7-176}$$

$$\operatorname{cov}\left(\boldsymbol{W}_k,\boldsymbol{V}_j\right)=\operatorname{cov}\left(\boldsymbol{W}_k,\boldsymbol{X}_0\right)=\operatorname{cov}\left(\boldsymbol{V}_k,\boldsymbol{X}_0\right)=0 \tag{7-177}$$

$$E\left(\boldsymbol{X}_0\right)=\mu_x(0)，\quad \operatorname{cov}\left(\boldsymbol{X}_0,\boldsymbol{X}_0\right)=\boldsymbol{P}(0) \tag{7-178}$$

对非线性的状态函数和观测函数进行线性化，并采用线性卡尔曼滤波的推导方法。此处非线性方程线性化所基于的点为状态的估计值。

已知 $Z_1^k=\{\boldsymbol{Z}_1,\boldsymbol{Z}_2,\cdots,\boldsymbol{Z}_k\}$，基于 Z_1^k 对状态 $\boldsymbol{X}_k$ 的估计和方差：

$$\hat{\boldsymbol{X}}_{k|k}=E\left(\boldsymbol{X}_k \mid Z_1^k\right) \tag{7-179}$$

$$\boldsymbol{P}_{k|k}=\operatorname{cov}\left(\boldsymbol{X}_k,\boldsymbol{X}_k \mid Z_1^k\right) \tag{7-180}$$

将 $f(x_k)$ 在 $\hat{\boldsymbol{X}}_{k|k}$ 处进行 Taylor 展开，并取一阶近似，得

$$\boldsymbol{X}_{k+1}=f(\boldsymbol{X}_k)+\boldsymbol{\Gamma}_k\boldsymbol{W}_k\approx f(\hat{\boldsymbol{X}}_{k|k})+f_x(k)\tilde{\boldsymbol{X}}_{k|k}+\boldsymbol{\Gamma}_k\boldsymbol{W}_k \tag{7-181}$$

式中，$f_x(k)=\left.\dfrac{\partial f(\boldsymbol{X}_k)}{\partial \boldsymbol{X}_k}\right|_{\boldsymbol{X}_k=\hat{\boldsymbol{X}}_{k|k}}$；$\tilde{\boldsymbol{X}}_{k|k}=\boldsymbol{X}_k-\hat{\boldsymbol{X}}_{k|k}$。

对线性化方程两侧取均值，得状态的一步预报：

$$\hat{\boldsymbol{X}}_{k+1|k}=E\left(\boldsymbol{X}_{k+1}|\ Z_1^k\right)\approx f(\hat{\boldsymbol{X}}_{k|k}) \tag{7-182}$$

预测误差为

$$\begin{aligned}\tilde{\boldsymbol{X}}_{k+1|k}&=\boldsymbol{X}_{k+1}-\hat{\boldsymbol{X}}_{k+1|k}\\&=f(\hat{\boldsymbol{X}}_{k|k},k)+f_x(k)\tilde{\boldsymbol{X}}_{k|k}+\boldsymbol{\varGamma}_k\boldsymbol{W}_k-f(\hat{\boldsymbol{X}}_{k|k},k)\\&=f_x(k)\tilde{\boldsymbol{X}}_{k|k}+\boldsymbol{\varGamma}_k\boldsymbol{W}_k\end{aligned} \tag{7-183}$$

则误差预测方程为

$$\boldsymbol{P}_{k+1|k}=\operatorname{cov}\left(\boldsymbol{X}_{k+1},\boldsymbol{X}_{k+1}|\ Z_1^k\right)=E\left[f_x(k)\tilde{\boldsymbol{X}}_{k|k}+\boldsymbol{\varGamma}_k\boldsymbol{W}_k\right]\left[f_x(k)\tilde{\boldsymbol{X}}_{k|k}+\boldsymbol{\varGamma}_k\boldsymbol{W}_k\right]^{\mathrm{T}} \tag{7-184}$$

由 $E(\tilde{\boldsymbol{X}}_{k|k}\boldsymbol{W}_k^{\mathrm{T}})=E(\tilde{\boldsymbol{X}}_{k|k}^{\mathrm{T}}\boldsymbol{W}_k)=0$ 可得

$$\boldsymbol{P}_{k+1|k}=f_x(k)\boldsymbol{P}_{k|k}f_x^{\mathrm{T}}(k)+\boldsymbol{\varGamma}_k\boldsymbol{Q}_k\boldsymbol{\varGamma}_k^{\mathrm{T}} \tag{7-185}$$

对线性方程线性化

$$\boldsymbol{Z}_{k+1}=h(\boldsymbol{X}_{k+1})+\boldsymbol{V}_{k+1}\approx h(\hat{\boldsymbol{X}}_{k+1|k})+h_x(k+1)\tilde{\boldsymbol{X}}_{k+1|k}+\boldsymbol{V}_{k+1} \tag{7-186}$$

式中，$h_x(k)=\left.\dfrac{\partial h(\boldsymbol{X}_{k+1})}{\partial \boldsymbol{X}_{k+1}}\right|_{\boldsymbol{X}_{k+1}=\hat{\boldsymbol{X}}_{k+1|k}}$；$\tilde{\boldsymbol{X}}_{k+1|k}=\boldsymbol{X}_{k+1}-\tilde{\boldsymbol{X}}_{k+1|k}$。

于是得观测预测为

$$\hat{\boldsymbol{Z}}_{k+1|k}=E\left(\boldsymbol{Z}_{k+1}|\ Z_1^k\right)\approx h(\hat{\boldsymbol{X}}_{k+1|k}) \tag{7-187}$$

在 $k+1$ 时刻，当获得新的观测 $\boldsymbol{Z}_{k+1}$ 后，得

$$\hat{\boldsymbol{X}}_{k+1|k+1}=E\left(\boldsymbol{X}_{k+1}|\ Z_1^{k+1}\right)=E\left(\boldsymbol{X}_{k+1}|\ Z_1^k,\boldsymbol{Z}_{k+1}\right) \tag{7-188}$$

由 $E(\boldsymbol{X}|\ \boldsymbol{Z})=E(\boldsymbol{X}|\ \boldsymbol{Z}_1)+E(\tilde{\boldsymbol{X}}\tilde{\boldsymbol{Z}}_2)E(\tilde{\boldsymbol{Z}}_2\tilde{\boldsymbol{Z}}_2^{\mathrm{T}})^{-1}\tilde{\boldsymbol{Z}}_2$ 得

$$\hat{\boldsymbol{X}}_{k+1|k+1}=E\left(\boldsymbol{X}_{k+1}|\ Z_1^k\right)+\boldsymbol{S}_{k+1|k}\boldsymbol{\varSigma}_{k+1|k}^{-1}\left(\boldsymbol{Z}_{k+1}-\hat{\boldsymbol{Z}}_{k+1|k}\right) \tag{7-189}$$

其中，观测协方差为 $\boldsymbol{\varSigma}_{k+1|k}=\operatorname{cov}\left(\boldsymbol{Z}_{k+1},\boldsymbol{Z}_{k+1}|\ Z_1^k\right)\approx h_x(k+1)\boldsymbol{P}_{k+1|k}h_x^{\mathrm{T}}(k+1)+\boldsymbol{R}_{k+1}$；状态和观测协方差为 $\boldsymbol{S}_{k+1|k}=\operatorname{cov}\left(\boldsymbol{X}_{k+1},\boldsymbol{Z}_{k+1}|\ Z_1^k\right)\approx\boldsymbol{P}_{k+1|k}h_x^{\mathrm{T}}(k+1)$。

从而，增益矩阵为

$$\boldsymbol{K}_{k+1}=\boldsymbol{S}_{k+1|k}\boldsymbol{\varSigma}_{k+1|k}^{-1}=\boldsymbol{P}_{k+1|k}h_x^{\mathrm{T}}(k+1)[h_x(k+1)\boldsymbol{P}_{k+1|k}h_x^{\mathrm{T}}(k+1)+\boldsymbol{R}_{k+1}]^{-1} \tag{7-190}$$

状态估计为

$$\hat{\boldsymbol{X}}_{k+1|k+1}=\hat{\boldsymbol{X}}_{k+1|k}+K_{k+1}[\boldsymbol{Z}_{k+1}-h(\hat{\boldsymbol{X}}_{k+1|k})] \tag{7-191}$$

状态估计误差为

$$\tilde{\boldsymbol{X}}_{k+1|k+1}=\boldsymbol{X}_{k+1}-\hat{\boldsymbol{X}}_{k+1|k+1}=\boldsymbol{X}_{k+1}-\hat{\boldsymbol{X}}_{k+1|k}-\boldsymbol{K}_{k+1}\tilde{\boldsymbol{Z}}_{k+1|k}=\tilde{\boldsymbol{X}}_{k+1|k}-\boldsymbol{K}_{k+1}\tilde{\boldsymbol{Z}}_{k+1|k} \tag{7-192}$$

估计误差协方差为

$$\begin{aligned}\boldsymbol{P}_{k+1|k+1}&=E\left(\tilde{\boldsymbol{X}}_{k+1|k}-\boldsymbol{K}_{k+1}\tilde{\boldsymbol{Z}}_{k+1|k}\right)\left(\tilde{\boldsymbol{X}}_{k+1|k}-K_{k+1}\tilde{\boldsymbol{Z}}_{k+1|k}\right)^{\mathrm{T}}\\&=E\left(\tilde{\boldsymbol{X}}_{k+1|k}\tilde{\boldsymbol{X}}_{k+1|k}^{\mathrm{T}}\right)+\boldsymbol{K}_{k+1}E\left(\tilde{\boldsymbol{Z}}_{k+1|k}\tilde{\boldsymbol{Z}}_{k+1|k}^{\mathrm{T}}\right)\boldsymbol{K}_{k+1}^{\mathrm{T}}\\&\quad-E\left(\tilde{\boldsymbol{X}}_{k+1|k}\tilde{\boldsymbol{Z}}_{k+1|k}^{\mathrm{T}}\right)\boldsymbol{K}_{k+1}^{\mathrm{T}}-\boldsymbol{K}_{k+1}E\left(\tilde{\boldsymbol{Z}}_{k+1|k}\tilde{\boldsymbol{X}}_{k+1|k}^{\mathrm{T}}\right)\end{aligned} \tag{7-193}$$

由 $\operatorname{cov}\left(\boldsymbol{X}_{k+1},\boldsymbol{Z}_{k+1}|\ Z_1^k\right)=\boldsymbol{S}_{k+1|k}$ 和 $\operatorname{cov}\left(\boldsymbol{Z}_{k+1},\boldsymbol{Z}_{k+1}|\ Z_1^k\right)=\boldsymbol{\varSigma}_{k+1|k}$ 可将 $\boldsymbol{P}_{k+1|k+1}$ 化为

$$\boldsymbol{P}_{k+1|k+1}=\boldsymbol{P}_{k+1|k}+\boldsymbol{K}_{k+1}\boldsymbol{\Sigma}_{k+1|k}\boldsymbol{K}_{k+1}^{\mathrm{T}}-\boldsymbol{S}_{k+1|k}\boldsymbol{K}_{k+1}^{\mathrm{T}}-\boldsymbol{K}_{k+1}\boldsymbol{S}_{k+1|k}^{\mathrm{T}} \tag{7-194}$$

由 $\boldsymbol{K}_{k+1}=\boldsymbol{S}_{k+1|k}\boldsymbol{\Sigma}_{k+1|k}^{-1}$ 可将 $\boldsymbol{P}_{k+1|k+1}$ 进一步化为

$$\boldsymbol{P}_{k+1|k+1}=\boldsymbol{P}_{k+1|k}-\boldsymbol{S}_{k+1|k}\boldsymbol{\Sigma}_{k+1|k}^{-1}\boldsymbol{S}_{k+1|k}^{\mathrm{T}} \tag{7-195}$$

由 $\boldsymbol{S}_{k+1|k}=\boldsymbol{P}_{k+1|k}h_x^{\mathrm{T}}(k+1)$ 和 $\boldsymbol{\Sigma}_{k+1|k}=h_x(k+1)\boldsymbol{P}_{k+1|k}h_x^{\mathrm{T}}(k+1)+\boldsymbol{R}_{k+1}$ 可将 $\boldsymbol{P}_{k+1|k+1}$ 再进一步化为

$$\boldsymbol{P}_{k+1|k+1}=\boldsymbol{P}_{k+1|k}-\boldsymbol{P}_{k+1|k}h_x^{\mathrm{T}}(k+1)[h_x(k+1)\boldsymbol{P}_{k+1|k}h_x^{\mathrm{T}}(k+1)+\boldsymbol{R}_{k+1}]^{-1}h_x(k+1)\boldsymbol{P}_{k+1|k}^{\mathrm{T}} \tag{7-196}$$

综上，与卡尔曼滤波算法相似，EKF 算法分为预测和校正两部分，预测状态及协方差矩阵预测方程为

$$\hat{\boldsymbol{X}}_{k+1|k}=f(\hat{\boldsymbol{X}}_{k|k},k) \tag{7-197}$$

$$\boldsymbol{P}_{k+1|k}=f_x(k)\boldsymbol{P}_{k|k}f_x^{\mathrm{T}}(k)+\boldsymbol{\Gamma}_k\boldsymbol{Q}_k\boldsymbol{\Gamma}_k^{\mathrm{T}} \tag{7-198}$$

量测校正更新方程为

$$\hat{\boldsymbol{X}}_{k+1|k+1}=\hat{\boldsymbol{X}}_{k+1|k}+\boldsymbol{K}_{k+1}[\boldsymbol{Z}_{k+1}-h(\hat{\boldsymbol{X}}_{k+1|k},k+1)] \tag{7-199}$$

$$\boldsymbol{K}_{k+1}=\boldsymbol{P}_{k+1|k}h_x^{\mathrm{T}}(k+1)[h_x(k+1)\boldsymbol{P}_{k+1|k}h_x^{\mathrm{T}}(k+1)+\boldsymbol{R}_{k+1}]^{-1} \tag{7-200}$$

$$\boldsymbol{P}_{k+1|k+1}=\boldsymbol{P}_{k+1|k}-\boldsymbol{P}_{k+1|k}h_x^{\mathrm{T}}(k+1)[h_x(k+1)\boldsymbol{P}_{k+1|k}h_x^{\mathrm{T}}(k+1)+\boldsymbol{R}_{k+1}]^{-1}h_x(k+1)\boldsymbol{P}_{k+1|k}^{\mathrm{T}} \tag{7-201}$$

式中，$f_x(k)=\left.\dfrac{\partial f(\boldsymbol{X}_k,k)}{\partial \boldsymbol{X}_k}\right|_{\boldsymbol{X}_k=\hat{\boldsymbol{X}}_{k|k}}$；$h_x(k)=\left.\dfrac{\partial h(\boldsymbol{X}_{k+1},k+1)}{\partial \boldsymbol{X}_{k+1}}\right|_{\boldsymbol{X}_{k+1}=\hat{\boldsymbol{X}}_{k+1|k}}$。

3) 状态分布逼近法

方法 1：基于蒙特卡罗试验，以大量随机样本逼近非线性系统状态分布，粒子滤波是这种方法的代表性算法，适用于任意分布的非线性系统，估计精度较高，但计算量较大。

方法 2：基于确定选点方法，以少量确定样本点逼近状态分布，可以极大减少状态分布逼近的计算量，代表性算法是 Sigma 点卡尔曼滤波算法(包括 UKF、CDKF、CKF 等)。适用于非线性高斯系统，计算量与 EKF 相当，而精度与二阶滤波相当。

7.3　水下机器人组合导航系统

7.3.1　水下机器人航速测量

1. 水声多普勒测速仪与原理

如图 7-3 所示为水声多普勒测速仪(Doppler velocity log，DVL)。在日常生活中，我们对多普勒效应并不陌生。例如，站在火车道附近，当火车迎面开来时，我们会觉得火车鸣笛的音调变高，反之，当火车远离我们而去时，同样的鸣笛听起来音调会变低。这种测量到的声波频率随声源和接收机之间的相对径向移动而发生变化的现象就是声波的多普勒效应。

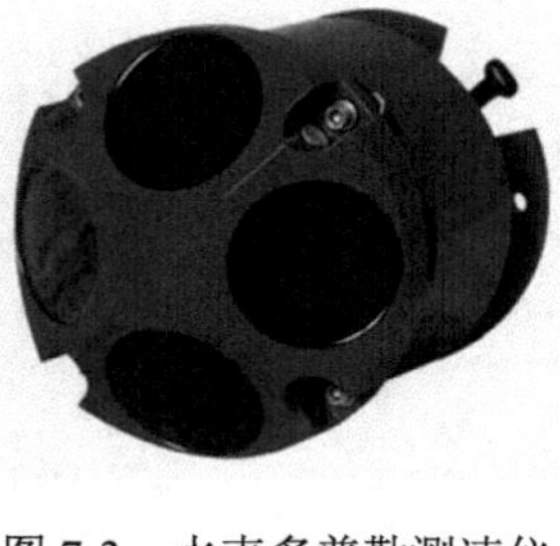

图 7-3　水声多普勒测速仪

当声源与接收器之间存在相对径向运动时，接收到的信号频率将会高于或低于声源发射信号频率，这就是著名的多普勒效应。DVL 就是利用这一基本原理测量载体自身的速度。现在以声源发射脉冲信号从时域上分析多普勒效应，以便得出适合于任意脉冲波形的一般表示式。

考虑收发换能器合置的情况。目标以速度 v 向声呐运动。在 $t=0$ 时刻，声呐与目标的距离为 L，声速为 c。声源向目标发射一个脉冲宽度为 T 的信号(图 7-4(a))。脉冲前沿到达目标，经目标反射回到接收点的时间为 t_1，则在 t_1 时间内，目标向声呐靠近了 $vt_1/2$ 距离。因此有

$$L=\frac{vt_1}{2}+\frac{ct_1}{2} \tag{7-202}$$

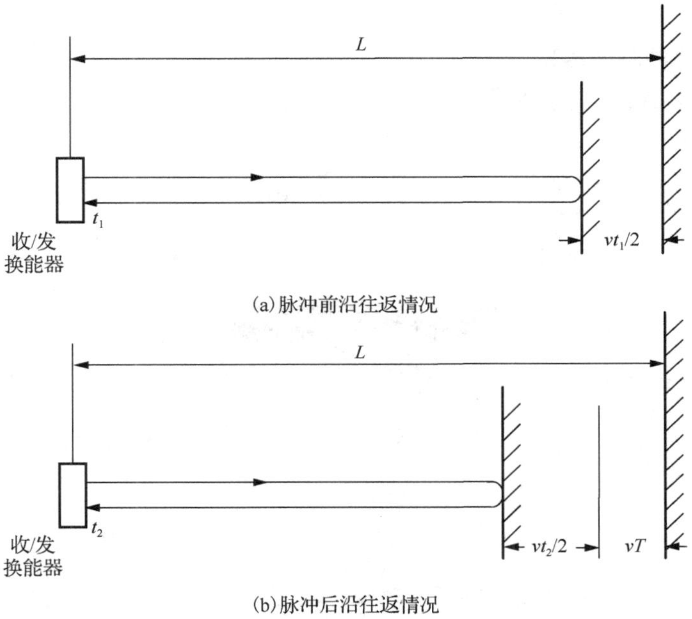

图 7-4　时域多普勒效应分析

因而得到前沿往返时间为

$$t_1=\frac{2L/c}{1+v/c}=\frac{2L/c}{1+x} \tag{7-203}$$

式中，$x=v/c$。当脉冲后沿离开换能器表面时，目标已向声呐靠近了 vT（图 7-4(b)）。若其往返时间为 t_2，在 t_2 时间内目标又向声呐靠近了 $vt_2/2$。因此有

$$L=\frac{1}{2}vt_2+vT+\frac{1}{2}ct_2 \tag{7-204}$$

得到

$$t_2=\frac{2L/c-2xT}{1+x} \tag{7-205}$$

由式(7-203)和式(7-205)可知，前后沿所需往返时间不同，其差值是

$$t_1-t_2=\frac{2xT}{1+x} \tag{7-206}$$

因此，接收信号的脉宽为

$$T_R=T-\left(t_1-t_2\right)=T-\frac{2xT}{1+x}=\left(\frac{1-x}{1+x}\right)T \tag{7-207}$$

这说明，当声源与接收器之间存在径向运动速度时，一个脉冲信号会被压缩(在相向运动时)或展宽(相离运动时)。如果T就是一个周期，则说明接收信号的周期T_R变化了。因此接收信号频率变为

$$f_R=\frac{1}{T_R}=\frac{1+x}{1-x}\cdot\frac{1}{T}=\frac{1+x}{1-x}f_T \tag{7-208}$$

式中，f_T为发射信号频率；$x=v/c$，当声源与目标均运动时，v应为声源和目标两者径向运动速度之代数和。

2. 单波束多普勒测速原理

如图 7-5 所示，AUV 与被照射区的相对径向速度为

$$v=v_x\cos\alpha \tag{7-209}$$

$$x=v/c=\frac{v_x}{c}\cos\alpha \tag{7-210}$$

式中，α为掠射角。

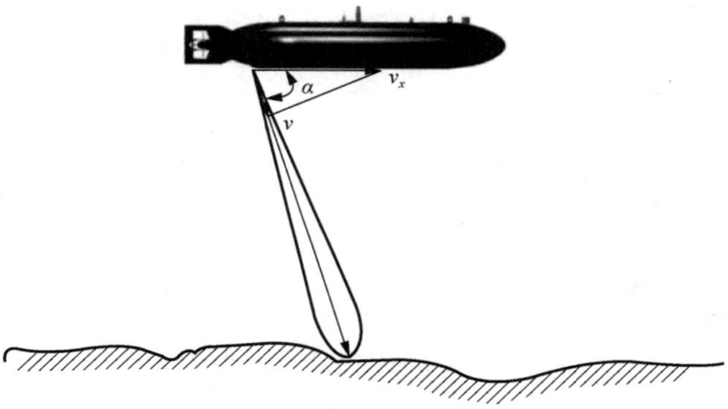

图 7-5　单波束多普勒测速原理示意图

接收的回波信号频率为

$$f_R=\frac{1+x}{1-x}f_T\overset{\text{上下同乘}}{\underset{(1+x)}{=}}\frac{(1+x)^2}{1-x^2}f_T\overset{\text{忽略小量}}{\underset{x=v/c=\frac{v_x}{c}\cos\alpha}{\approx}}(1+2x)f_T \tag{7-211}$$

近似后的单波束多普勒频移为

$$f_d=f_R-f_T=(1+2x)f_T-f_T=2xf_T=\frac{2v_x}{c}f_T\cos\alpha \tag{7-212}$$

式中，$x=v/c=\frac{v_x}{c}\cos\alpha$，从而水下机器人的水平速度为

$$v_x=\frac{c}{2f_T\cos\alpha}f_d \tag{7-213}$$

可见，由于水下机器人的航速远低于声速，单波束声波射束经地面反射后，声波射束信号接收频率可视为一个经过二次多普勒频移的频率。

3. 单波束配置测速误差

设多普勒近似频移为

$$f_d=f_R-f_T=\frac{1+x}{1-x}f_T-f_T=\frac{2x}{1-x}f_T \tag{7-214}$$

而近似后的单波束多普勒频移为

$$f_d' = 2xf_T \tag{7-215}$$

则单波束配置多普勒测速仪相对解算误差为

$$\frac{\Delta f_d}{f_d} = \frac{f_d - f_d'}{f_d} = \frac{\dfrac{2x}{1-x} - 2x}{\dfrac{2x}{1-x}} = x = \frac{v_x \cos\alpha}{c} \tag{7-216}$$

4. 双波束多普勒测速原理

如图 7-6 所示，采用两个掠射角相同的波束，其中一个波束指向前下方，另一波束指向后下方，这种配置称为詹纳斯配置。2 波束詹纳斯配置的多普勒测速仪中波束 I 对地径向相向运动的信号接收频率为

$$f_{R1} = \frac{1+x}{1-x} f_T \tag{7-217}$$

多普勒测速仪中波束 II 对地径向相向运动的信号接收频率为

$$f_{R2} = \frac{1-x}{1+x} f_T \tag{7-218}$$

波束 I 和波束 II 间的多普勒频移差为

$$f_d = f_{R1} - f_{R2} = \frac{4x}{1-x^2} f_T \tag{7-219}$$

忽略二阶小量 x^2，从而波束 I 和波束 II 间的多普勒频移差近似为

$$f_d' = f_{R1} - f_{R2} = 4xf_T = \frac{4v_x}{c} f_T \cos\alpha \tag{7-220}$$

从而 AUV 的水平速度为

$$v_x = \frac{c}{4f_T \cos\alpha} f_d' \tag{7-221}$$

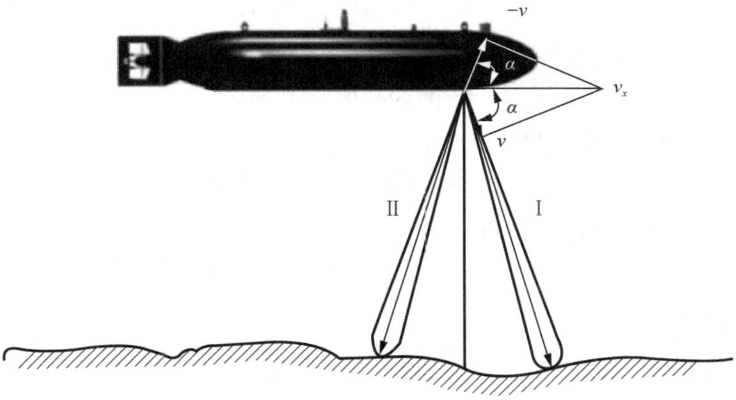

图 7-6　双波束多普勒测速原理示意图

5. 双波束配置解算误差

双波束配置的 DVL 测速误差公式如下：

$$\frac{\Delta f_d}{f_d}=\frac{f_d-f_d'}{f_d}=\frac{\frac{4x}{1-x^2}-4x}{\frac{4x}{1-x^2}}=x^2=\left(\frac{v_x\cos\alpha}{c}\right)^2 \tag{7-222}$$

6. 多波束多普勒测速

水下机器人在三维空间中的地速矢量可分解为水平分量和垂直分量，如图 7-7(a)所示，DVL 采用 4 个波束的詹纳斯配置测定水下机器人的二维水平地速分量。如图 7-7(b)所示，詹纳斯配置利用不在同一平面上的四条声波射束测定水下机器人地速与载体系纵轴正向的夹角方向，以及地速模数。如图 7-7(c)所示，声波射束采用前后左右对称配置，确保 DVL 的工作性能不随地速水平分量方向的改变而发生变化。根据双波束多普勒测速原理，射束 1 和射束 4 以及射束 2 和射束 3 前后配置可用于解算地速模数，而射束 1 和射束 2 以及射束 4 和射束 3 左右配置用于测定地速水平分量夹角方向。

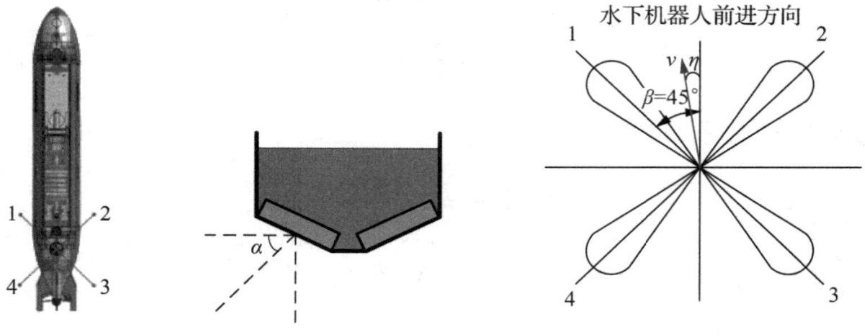

(a)　(b)　(c)

图 7-7　多波束多普勒测速原理示意图

设水下机器人地速矢量水平分量 $\boldsymbol{v}$ 与载体系纵轴正向的夹角为 η，模数为 $|\boldsymbol{v}|$。如图 7-7(b)所示，射束 1～射束 4 与被照射区的相对径向速度分别为

$$v_1=|\boldsymbol{v}|\cos(\beta-\eta)\cos\alpha \tag{7-223}$$

$$v_2=|\boldsymbol{v}|\cos(\beta+\eta)\cos\alpha \tag{7-224}$$

$$v_3=-|\boldsymbol{v}|\cos(\beta-\eta)\cos\alpha \tag{7-225}$$

$$v_4=-|\boldsymbol{v}|\cos(\beta+\eta)\cos\alpha \tag{7-226}$$

从而声学射束 1 同射束 4 间的相对速度为

$$v_{14}=v_1-v_4=2|\boldsymbol{v}|\cos\eta\cos\beta\cos\alpha \tag{7-227}$$

声学射束 1 和射束 2 间的相对速度为

$$v_{12}=v_1-v_2=2|\boldsymbol{v}|\sin\eta\sin\beta\cos\alpha \tag{7-228}$$

相应的多普勒频移为

$$f_{d14}=4\frac{|\boldsymbol{v}|}{c}f_T\cos\eta\cos\beta\cos\alpha \tag{7-229}$$

$$f_{d12}=4\frac{|\boldsymbol{v}|}{c}f_T\sin\eta\sin\beta\cos\alpha \tag{7-230}$$

对上述两个方程联立求解有

$$\frac{f_{d12}}{f_{d14}} = \tan\eta \tan\beta \tag{7-231}$$

詹纳斯配置下 $\beta = 45^\circ$，则 $\tan\eta = \dfrac{f_{d12}}{f_{d14}}$，从而 $\eta = \arctan\dfrac{f_{d12}}{f_{d14}}$，而地速水平分量模数为

$$|\boldsymbol{v}| = \frac{f_{d14}c}{4f_T\cos\eta\cos\beta\cos\alpha} \tag{7-232}$$

式中，c 为声速；α 和 β 均为詹纳斯配置的设定值。

7. 摇摆引起的测速误差与补偿

如图 7-8 所示，有摇摆和上下起伏时，Ⅰ号波束近似多普勒频移：

$$f_{d\mathrm{I}} = \frac{2v_x}{c}f_T\cos(\alpha-\Delta\alpha) + \frac{2v_z}{c}f_T\sin(\alpha-\Delta\alpha) \tag{7-233}$$

Ⅱ号波束近似多普勒频移：

$$f_{d\mathrm{II}} = -\frac{2v_x}{c}f_T\cos(\alpha+\Delta\alpha) + \frac{2v_z}{c}f_T\sin(\alpha+\Delta\alpha) \tag{7-234}$$

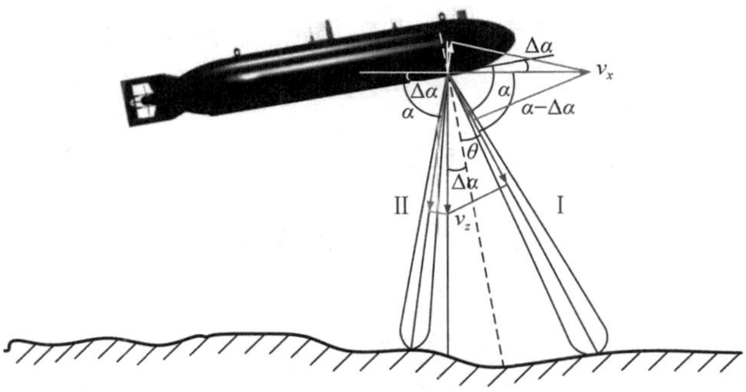

图 7-8　摇摆和上下起伏时的波束近似多普勒频移示意图

前后两波束接收信号的频差：

$$\begin{aligned} f_d' = f_{d\mathrm{I}}' - f_{d\mathrm{II}}' &= \frac{2v_x}{c}f_T\left[\cos(\alpha-\Delta\alpha)+\cos(\alpha+\Delta\alpha)\right] + \frac{2v_z}{c}f_T\left[\sin(\alpha-\Delta\alpha)-\sin(\alpha+\Delta\alpha)\right] \\ &= \frac{4v_x}{c}f_T\cdot\cos\alpha\cdot\cos\Delta\alpha - \frac{4v_z}{c}f_T\cdot\cos\alpha\cdot\sin\Delta\alpha \\ &= \frac{4v_x}{c}f_T\cdot\cos\alpha\cdot\left(\cos\Delta\alpha - \frac{v_z}{v_x}\sin\Delta\alpha\right) \end{aligned} \tag{7-235}$$

在 AUV 无摇摆及上下起伏时，前后两波束接收信号的频差为

$$f_d = f_{d\mathrm{I}} - f_{d\mathrm{II}} = \frac{4v_x}{c}f_T\cdot\cos\alpha \tag{7-236}$$

相对频率测量误差：

$$\left|\frac{\Delta f_d}{f_d}\right| = \left|\frac{f_d - f_d'}{f_d}\right| = \left|\cos\Delta\alpha - \frac{v_z}{v_x}\sin\Delta\alpha - 1\right| \tag{7-237}$$

情况 1：$\Delta\alpha=0$、$v_z\neq 0$，即 AUV 仅有垂荡，没有纵倾，此时前后两个波束测量误差相抵消：

$$\left|\frac{\Delta f_d}{f_{dr}}\right|=0 \tag{7-238}$$

情况 2：$\Delta\alpha\neq 0$、$v_z=0$，即 AUV 仅有纵倾，没有垂荡，此时：

$$\left|\frac{\Delta f_d}{f_{dr}}\right|=\left|\cos\Delta\alpha-1\right| \tag{7-239}$$

可得 v_x 为

$$v_x=\frac{cf_d'}{4f_T\cdot\cos\alpha\cdot\cos\Delta\alpha} \tag{7-240}$$

举例：当 $\Delta\alpha=5^\circ$、$v_z=0$ 时，有

$$\left|\frac{\Delta f_d}{f_d}\right|=\left|\cos 5^\circ-1\right|\approx 0.4\% \tag{7-241}$$

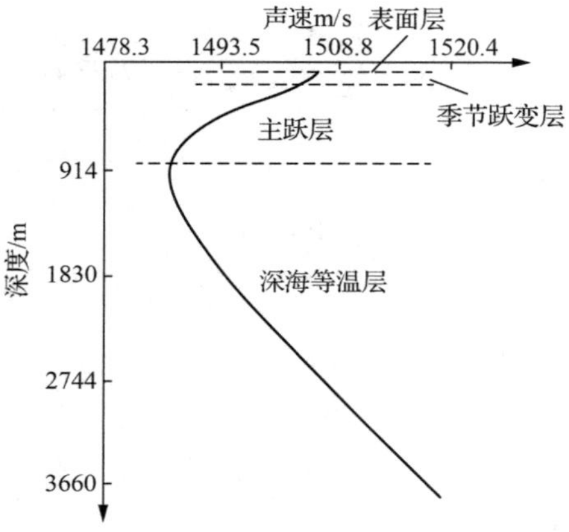

图 7-9　深海声速垂直分布

减小误差的措施包括将换能器安装到稳定平台上，以稳定换能器的指向；测量摇摆角，然后修正测量值。但前者代价昂贵，而后者较为行之有效。

8. 声速引起的测速误差与补偿

由公式 $\dfrac{\Delta f_d}{f_d}=\left(\dfrac{v_x\cos\alpha}{c}\right)^2$ 可以看出，若声速 c 有误差，将引起等比例的詹纳斯配置测速误差。深海声速垂直分布如图 7-9 所示。

海水中声速在垂直方向的变化可分为三个水层：表层（0～150m）、中间层（150～1500m）、深水层（1500m 以上）。表层和深水层温度分布较均匀，由于压力影响，声速随深度而增大；中间层中的声速由于温度迅速降低而减小。

补偿方法包括直接/间接测速补偿法和注油加热法。直接测速补偿法直接测量换能器表面处的声速，计算速度时使用现场测得的声速。间接测速补偿法通过测量换能器表面的温度，再利用声速计算公式计算声速。

注油加热法是将换能器置于导流罩内，注入油，并使用加热装置保持油温恒定。由声速的计算公式 $v_x=\dfrac{cf_d'}{4f_T\cdot\cos\alpha\cdot\cos\Delta\alpha}$ 可知，只需要保持换能器表面附近的 $c/\cos\alpha$ 为常数，便不会带来由水层声速变化而引起的测数误差。

9. 安装误差角引起的测速误差与补偿

DVL 的基阵安装误差带来的系统误差可通过现场测速进行校正，如图 7-10 所示。

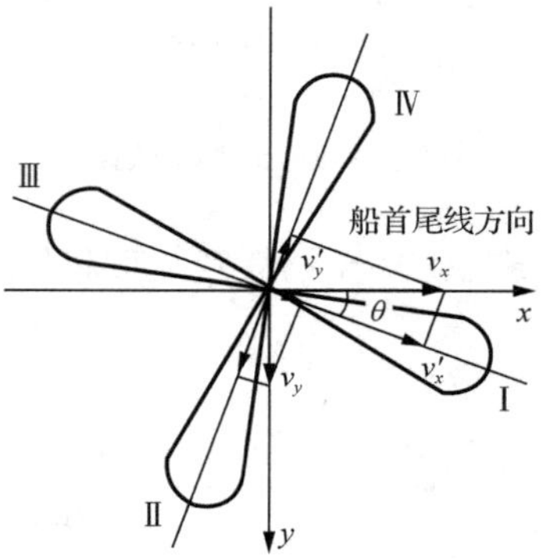

图 7-10　DVL 的基阵安装误差示意图

$$v_{\mathrm{I}} = v_x \cos\theta + v_y \sin\theta \tag{7-242}$$

$$v_{\mathrm{II}} = -v_x \sin\theta + v_y \cos\theta \tag{7-243}$$

安装误差角校正方法(AUV 能够在线校正 DVL 的安装误差角)：

(1) AUV 保持直线航行一段距离，如几海里，在航速达到稳定后利用 GNSS 测量 AUV 在导航坐标系下的平均速度 $\bar{\boldsymbol{v}}_n$、$\bar{\boldsymbol{v}}_e$；

(2) 利用航姿参考系统输出的航姿信息，算得 AUV 载体坐标系下的两个速度分量 $\bar{\boldsymbol{v}}_{bx}$、$\bar{\boldsymbol{v}}_{by}$；

(3) 在速度稳定航段中，结合多普勒计程仪测得的两个速度分量 $\boldsymbol{v}_{bx}$、$\boldsymbol{v}_{by}$ 基于卡尔曼滤波器估计安装误差角。

10. 多普勒频移展宽与束宽引起的测速误差与补偿

DVL 发射的波束具有一定宽度，导致回波的多普勒频移不是某一固定值 f_d，而是一个具有一定展宽 Δf_d 的随机数。多普勒频移扩展 AUV 示意图如图 7-11 所示，多普勒频移扩展原理如图 7-12 所示。

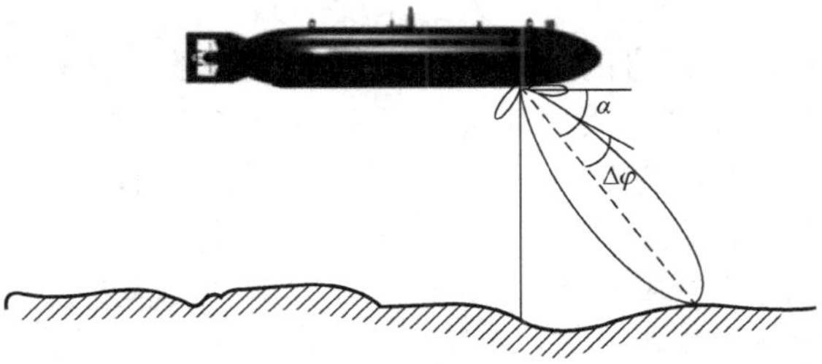

图 7-11　多普勒频移扩展 AUV 示意图

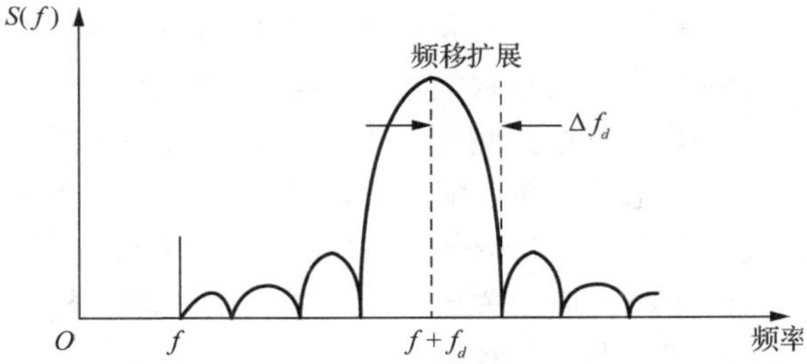

图 7-12　多普勒频移扩展原理

$$\Delta f_{d1} = 2xf_T = \frac{2v_x}{c} f_T \cos(\alpha - \Delta\varphi) \tag{7-244}$$

$$\Delta f_{d2} = 2xf_T = \frac{2v_x}{c} f_T \cos(\alpha + \Delta\varphi) \tag{7-245}$$

则多普勒频移扩展为

$$\Delta f_d = \Delta f_{d1} - \Delta f_{d2} = \frac{2v_x}{c} f_T \sin\alpha \cdot \Delta\varphi \tag{7-246}$$

相对展宽为

$$\frac{\Delta f_d}{f_d} = \frac{\frac{2v_x}{c} f_T \sin\alpha \cdot \Delta\varphi}{2v_x} = \tan\alpha \cdot \Delta\varphi \tag{7-247}$$

举例：当掠射角 $\alpha = 60^\circ$，波束宽度为 10° 时，频移相对展宽为

$$\frac{\Delta f_d}{f_d} = \tan 60^\circ \cdot \frac{10^\circ}{2} \cdot \frac{\pi}{180^\circ} = 15\% \tag{7-248}$$

减小频移扩展误差的方法如下。

(1) 多次测量，求取平均值；测量 M 次，平均后误差降低 $\frac{1}{\sqrt{M}}$。

$$\bar{f}_d = \frac{1}{M}\sum_{i=1}^{M} f_i \tag{7-249}$$

$$\sigma_f^2 = \frac{1}{M}\sigma^2 \tag{7-250}$$

(2) 设置门槛，取回波信号中间部分进行测频，如图 7-13 所示。

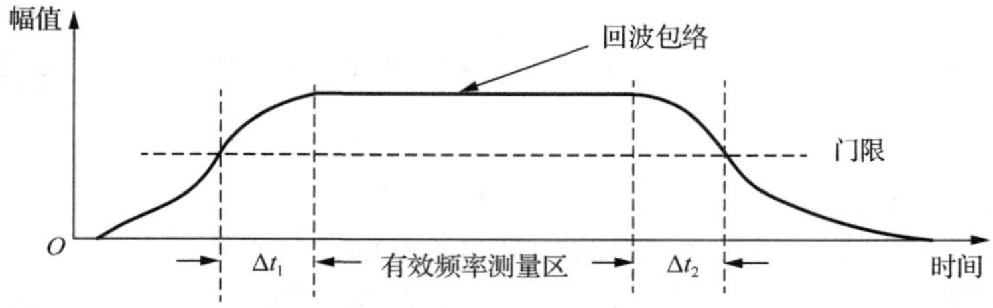

图 7-13　有效频率测量区示意图

11. 声相关测速

声相关计程仪是应用相关技术处理水声信息来测量水下机器人的速度和累计航程的。它的特点是采用垂直发射和接收超声波信号，并对回波信号的幅度包络进行相关信息处理来进行测速。声相关测速具有与多普勒测速相同的测速精度，其测速精度不受声波在海水中传播速度变化的影响，即不受海水温度、盐度和深度等因素的影响，换能器发射波束宽度比较宽，减小了水下机器人横摇时可能发生的回波信号漏失，且声相关可以测量水深，因此可兼作测深仪使用。声相关计程仪有“绝对”和“相对”两种工作方式，“绝对”方式是在仪器最大工作深度范围内，测量水下机器人相对于海底的速度和航程，属于绝对计程仪。“相对”方式是在水深超过仪器的最大工作深度范围时，跟踪水下机器人底部 5～50m 水层，测量水下机器人相对于该水层的速度和航程，此时属于相对计程仪。

如图 7-14 所示，在 AUV 底部沿纵向安装有三个等间距的换能器，从前往后依次为接收换能器 R_1、发射换能器 T 和接收换能器 R_2，两接收换能器之间的间距为 S，发射换能器位于两接收换能器中心连线的中点。发射换能器以一定的时间间隔垂直向海底发射超声波脉冲信号，该信号经海底反射后被接收换能器 R_1 和 R_2 接收，如图 7-15 所示。其包络幅值取决于海水深度、海底底质、超声波传播途径中各种散射体的散射能力、海水介质对超声波的吸收能力等物理条件。

该 AUV 以航速 v 航行，如图 7-14(a) 所示，在 $t = t_1$ 时刻接收换能器 R_1 接收到经过海底散射源 P 反射的回波信号。如图 7-14(b) 所示，经过时间 τ_0 后 ($t_2 = t_1 + \tau_0$ 时刻) 发射换能器 T 移动到接收换能器 R_1 在 t_1 时刻所处的位置，接收换能器 R_2 则移动到发射换能器 T 在 t_1 时刻所处的位置，此时接收换能器 R_2 也将接收到经海底 P 点反射的回波信号。由于前后两个时刻在接收换能器 R_1 和 R_2 上得到的这两个回波信号所经过的路径是相同的，只是方向相反，因此所得到的包络幅值是相等的。

由此不难看出，接收换能器 R_1 和 R_2 的输出端的信号包络幅值随时间变化的函数曲线几乎是完全相同的，只是接收换能器 R_2 比接收换能器 R_1 要延迟一个时间量 τ_0，如图 7-15 所示，τ_0 可表示为

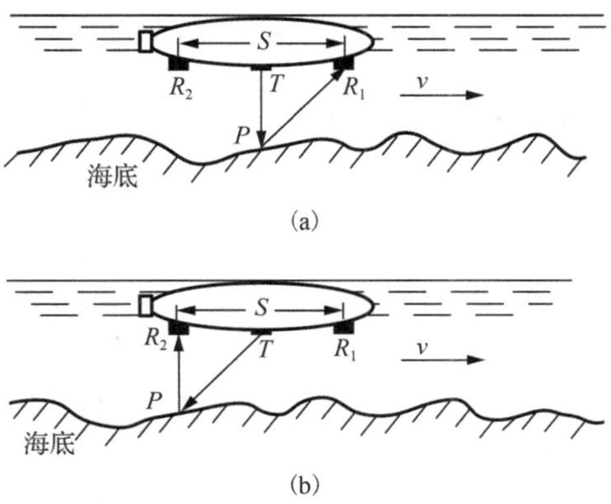

图 7-14　声相关测速示意

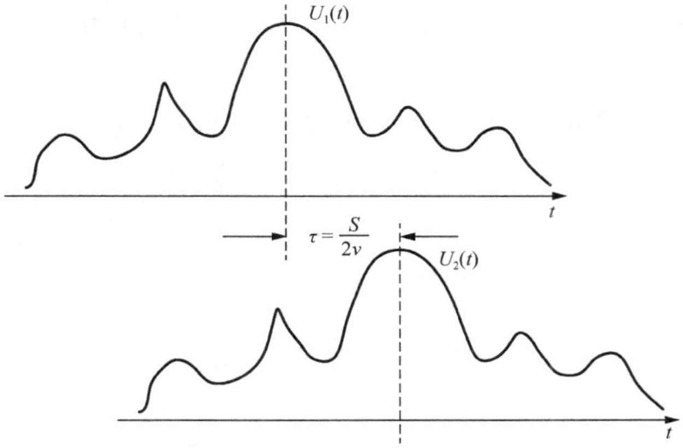

图 7-15　声相关测速原理

$$\tau_0 = \frac{S}{2v} \quad 或 \quad v = \frac{S}{2\tau_0} \tag{7-251}$$

式中，S 是设定值。可见，若能测得延迟时间 τ_0，即可求出航速。延迟时间 τ_0 的值是采用相关技术测量得到的。已知 $U_2(t)$ 在时间上滞后于 $U_1(t)$ τ_0 时间。将 $U_1(t)$ 延迟 τ_0，然后与 $U_2(t)$ 相乘，并将乘积累加取平均值得相关函数值 $R(\tau)$ 可表示为

$$R(\tau) = -\int_0^T U_1(t-\tau)\cdot U_2(t)\mathrm{d}t \tag{7-252}$$

当 $U_1(t-\tau)$ 的延迟时间 $\tau = \tau_0$ 时，相关函数 $R(\tau)$ 的最大值即可得延迟时间 τ_0，从而可求得水下机器人的速度 v 的值为最大。

7.3.2　水下机器人 AHRS/DVL 推位导航系统

小型 AUV 三维推位导航系统传感器包括 1 个深度计、1 个三维 DVL、3 个 MEMS(micro electro mechanical system)陀螺仪、3 个 MEMS 加速度计和 3 个磁强计。其中，深度计可以提供小型 AUV 的深度信息，DVL 提供载体系下三维速度信息；而陀螺仪、加速度计和磁强计各自相互垂直安装，构成 AHRS，提供小型 AUV 的姿态和沿载体系 b 的三维加速度信息。采用 NED 导航坐标系，定义小型 AUV 的横倾轴为 x_b，纵倾轴为 y_b，艏向轴为 z_b，构成右手笛卡儿艇体坐标系 b。

设小型 AUV 在当地切平面坐标系下的位置矢量为 $\boldsymbol{P} = \left[p_N(k) \quad p_E(k) \quad p_D(k)\right]^{\mathrm{T}}$，在载体系 b 下的速度矢量为 $\boldsymbol{V} = \left[v_{xb}(k) \quad v_{yb}(k) \quad v_{zb}(k)\right]^{\mathrm{T}}$，加速度矢量为 $\boldsymbol{A} = \left[a_{xb}(k) \quad a_{yb}(k) \quad a_{zb}(k)\right]^{\mathrm{T}}$。定义小型 AUV 的横倾角为 γ，纵倾角为 θ，航向角为 ψ，经欧拉角计算得到载体系 b 到水平面坐标系 h 的姿态矩阵：

$$\boldsymbol{C}_b^h = \begin{bmatrix} \cos\theta & \sin\theta\sin\gamma & \sin\theta\cos\gamma \\ 0 & \cos\gamma & -\sin\gamma \\ -\sin\theta & \cos\theta\sin\gamma & \cos\theta\cos\gamma \end{bmatrix} \tag{7-253}$$

选取位置矢量 $\boldsymbol{P}$、速度矢量 $\boldsymbol{V}$、加速度矢量 $\boldsymbol{A}$ 和航向角 ψ 作为小型 AUV 运动连续时间模型的状态矢量，该模型由式(7-254)和式(7-255)确定。

$$\dot{\boldsymbol{X}}(t) = \boldsymbol{F}(\boldsymbol{X}(t)) + \boldsymbol{G}\bar{\boldsymbol{A}}(t) + \boldsymbol{W}(t) \tag{7-254}$$

$$\boldsymbol{Z}(t)=\boldsymbol{H}\boldsymbol{X}(t)+\boldsymbol{V}(t) \tag{7-255}$$

式中，

$$\boldsymbol{X}(t)=\begin{bmatrix} p_N(t) & p_E(t) & p_D(t) & v_{xb}(t) & v_{yb}(t) & v_{zb}(t) & a_{xb}(t) & a_{yb}(t) & a_{zb}(t) & \psi(t) \end{bmatrix}^{\mathrm{T}} \tag{7-256}$$

$$\boldsymbol{G}(t)=\begin{bmatrix} \boldsymbol{0}_{6\times4} \\ \boldsymbol{A}_{3\times4} \\ \boldsymbol{\varPsi}_{1\times4} \end{bmatrix} \tag{7-257}$$

$$\boldsymbol{A}_{3\times4}=\begin{bmatrix} \alpha_{xb} & 0 & 0 & 0 \\ 0 & \alpha_{yb} & 0 & 0 \\ 0 & 0 & \alpha_{zb} & 0 \end{bmatrix} \tag{7-258}$$

$$\boldsymbol{\varPsi}_{1\times4}=\begin{bmatrix} 0 & 0 & 0 & \alpha_{\psi} \end{bmatrix} \tag{7-259}$$

式中，α_{xb}、α_{yb}、α_{zb} 为反相关时间常数；α_{ψ} 为航向角反相关时间常数；$\bar{\boldsymbol{\varLambda}}(t)$ 为机动加速度和航向角均值；$\boldsymbol{W}(t)$ 和 $\boldsymbol{V}(t)$ 是互不相关的过程噪声和观测噪声，均为高斯白噪声。根据运动学方程以及载体系 b 同导航系 $\boldsymbol{n}$ 的坐标变换关系可以建立模型状态向量 $\boldsymbol{X}(t)$ 的运动学函数集，即非线性方程 $F\left(\boldsymbol{X}(t)\right)$ 的表达式为

$$\begin{aligned}\dot{p}_N(t)=&(\cos\psi\cdot C_{b11}^h+\sin\psi\cdot C_{b21}^h)v_{xb} \\ &+(\cos\psi\cdot C_{b12}^h+\sin\psi\cdot C_{b22}^h)v_{yb}+(\cos\psi\cdot C_{b13}^h+\sin\psi\cdot C_{b23}^h)v_{zb}\end{aligned} \tag{7-260}$$

$$\begin{aligned}\dot{p}_E(t)=&(-\sin\psi\cdot C_{b11}^h+\cos\psi\cdot C_{b21}^h)v_{xb} \\ &+(-\sin\psi\cdot C_{b12}^h+\cos\psi\cdot C_{b22}^h)v_{yb}+(-\sin\psi\cdot C_{b13}^h+\cos\psi\cdot C_{b23}^h)v_{zb}\end{aligned} \tag{7-261}$$

$$\dot{p}_D(t)=C_{b31}^h v_{xb}+C_{b32}^h v_{yb}+C_{b33}^h v_{zb} \tag{7-262}$$

$$\dot{v}_{xb}(t)=a_{xb}(t) \tag{7-263}$$

$$\dot{v}_{yb}(t)=a_{yb}(t) \tag{7-264}$$

$$\dot{v}_{zb}(t)=a_{zb}(t) \tag{7-265}$$

$$\dot{a}_{xb}(t)=-\alpha_{xb}a_{xb} \tag{7-266}$$

$$\dot{a}_{yb}(t)=-\alpha_{yb}a_{yb} \tag{7-267}$$

$$\dot{a}_{zb}(t)=-\alpha_{zb}a_{zb} \tag{7-268}$$

$$\dot{\psi}(t)=-\alpha_{\psi}\psi \tag{7-269}$$

当小型 AUV 在水下运行时，选取

$$\boldsymbol{Z}(t)=\begin{bmatrix} p_D(t) & v_{xb}(t) & v_{yb}(t) & v_{zb}(t) & a_{xb}(t) & a_{yb}(t) & a_{zb}(t) & \psi(t) \end{bmatrix}^{\mathrm{T}} \tag{7-270}$$

作为观测向量，相应的观测矩阵表达式为 $\boldsymbol{H}=\begin{bmatrix}\boldsymbol{0}_{8\times2} & \boldsymbol{I}_{8\times8}\end{bmatrix}$。

三维水下航行器运动连续时间模型具有以下特点：

(1) 在计算位置矢量时，考虑小型 AUV 的横倾角，避免了因小型 AUV 的微小横倾而引起的模型误差；

(2) 将纵倾角 θ 及其角速率从模型中分离出来，交由导航系统的姿态解算模块单独处理，从而可以专门针对小型 AUV 的姿态角设计滤波程序，减轻了推位导航算法的负担；

(3) 在系统模型中引入载体系 b 下的加速度信息，使得推位导航系统能够为小型 AUV 的控制模块提供除姿态相关信息以外的小型 AUV 的全部动态信息。

动态方程中直接采用载体系 b 下的速度矢量和加速度矢量，使得导航系统提供的速度和加速度信息可以被小型 AUV 的控制模块直接利用，而不必进行姿态变换。同时由于不必进行姿态变换，满足了观测方程(7-255)中的观测噪声不相关的假设，给套用加性白噪声 UKF 公式带来了方便，有助于减小计算量，提高滤波系统稳定性。

仿真实验中，AHRS 器件的仿真参数如表 7-1 所示，深度计精度为满量程的 3‰，三维 DVL 测速精度为 1%。

表 7-1 AHRS 器件仿真参数

参数	陀螺仪	加速度计	磁强计
零偏稳定性(1σ)	$1°/s$	$0.02\ m/s^2$	0.5mGs
随机游走	$0.1°/(s\cdot\sqrt{Hz})$	$0.02m/(s^2\cdot\sqrt{Hz})$	$0.5\ mGs(1\sigma)$

注：$1mGs = 10^{-7}T$。

图 7-16 所示为小型 AUV 以 A 点为起点，G 点为终点的模拟运动轨迹。其中，小型 AUV 在 AB 段做 $0.2m/s^2$ 的匀加速运动，在 BC 段以 4kn 的速度匀速下潜至 30m 深度，在 CD 段以 $-0.2m/s^2$ 的加速度匀减速至 2kn 后在 DE 段匀速巡航后匀速上浮至水面，并在 FG 段以 $-0.1m/s^2$ 的加速度达到静止状态。

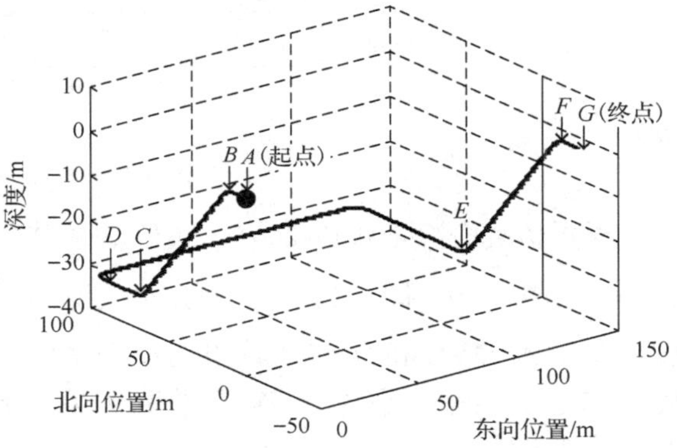

图 7-16 小型 AUV 模拟运动轨迹

仿真环境下，小型 AUV 运动阶段沿载体系 b 的自身速度与加速度信息以及受海流干扰的速度与加速度信息如图 7-17 和图 7-18 所示。

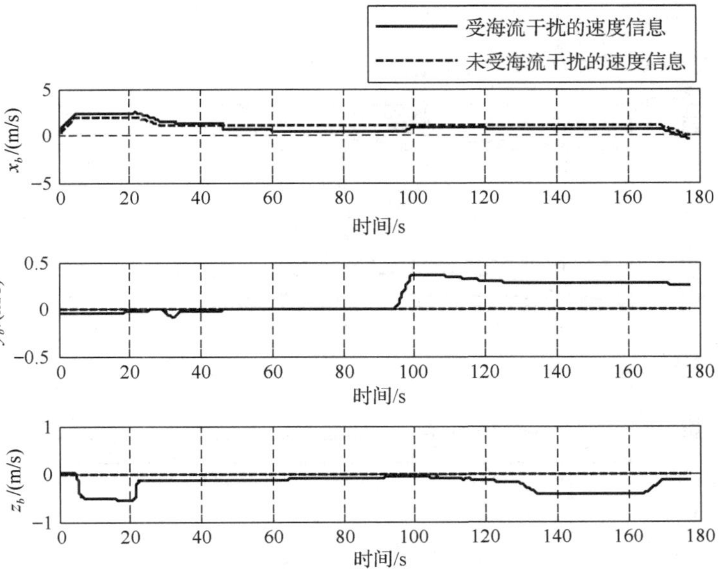

图 7-17 仿真实验速度信息

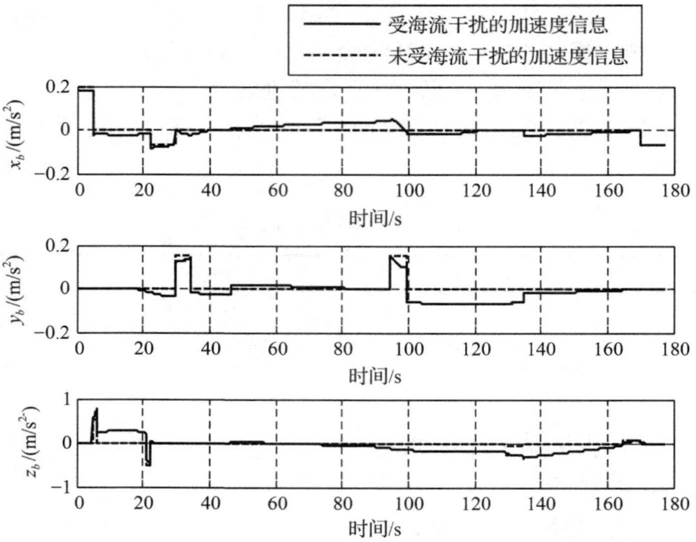

图 7-18　仿真实验加速度信息

根据仿真海况，式(7-266)～式(7-269)中的反相关时间分别为$\alpha_{xb}=1$，$\alpha_{yb}=1$，$\alpha_{zb}=1$，$\alpha_{\psi}=1$。图 7-19～图 7-21 所示为分别采用经典 UKF 算法和带模型误差的 AUKF 算法对深度计、三维 DVL 和 AHRS 输出的小型 AUV 水平姿态角和航向角数据融合后的位置、速度、加速度误差。小型 AUV 在仿真实验中的航行路程为 500m，UKF 的定位误差为航行距离的 3.6%。

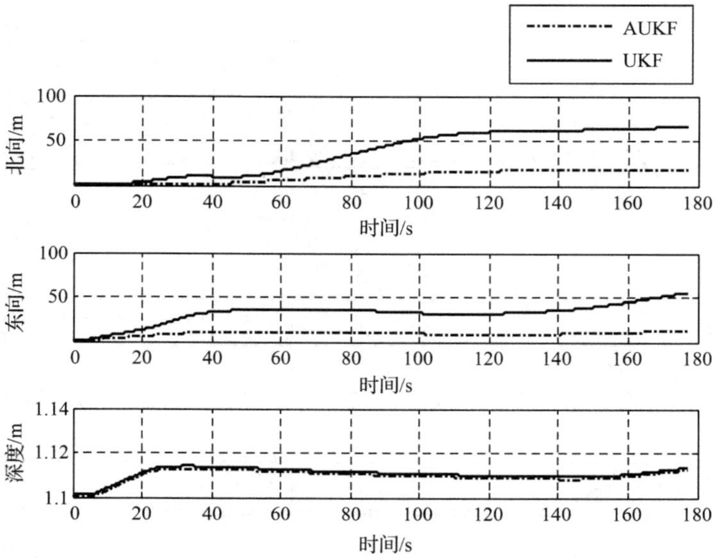

图 7-19　定位误差对比

图 7-20、图 7-21 说明采用带模型误差的 AUKF 算法的小型 AUV 导航系统能够为控制系统提供更为准确的速度和加速度信息，有利于小型 AUV 控制系统提高控制精度。

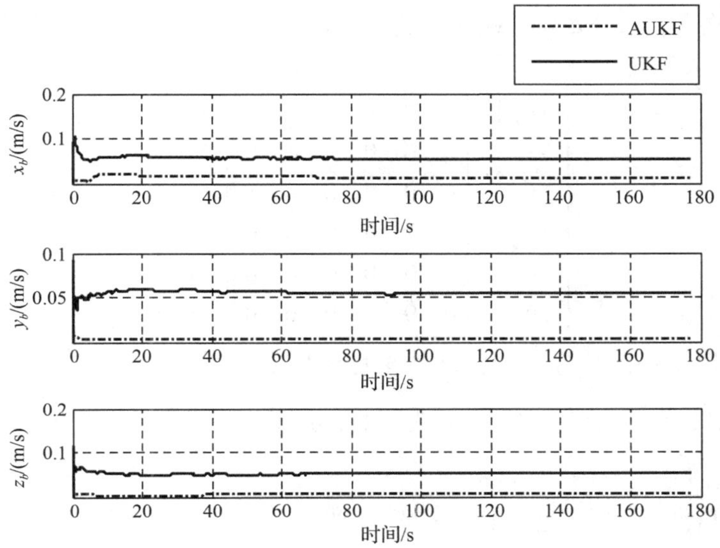

图 7-20　载体系下小型 AUV 速度均方根误差

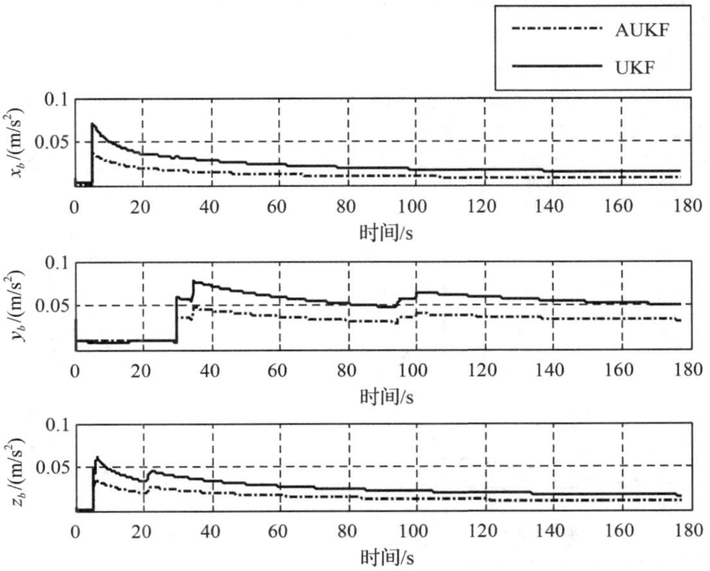

图 7-21　载体系下小型 AUV 加速度均方根误差

7.3.3 大潜深 AUV 单信标水下组合导航系统

深海远程 AUV 搭载的捷联式惯性导航系统采用 NED 导航坐标系 $o_n\text{-}x_n y_n z_n$。设短时间内惯导系统的位置误差 $\begin{bmatrix}\Delta x_N & \Delta x_E & \Delta x_D\end{bmatrix}^{\mathrm{T}}$ 和速度误差 $\begin{bmatrix}\Delta v_N & \Delta v_E & \Delta v_D\end{bmatrix}^{\mathrm{T}}$ 均为常值，即惯导系统误差方程为

$$\begin{bmatrix}\Delta\dot{x}_N\\ \Delta\dot{x}_E\\ \Delta\dot{x}_D\\ \Delta\dot{v}_N\\ \Delta\dot{v}_E\\ \Delta\dot{v}_D\end{bmatrix}=\begin{bmatrix}0&0&0&1&0&0\\0&0&0&0&1&0\\0&0&0&0&0&1\\0&0&0&0&0&0\\0&0&0&0&0&0\\0&0&0&0&0&0\end{bmatrix}\begin{bmatrix}\Delta x_N\\ \Delta x_E\\ \Delta x_D\\ \Delta v_N\\ \Delta v_E\\ \Delta v_D\end{bmatrix} \tag{7-271}$$

设母船在当地切平面坐标系下的动态坐标为 $\begin{bmatrix}x_N^{\mathrm{SHIP}} & x_E^{\mathrm{SHIP}} & x_D^{\mathrm{SHIP}}\end{bmatrix}^{\mathrm{T}}$，而惯导系统输出的 AUV 位置坐标为 $\begin{bmatrix}x_N^{\mathrm{AUV}} & x_E^{\mathrm{AUV}} & x_D^{\mathrm{AUV}}\end{bmatrix}^{\mathrm{T}}$，选取 USBL 提供的距离信息作为观测量，则相应的观测方程为

$$z=\sqrt{\left(x_N^{\mathrm{SHIP}}-x_N^{\mathrm{AUV}}-\Delta x_N\right)^2+\left(x_E^{\mathrm{SHIP}}-x_E^{\mathrm{AUV}}-\Delta x_E\right)^2+\left(x_D^{\mathrm{SHIP}}-x_D^{\mathrm{AUV}}-\Delta x_D\right)^2} \tag{7-272}$$

如图 7-22(a)所示，在水面母船辅助的条件下，大潜深 AUV 采用螺旋下潜方式，并反复利用母船搭载的 USBL 系统提供的距离信息，估计其上搭载的惯导系统的速度误差和定位误差；如图 7-22(b)所示，为计算机仿真采用的 AUV 下潜路径。

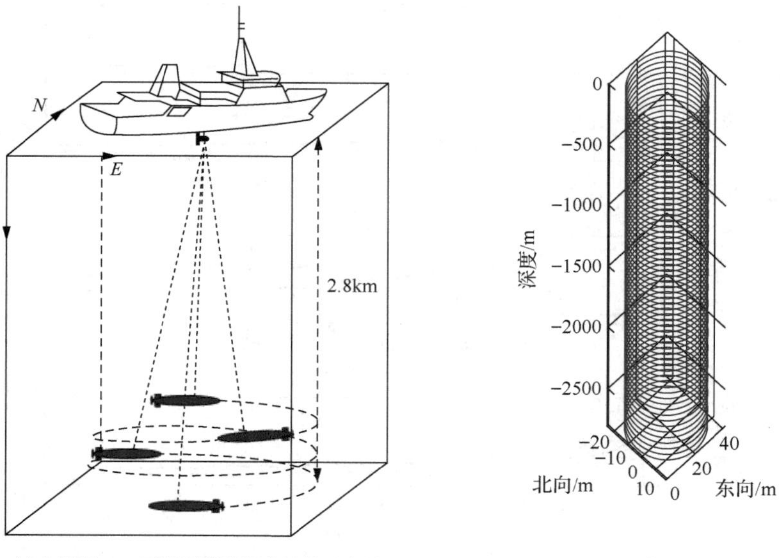

(a) 大潜深AUV下潜过程纯距离导航示意图　　(b) AUV下潜仿真路径

图 7-22　大潜深 AUV 纯距离导航及下潜仿真路径示意图

仿真环境下，分别基于典型 UKF 算法和 ST-SRUKF 算法对捷联惯导系统的位置误差和速度误差进行估计，仿真试验结果如图 7-23～图 7-26 所示。

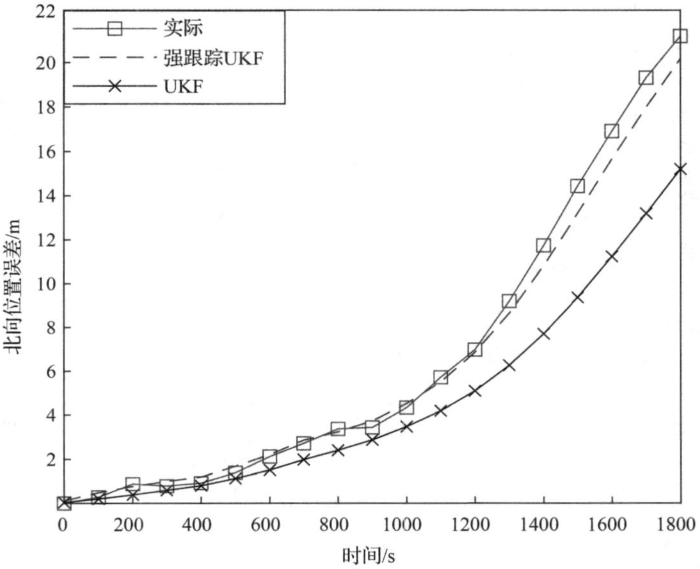

图 7-23　北向位置误差估计

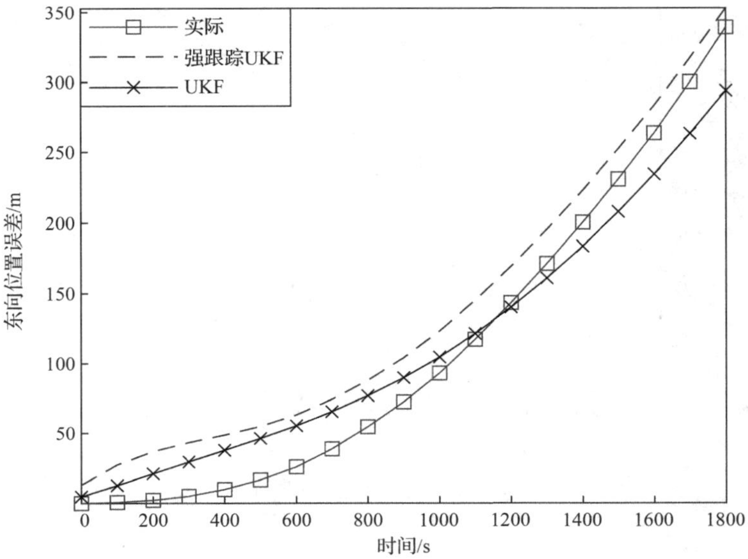

图 7-24　东向位置误差估计

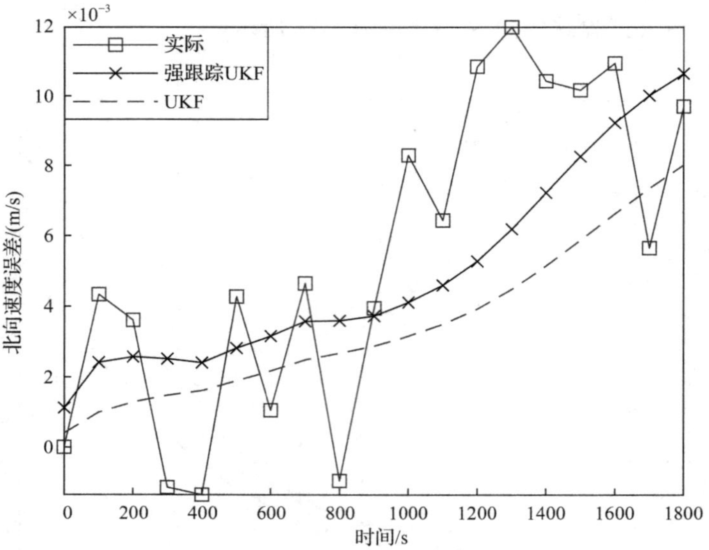

图 7-25　北向速度误差估计

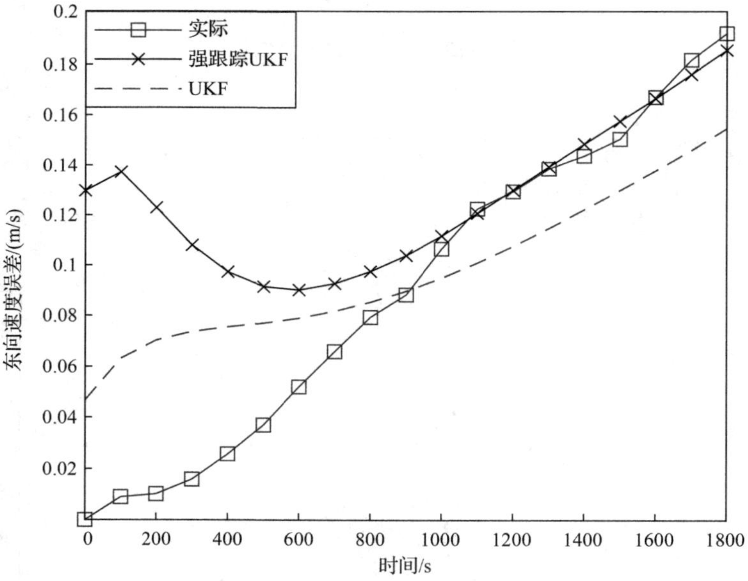

图 7-26　东向速度误差估计

第 8 章　水下机器人海洋地球物理导航原理与系统

微课

海洋地球物理导航通过海洋地球物理参数(地形高程、磁场、重力)的测量，及其与先验海图信息的匹配，估计水下机器人潜航位姿信息，实现海图坐标系下的导航定位。海洋地球物理导航属于自主导航方式，已知全球海图的条件下，理论上可实现水下全域导航。

8.1　海洋地球物理传感器

海洋地球物理导航关键技术包括海洋地球物理信息传感器、导航区域高精度海图数据库和信息融合与匹配算法。水下海洋地球物理信息高精度量测是海洋地球物理导航的前提和基础，本节针对测深仪、水下重磁测量传感器进行介绍。

8.1.1　水下机器人潜深测量

深度计是水下机器人潜深测量传感器，通过测量水压 p_b 确定水下机器人潜深 d。水下机器人潜深与压力的线性函数关系为

$$d \approx \frac{p_b - p_s}{\rho g} \tag{8-1}$$

式中，p_s 为水面大气压力；ρ 为水的密度；g 为重力加速度。水的密度是温度和盐度的函数，淡水密度近似为 $10^3\,\text{kg}\cdot\text{m}^{-3}$，海水密度近似为 $1.03\times10^3\,\text{kg}\cdot\text{m}^{-3}$。深度每增加 10m，压力增加约 1 个大气压($10^5\,\text{Pa}$)。压力测量的典型精度在 0.2% 之内。

8.1.2　海底地形高程测量

海底地形导航利用海底地形高程测量值与海底地形高程图匹配，提供水下机器人水平位置估计值。海底地形高程测量值是水下机器人潜深测量值 d 与水下机器人距离海底高程测量值 D 之和，则海底地形绝对高程为 $h_t = D + d$。其中，D、d 和 h_t 三者关系如图 8-1 所示。

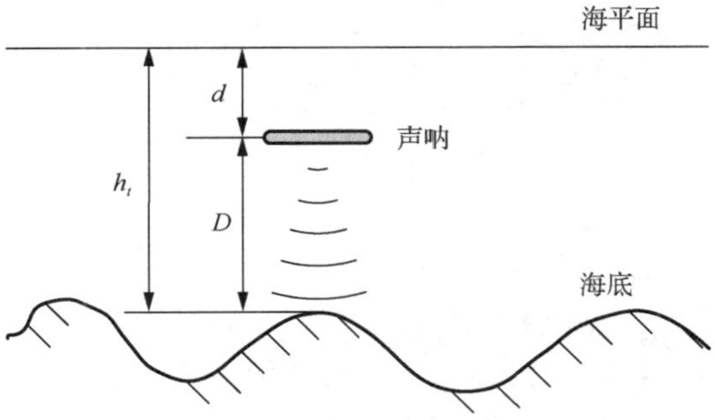

图 8-1　海底地形高程测量原理

测深仪是水下机器人距海底高程测量传感器，包括单波束测深仪和多波束测深仪。

1. 单波束测深

单波束测深仪是水下机器人海底地形高程单点测量传感器。单波束测深仪换能器垂直向下发射短脉冲声波，脉冲声波遇到水底后发生反射，回波信号反射回换能器被换能器接收。水深值由声波往返时间和水下平均声速确定：

$$D = \frac{1}{2}cT \tag{8-2}$$

式中，D 为换能器至水底间的海底地形相对高程；c 为水体的平均声速；T 为声波往返传播时间。海底地形相对高程 D 加上水下机器人潜深 d 和潮位修正值 ΔD_T，得到海底地形绝对高程为

$$h_t = D + d + \Delta D_T \tag{8-3}$$

2. 多波束测深

单波束测深仪属于单点测深设备，一次声波垂直发射只形成单个波束，无法实现全覆盖地形扫测。多波束测深仪一次声波发射可形成几百至上千个波束，能够实现对海底地形的高分辨率面扫测。同单波束垂直测深技术相比，多波束测深具备高效率、高精度等优势，已成为水下机器人地形高程测量的必备工具。多波束测深仪主体由发射阵、接收阵、内置于测深系统的计算机三部分组成。如图 8-2 所示，多波束测深仪首先通过发射阵向海底发射扇形声脉冲，脉冲信号触碰到海底地形后反射，接收阵列获取不同方向上反射信号的入射角度及传播时间。发射波束与单个接收波束的交叉区域称为脚点(footprint)。一个发射和接收循环称为一个 Ping。单 Ping 形成的完整扇区的扫描过程称为扇区扫测(fan)。单 Ping 扇区扫测获得的所有脚点的覆盖宽度称为一个测深条带或测幅(swath)。单 Ping 扇区扫测两侧最外缘波束间的夹角称为扇区开角或扇区宽度(fan width)。

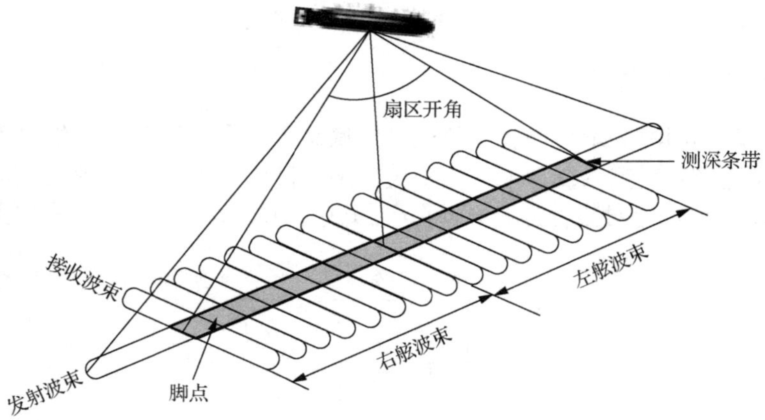

图 8-2　多波束测深仪原理示意图

如图 8-3 所示，波束立体角的对称轴称为波束主轴，波束主轴与天底向之间的夹角称为波束入射角(beam incident angle)。波束主轴与其投射面水平向投影之间的夹角称为波束掠射角(beam grazing angle)。一次扇区扫测所形成的换能器下方水平向的一系列波束组成的海底水深剖面称为测深横断面或测深剖面，多波束测深剖面的水平向横向宽度与天底向垂直深度的比值称为扫宽(coverage)。

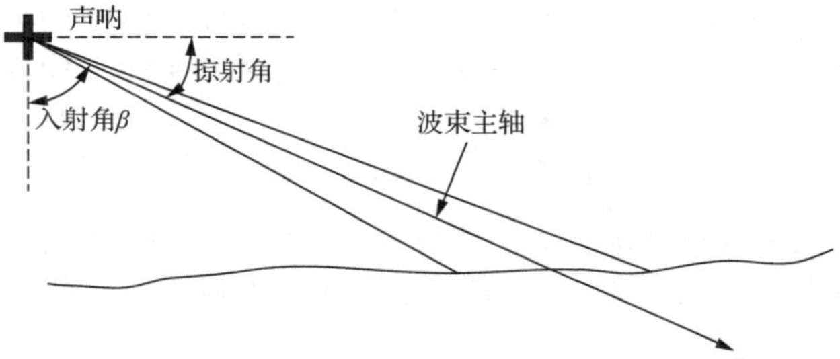

图 8-3　声呐波束相关概念示意图

如图 8-4 所示，设多波束测深仪的发射与接收阵列均位于水下机器人载体坐标系原点，且海水是均匀介质，声波传播不会因密度变化而出现弯曲，海水中声波传播速度为常值 c，回波时间为 t，则多波束各个测深脚点到水下机器人载体系原点的距离 r 为

$$r = ct / 2 \tag{8-4}$$

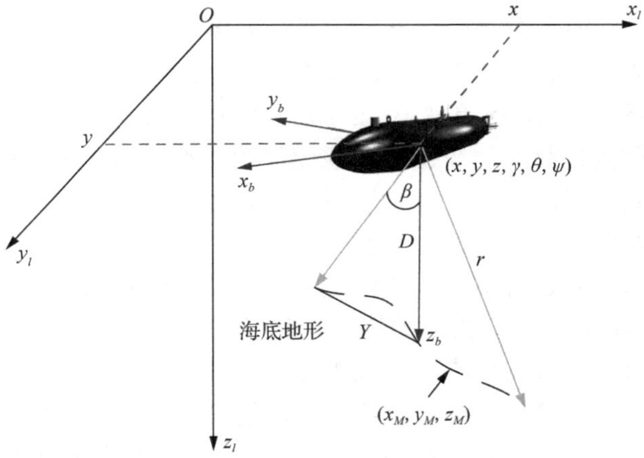

图 8-4　水下机器人多波束测深仪脚点坐标计算

设单个波束入射角为 β，则载体系下脚点相对水深 D 和水平向位置 Y 可表示为

$$\begin{cases} D = \cos\beta \cdot ct / 2 \\ Y = \sin\beta \cdot ct / 2 \end{cases} \tag{8-5}$$

结合式(8-4)可知载体系下测深点坐标为 $(0, Y, D)$，其中

$$\begin{cases} D = r\cos\beta \\ Y = r\sin\beta \end{cases} \tag{8-6}$$

设水下机器人在当地切平面坐标系下的位姿信息为 $(x, y, z, \gamma, \theta, \psi)$，则测深点在当地切平面坐标系下可表示为

$$\begin{bmatrix} x_M \\ y_M \\ z_M \\ 1 \end{bmatrix} = \boldsymbol{R} \begin{bmatrix} 0 \\ Y \\ D \\ 1 \end{bmatrix} = \boldsymbol{R} \begin{bmatrix} 0 \\ r\sin\beta \\ r\cos\beta \\ 1 \end{bmatrix} \tag{8-7}$$

式中，(x_M, y_M, z_M) 分别为测深点在当地切平面坐标系下的位置信息；$\boldsymbol{R}$ 为变换矩阵，可表示为

$$
\boldsymbol{R}=\begin{bmatrix}\cos\theta\cos\psi & \sin\gamma\sin\theta\cos\psi-\cos\gamma\sin\psi & \sin\gamma\sin\psi+\cos\gamma\sin\theta\cos\psi & x\\ \cos\theta\sin\psi & \cos\gamma\cos\psi+\sin\gamma\sin\theta\sin\psi & \cos\gamma\sin\theta\sin\psi-\sin\gamma\cos\psi & y\\ -\sin\theta & \sin\gamma\cos\theta & \cos\gamma\cos\theta & z\\ 0 & 0 & 0 & 1\end{bmatrix} \tag{8-8}
$$

根据式(8-7)，通过多波束测深脚点归位解算，获得当地切平面坐标系下海底地形测深条带高程值，在连续获得多条条带测深高程信息后，可将其拼接作为海底地形匹配关键帧。

8.1.3 水下地磁测量

磁力仪是地磁测量传感器，包括地磁总场磁力仪、地磁矢量磁力仪和地磁梯度仪，根据地磁探测原理，包括质子旋进式磁力仪、Overhauser 磁力仪、光泵磁力仪、磁通门式磁力仪、磁阻式磁力仪等。早期海洋地磁场磁力仪多基于质子旋进原理设计。质子旋进式磁力仪利用氢原子核的质子旋进，周期性地切割线圈，产生和质子旋进频率相同的电感应信号，利用质子旋进频率和地磁场间的比例关系，通过测量旋进信号频率，测得地磁场大小。质子旋进式磁力仪无地磁探测死区，但存在进向误差且功耗较大。

Overhauser 磁力仪同样基于质子旋进原理实现地磁场强度测量，不同之处在于 Overhauser 效应无须外加大能量极化磁场，利用电子-质子对在很小的极化能量下产生清晰显著的质子旋进信号。Overhauser 磁力仪具有质子旋进式磁力仪的优点，功耗低且可以对地磁进行快速测量。光泵磁力仪利用碱金属原子能级在磁场中的塞曼效应、光泵作用和磁共振作用实现地磁测量，常用的工作元素有钾、铷、铯、氦等。

磁通门式磁力仪基于磁芯材料的非线性磁化效应。在交变激励信号作用下，磁芯导磁特性发生饱和与非饱和周期性变化，磁芯的饱和点就像一道门，通过这个门限，地磁场被调制，磁芯上感应线圈的输出与地磁场调制信号成正比，通过电路检测提取地磁场信息。近年来，随着半导体工艺和微电子技术的发展，磁阻技术陆续应用于海洋地磁探测领域。利用材料磁阻的各向异性以及常磁阻、巨磁阻、超巨磁阻、隧穿磁阻、直冲磁阻和异常磁阻等不同特性，研发出了各种不同类型的磁力仪。

8.1.4 水下重力测量

重力仪是重力测量传感器，可以分为标量、矢量和梯度重力仪三类。按照测量原理，重力仪可分为绝对重力仪和相对重力仪。绝对重力仪利用自由落体运动规律，采用稳频激光干涉测量技术，测量真空环境下自由落体运动的位移和时间，通过拟合运动参数得到绝对重力值。相对重力仪使用静力法测量技术，通过检测重力作用下质点静力平衡位置变化，测量两点间的重力差，因此称为相对重力测量。水下机器人多搭载相对重力仪实现水下重力的移动测量。相对重力仪本质上是一个高精度加速度计，对保障动基座重力测量精度至关重要。

设水下机器人搭载重力仪在水下潜航，由牛顿第二运动定律可知，惯性系中质点运动方程可以表示为

$$
\ddot{\boldsymbol{r}}=\boldsymbol{f}+\boldsymbol{g} \tag{8-9}
$$

式中，$\ddot{\boldsymbol{r}}$ 为载体惯性加速度；$\boldsymbol{f}$ 为比力；$\boldsymbol{g}$ 为重力加速度。

由式(8-9)得到

$$
\boldsymbol{g}=\ddot{\boldsymbol{r}}-\boldsymbol{f} \tag{8-10}
$$

式(8-10)表明水下机器人移动重力测量过程中，高精度加速度计处于不断运动状态，重力测量结果同时包含重力加速度和惯性加速度，需要在水下机器人运动状态下将二者分离。按照高精度加速度计安装方式不同，相对重力仪可分为平台式、捷联式和旋转式三类。

平台式相对重力仪直接采用二轴或三轴稳定平台为高精度加速度计提供物理水平测量基准，使高精度加速度计的敏感轴保持稳定的垂直指向，分离重力加速度和惯性加速度。受陀螺仪零偏和载体惯性加速度影响，稳定平台姿态误差角难以精确测量和完全补偿，存在置平误差。若平台式相对重力仪置平精度为 2′，则能够实现 1mGal(10^{-3}cm/s^2)的标量重力测量精度，而用于地球物理和地质勘探的平台式绝对重力仪目前已达到微伽级测量精度，被用于对重力测量精度要求较高的场合。捷联式相对重力仪中，高精度加速度计与载体刚性固联，通过坐标系变换将重力测量值转换到当地水平坐标系下，机械复杂度大大降低，具有低成本、小体积、高可靠等优点。平台式相对重力仪、捷联式相对重力仪均可用于标量重力测量或矢量重力测量。高精度加速度计测得的都是重力加速度与该方向上载体惯性加速度叠加的结果。配合 DVL、高精度惯性导航系统、深度计等导航设备，结合高阶滤波算法可以基本消除水下机器人惯性加速度对重力加速度测量的影响。例如，基于加拿大先达利公司 CG-3M 型重力仪，日本东北大学和东京大学联合研制了用于水下机器人 R-One 的重力仪，精度可达 1mGal。

旋转式相对重力仪中，高精度加速度计成对共轭安装，计算并输出加速度计间的差值，通过采用三个相互垂直安装的转盘安装 12 个加速度计，实现重力梯度测量，因此可以把加速度计中相互耦合的惯性加速度和重力加速度分离开来，最大限度地消除水下机器人惯性加速度对输出结果的影响，从而从根本上消除由水下航器自身运动对重力加速度测量带来的系统误差。旋转式相对重力仪的各个转盘均以 Ω 的角速率稳定旋转，通过数学解算可以得到 5 个独立的重力梯度元素，因此是一种旋转式重力梯度仪，目前重力梯度仪还包括静电悬浮重力梯度仪、超导重力梯度仪、量子重力梯度仪等。20 世纪 90 年代初，美国 Bell Aerospace 公司成功研制了旋转式重力梯度仪。

8.2　海洋地球物理导航系统

海洋地球物理导航系统是以惯性基导航单元辅助测深仪、重磁仪等外部传感器，通过海洋地球物理参数匹配，实现以海底形貌图、海洋重磁图等电子海图为基准的数据库参考导航系统。海洋地球物理导航系统由惯性基导航单元、海洋地球物理探测传感器、海洋地球物理信息海图、解算计算机等组成，包括海底地形导航系统、水下地磁导航系统和水下重力导航系统。

8.2.1　海底地形导航系统

海底地形导航系统是将海底地形高程分布作为导航信标，基于水下机器人潜航实测的海底地形高程信息，在惯性基导航系统位置约束下，利用地形匹配算法检索海底地形基准图，获得水下机器人观测到的海底地形高程对应的方位信息，基于信息融合算法修正惯导系统位姿误差，实现水下机器人精确定位的自主导航系统。海底地形导航系统具有极高的自主性和无源性，是水下机器人潜航定位理想的隐蔽导航方式。如图 8-5 所示，海底地形导航系统由惯性基导航单元、测深仪、深度计、海底地形基准图和解算计算机等组成。

地形导航系统是新型导航系统，最早应用于巡航导弹的远程定位。其中最著名的是由美国通用动力公司研制的地形等值线匹配(terrain contour matching，TERCOM)系统。如图 8-6

所示，TERCOM 通过连续测得的地形高程等值线数据，运用最小方差法、平均绝对差法等相关度算法进行批处理。

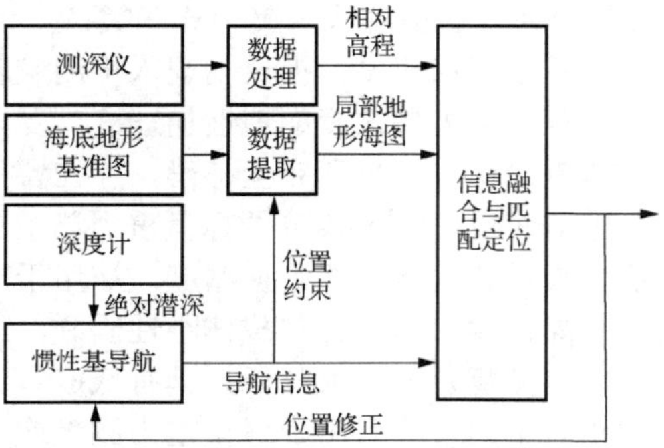

图 8-5　海底地形导航系统原理框图

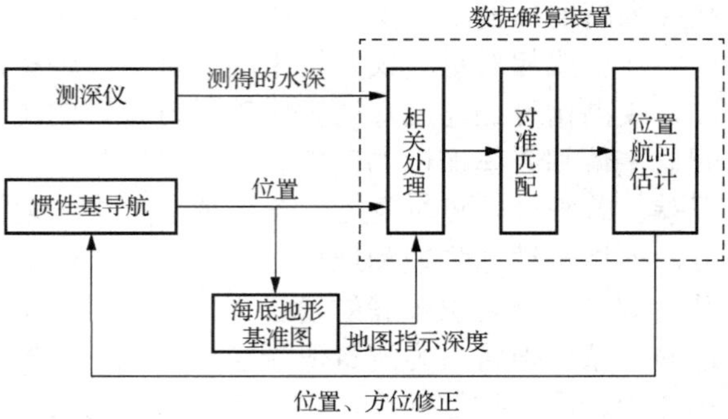

图 8-6　TERCOM 地形导航系统原理图

美国桑迪亚国家实验室于 20 世纪 70 年代中期提出桑迪亚地形导航(Sandia inertial terrain aided navigation，SITAN)方法。如图 8-7 所示，SITAN 基于捷联式惯性导航系统，利用地形局部随机线性化技术，基于扩展卡尔曼滤波递推方法进行连续的地形匹配和航行器位姿估计。该方法容许航行器有较大的速度和航向误差，同时允许航行器作机动航行。

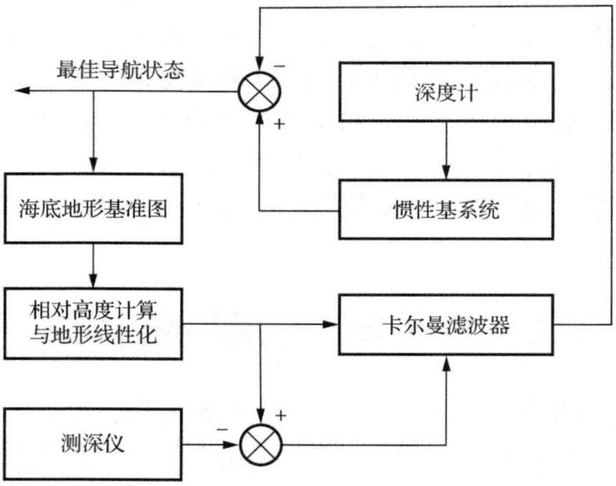

图 8-7　SITAN 地形导航系统原理图

为克服地形非线性特性，SITAN 采用局部地形随机线性化技术，当地形斜率正负号发生变化时，容易产生多值问题，引起扩展卡尔曼滤波发散。近年来，随着地形导航系统在水下航行器上研究的深入发展，相继出现了适用于单波束测深仪的等值线迭代最近点(iterative contour closest point，ICCP)海底地形导航系统，以及适用于多波束测深仪的迭代最近点(iterative closest point，ICP)海底地形导航系统。

8.2.2　水下地磁导航系统

地磁场形成于 40 亿年前，长久以来为人类和一些生物“指引”着航行方向。战国时期，我国就发明了司南，利用地磁场进行导航。公元 300—400 年，我国晋代就已制造出航海罗盘，至今指南针仍是应用最广泛的定向工具。美国北卡罗来纳大学利用室内的幼龟实验和大洋中的海龟卫星追踪实验综合研究证实了地磁场能够为海洋动物水下导航提供准确的导航定位基准。这些实践和研究为水下机器人地磁导航系统研制提供了理论参考和事实依据。水下地磁导航系统是将海洋地磁分布作为导航信标，基于水下机器人潜航实测的地磁异常信息，在惯性基导航系统位置约束下，利用地磁匹配算法检索水下地磁图，获得水下机器人观测到的海底地磁异常方位信息，基于信息融合算法修正惯性基导航系统位姿误差，实现水下机器人精确定位的自主导航系统。水下地磁导航系统不需要预设基础设备、无辐射，具有极高的自主性和无源性，是水下机器人潜航定位理想的隐蔽导航方式。

20 世纪 60 年代，美国的 E-system 公司提出利用地磁场实现航行器定位构想，并借鉴地形等值线匹配技术研制了地磁异常场等值线匹配导航(magnetic contour matching，MAGCOM)系统。70 年代中期，苏联 Ramenskoye 设计公司，采用磁通门传感器，使用实测地磁数据建立了范围为300km×50km 的地磁图，通过离线实验验证了 MAGCOM 地磁导航系统的可行性。80 年代初，瑞典 Lund 学院开展了水面船只的地磁导航实验验证。采用双磁力仪差分方式将地磁强度的测量数据与地磁图进行人工比对，确定船只位置的同时根据距离已知的两个磁传感器的输出时差确定船只速度。1992 年，美国为 AUV 研制了一种水下磁定位系统，利用预置磁标和三轴矢量磁力计，通过测量磁标位置，对 AUV 进行水下定位。2009 年，美国研制出地面和空中定位精度高于 30m 和水下定位精度高于 500m 的地磁导航系统。日本大阪大学研究团队通过使用水下深度和地磁场实现了水下载体导航定位。

除磁力仪外，水下地磁导航关键技术包括地磁基准图/地磁场模型构建、信息融合与匹配定位方法。水下地磁导航采用的地磁场模型主要有全球地磁场模型以及区域地磁场模型。目前权威的全球地磁场模型主要有 IGRF(international geomagnetic reference field)模型、WMM(world magnetic model)、CGRF(Chinese geomagnetic reference field)模型等。如图 8-8 所示，水下地磁导航系统由惯性基导航单元、磁力仪、地磁基准图/地磁场模型以及解算计算机等组成。

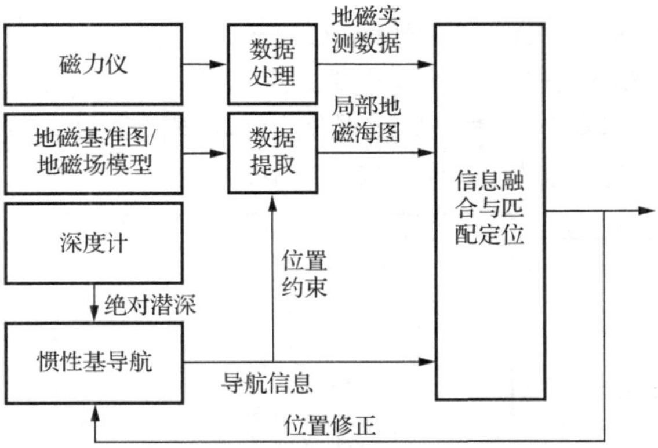

图 8-8　水下地磁导航系统原理框图

8.2.3　水下重力导航系统

水下重力导航系统是利用随水下空间位置不同而连续变化的重力场来进行水下航行器导航定位的新方法。水下重力导航系统的研究始于 20 世纪 70 年代，美国 Analytic Sciences 公司根据重力异常统计模型构建 Kalman 滤波系统，利用重力梯度仪消除由参考重力场模型不准确导致的惯性基导航系统误差，但重力矢量垂线偏差补偿并不能消除惯性器件系统误差导致的惯性基导航误差，补偿后的惯性导航系统位姿误差仍随时间累积。随着重力测量精度的不断提高，重力仪能够感知重力场的微弱变化，水下重力导航系统能够采用高精度重力仪并利用重力基准图基于重力匹配定位，抑制惯性基导航误差增长。如图 8-9 所示，水下重力导航系统由惯性基导航单元、重力仪、重力基准图/重力场模型以及解算计算机组成。

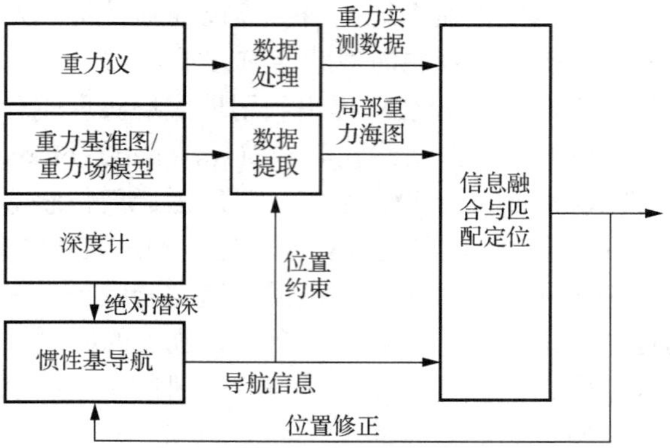

图 8-9　水下重力导航系统原理框图

重力导航系统研究主要集中于重力仪(相对重力仪/重力梯度仪)研制、重力基准图/重力场模型构建、重力导航原理等方面。重力基准图是按一定密度分布的离散重力值或重力梯度值集合，包括重力异常图和重力梯度图。重力场模型是地球重力位的数学表达，常用球谐函数的级数来表示。20 世纪 90 年代初，美国 Bell Aerospace 公司研制的重力梯度仪成功应用于三叉戟-II 型潜艇，实现了重力梯度的移动式测量。并且 GEOSAT 卫星、机载、船载重力仪和重力梯度仪均已测量了大量海洋重力数据，这些都为后续研究奠定了设备和数据基础。1991 年，贝尔实验室针对水下导航定位问题，研发了重力辅助惯性导航系统(gravity aided inertial navigation system，GAINS)。如图 8-10 所示，GAINS 由重力梯度仪、重力仪、惯性基导航单元、深度计、重力基准图等组成，以重力梯度误差、重力矢量误差、惯导深度误差等信息作为最优滤波观测量，减少和限定了惯性导航误差。仿真试验表明，GAINS 的水平定位误差为 6～305m(CEP)，水平速度误差为 0.004～0.5144m/s。

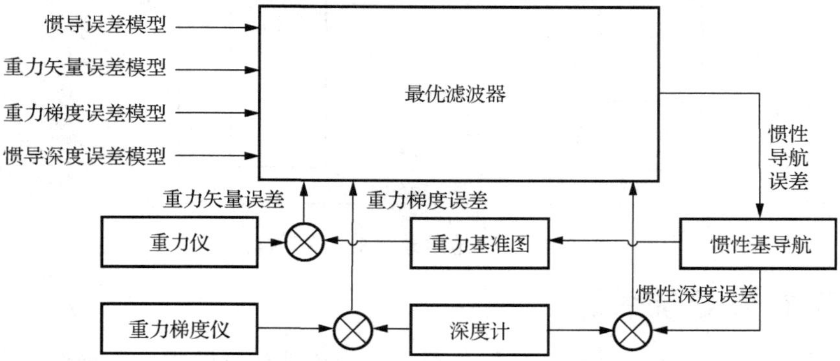

图 8-10　GAINS 原理图

20 世纪 90 年代末，美国洛克希德-马丁公司在 GAINS 基础上对水下导航系统进行了模块化改进，研制出了通用重力模块(universal gravity module，UGM)。UGM 包括 1 个重力仪和 3 个重力梯度仪，可以同时测量重力异常数据和重力梯度数据，用于测量实际重力与正常重力偏离的大小以及重力在三维空间的变化速率，并估算设备附近地形变化，将 UGM 安置在惯性导航系统中，通过与重力基准图、重力梯度基准图和海底地形基准图匹配，实现精确匹配定位。1998～1999 年，美国海军在水面“先锋号”舰和核潜艇上的测试结果表明，UGM 可将导航系统的经、纬度误差降低至导航系统标称误差的 10%。此外，美国海军研究机构还开展了 AUV 重力导航系统研究。若采用高精度全张量梯度仪，重力导航可使 AUV 水下导航定位精度优于 30m。对于负载能力有限的 AUV，可以仅使用相对重力仪测量重力异常，采用 ICCP 匹配算法进行重力导航。

8.3　海洋地球物理信息匹配

8.3.1　单波束测深匹配定位

如图 8-11 所示，捷联惯导系统推算 AUV 当前位姿，当 AUV 进入地形匹配区域时，地形导航系统根据 AUV 当前位姿得到海底地形基准图中当前位置地形高程值 $\hat{h}_r$，同 AUV 探测的当前地形高程 $\tilde{h}_r$ 做差，两者的差值作为卡尔曼滤波系统的输入。地形导航系统利用随机地形线性化技术，计算 AUV 当前位姿处地形在北向与东向的斜率，输入卡尔曼滤波系统，通过卡尔曼滤波对惯导误差进行最优估计，并将惯性导航误差估计值反馈给捷联惯导系统，实现对 AUV 导航参数的修正。

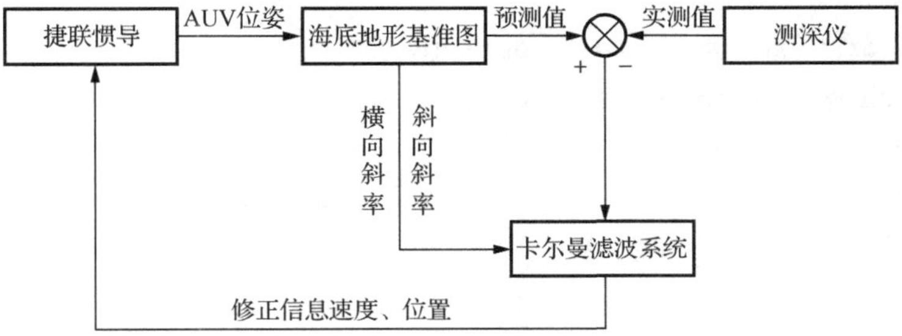

图 8-11　SITAN 地形导航系统

1. SITAN 数学模型

卡尔曼滤波是 SITAN 地形导航系统的算法框架，根据 SINS 误差方程，选取当地切平面坐标系北向和东向位置误差 δx_N、δx_E、速度误差 δv_N、δv_E、航姿误差 ϕ_N、ϕ_E、ϕ_D 共 7 个变量构建状态方程，则

$$\delta \boldsymbol{X} = \begin{bmatrix} \delta x_N & \delta x_E & \delta v_N & \delta v_E & \phi_N & \phi_E & \phi_D \end{bmatrix}^{\mathrm{T}} \tag{8-11}$$

设 $\boldsymbol{W} = \begin{bmatrix} \omega_{\nabla x} & \omega_{\nabla y} & \omega_{\varepsilon x} & \omega_{\varepsilon y} & \omega_{\varepsilon z} \end{bmatrix}^{\mathrm{T}}$，并忽略位置角速率、地球自转角速率误差和重力误差，则卡尔曼滤波状态方程为

$$\delta \dot{\boldsymbol{X}} = \boldsymbol{A} \delta \boldsymbol{X} + \boldsymbol{G} \boldsymbol{W} \tag{8-12}$$

其中

$$
\boldsymbol{A}=\begin{bmatrix}
0 & 0 & 1 & 0 & 0 & 0 & 0 \\
0 & 0 & 0 & 1 & 0 & 0 & 0 \\
0 & 0 & 0 & -2\omega_{ie}\sin L-\dfrac{V_E}{R_N-d}\tan L & 0 & -f_D & f_E \\
0 & 0 & 2\omega_{ie}\sin L+\dfrac{V_E}{R_N-d}\tan L & 0 & f_D & 0 & -f_N \\
0 & 0 & 0 & 0 & 0 & -\omega_{ie}\sin L-\dfrac{V_E}{R_N-d}\tan L & \dfrac{V_N}{R_M-d} \\
0 & 0 & 0 & 0 & \omega_{ie}\sin L+\dfrac{V_E}{R_N-d}\tan L & 0 & \omega_{ie}\cos L+\dfrac{V_E}{R_N-d} \\
0 & 0 & 0 & 0 & -\dfrac{V_N}{R_M-d} & -\omega_{ie}\cos L-\dfrac{V_E}{R_N-d} & 0
\end{bmatrix}
$$

$$
\boldsymbol{G}=\begin{bmatrix}
0 & 0 & 0 & 0 & 0 \\
0 & 0 & 0 & 0 & 0 \\
\cos\theta\cos\psi & \sin\gamma\sin\theta\cos\psi-\cos\gamma\sin\psi & 0 & 0 & 0 \\
\cos\theta\sin\psi & \cos\gamma\cos\psi+\sin\gamma\sin\theta\sin\psi & 0 & 0 & 0 \\
0 & 0 & -\cos\theta\cos\psi & -\sin\gamma\sin\theta\cos\psi+\cos\gamma\sin\psi & -\sin\gamma\sin\psi-\cos\gamma\sin\theta\cos\psi \\
0 & 0 & -\cos\theta\sin\psi & -\cos\gamma\cos\psi-\sin\gamma\sin\theta\sin\psi & -\cos\gamma\sin\theta\sin\psi+\sin\gamma\cos\psi \\
0 & 0 & \sin\theta & -\sin\gamma\cos\theta & -\cos\gamma\cos\theta
\end{bmatrix}
$$

离散化后得到线性离散化方程：

$$\delta\boldsymbol{X}_{k+1}=\boldsymbol{\Phi}_{k+1,k}\delta\boldsymbol{X}_k+\boldsymbol{\Gamma}_{k+1,k}\boldsymbol{W}_k \tag{8-13}$$

设采样时间为τ，则

$$\boldsymbol{\Phi}_{k,k-1}\approx\boldsymbol{I}+\boldsymbol{A}\tau \tag{8-14}$$

$$\boldsymbol{\Gamma}_{k,k-1}\approx\boldsymbol{G}\tau \tag{8-15}$$

设观测值 $Z = \hat{h}_r - \tilde{h}_r$，对其泰勒级数拟合且忽略二阶及以上的高阶项，可得

$$Z = \hat{h}_r - \tilde{h}_r = -\frac{\partial \hat{h}_r(x_N, x_E)}{\partial x_N}\delta x_N - \frac{\partial \hat{h}_r(x_N, x_E)}{\partial x_E}\delta x_E + \gamma \tag{8-16}$$

设 $k_N = \frac{\partial \hat{h}_r(x_N, x_E)}{\partial x_N}$，$k_E = \frac{\partial \hat{h}_r(x_N, x_E)}{\partial x_E}$，则量测方程为

$$\boldsymbol{Z}_k = \boldsymbol{H}\delta\boldsymbol{X}_k + \gamma \tag{8-17}$$

式中，$\boldsymbol{H}$ 为量测矩阵，且有

$$\boldsymbol{H} = \begin{bmatrix} -k_N & -k_E & 0 & 0 & 0 & 0 & 0 \end{bmatrix} \tag{8-18}$$

2. 地形随机线性化技术

因为自然地形起伏是非线性化的，所以量测方程必然是非线性的，而卡尔曼滤波要在线性系统中才能发挥作用，因此地形随机线性化处理在 SITAN 中扮演不可或缺的角色。地形线性化，即在一小块区域内，使用平面方程来近似代替地形数据图的曲面方程，得到这一区域内北向上和东向上的斜率，具体可表示为

$$f(x, y) = a + k_x(x - \hat{x}) + k_y(y - \hat{y}) \tag{8-19}$$

式中，$f(x, y)$ 为地形线性表示的平面方程；$(\hat{x}, \hat{y})$ 为捷联惯导系统推算的 AUV 当前位置坐标；a 为 $(\hat{x}, \hat{y})$ 处地形高程值。地形随机线性化常用的有一阶泰勒展开法、九点拟合法、全平面拟合法、平均切线法四种，在实际运用中可根据系统运算能力和精度要求选取合适的方法。

8.3.2　多波束测深地形匹配

ICP 算法全称是迭代最近点算法，用于求取二维或者三维点云的刚性变换关系。ICP 的对应点有多种度量方式，常用的有点对点、点对线、点对面、线对面、面对面等。以点对点为例，ICP 在每次迭代的过程中，都会首先建立源点云和目标点云之间点的对应关系，源点云上的某点的对应点就是目标点云上距离其最近的点，之后通过最小化对应点之间的距离差，计算得到源点云与目标点云之间的变换矩阵。

ICP 的匹配流程如下：

(1) 从目标点云 $\boldsymbol{P}$ 中取目标点集 $\boldsymbol{p}_i \in \boldsymbol{P}$；

(2) 计算目标点集中每个点在源点云 $\boldsymbol{Q}$ 中的对应最近点，找到对应点集 $\boldsymbol{q}_i \in \boldsymbol{Q}$，满足 $\|\boldsymbol{q}_i - \boldsymbol{p}_i\| = \min$；

(3) 根据目标点集和对应点集，求取刚性变换矩阵 $\boldsymbol{M}_{\text{target}} = [\boldsymbol{R} \mid \boldsymbol{T}]$，可表示为

$$\boldsymbol{M}_{\text{target}} = \arg\min \frac{1}{n}\sum_{i=1}^{n} \|\boldsymbol{q}_i - (\boldsymbol{R}\boldsymbol{p}_i + \boldsymbol{T})\|^2 \tag{8-20}$$

其中，

$$\boldsymbol{R}(\alpha, \beta, \gamma) = \boldsymbol{R}_z(\gamma)\boldsymbol{R}_y(\beta)\boldsymbol{R}_x(\alpha) = \begin{bmatrix} r_{11} & r_{12} & r_{13} & 0 \\ r_{21} & r_{22} & r_{23} & 0 \\ r_{31} & r_{32} & r_{33} & 0 \\ 0 & 0 & 0 & 1 \end{bmatrix} \tag{8-21}$$

$$\begin{cases} r_{11} = \cos\gamma\cos\beta \\ r_{12} = -\sin\gamma\cos\alpha + \cos\gamma\sin\beta\sin\alpha \\ r_{13} = \sin\gamma\sin\alpha + \cos\gamma\sin\beta\cos\alpha \\ r_{21} = \sin\gamma\cos\beta \\ r_{22} = \cos\gamma\cos\alpha + \sin\gamma\sin\beta\sin\alpha \\ r_{23} = -\cos\gamma\sin\alpha + \sin\gamma\sin\beta\cos\alpha \\ r_{31} = -\sin\beta \\ r_{32} = \cos\beta\sin\alpha \\ r_{33} = -\cos\beta\cos\alpha \end{cases} \tag{8-22}$$

$$\boldsymbol{T}(t_x, t_y, t_z) = \begin{bmatrix} 1 & 0 & 0 & t_x \\ 0 & 1 & 0 & t_y \\ 0 & 0 & 1 & t_z \\ 0 & 0 & 0 & 1 \end{bmatrix} \tag{8-23}$$

(4) 利用步骤(3)得到的刚性变换矩阵对对应点集进行旋转和平移变换，得到一个新的对应点集 $\boldsymbol{p}_i' = \boldsymbol{R}\boldsymbol{p}_i + \boldsymbol{T}$ ；

(5) 计算新对应点集 $\boldsymbol{p}_i'$ 和目标点集 $\boldsymbol{q}_i$ 之间的平均距离 d ，可表示为

$$d = \frac{1}{n}\sum_{i=1}^{n}\left\|\boldsymbol{q}_i - \boldsymbol{p}_i'\right\|^2 \tag{8-24}$$

(6) 对平均距离 d 设置一个阈值 ε ，并设置最大的迭代计算次数；

(7) 当式(8-24)中的 d 小于给定阈值 ε ，或迭代计算次数大于设置的最大次数时，就停止迭代，若未达到上述两项迭代终止条件，则返回步骤(2)继续计算至满足终止条件。

ICP 算法中的变换矩阵采用最小二乘法估计计算，采用迭代的方法一步步进行计算优化。对于两个部分一致的海底地形点云数据尺寸为 100m×80m。如图 8-12 所示，本节对比了设置不同点对距离阈值时 ICP 算法的匹配结果。可以看出，如图 8-13(a)所示，当距离阈值设为 5m 时，由于该阈值设置得过大，匹配结果陷入局部最优；如图 8-13(b)所示，当距离阈值设为 0.5m 时，由于阈值设置得过小，匹配不收敛；如图 8-14 所示，当距离阈值设为 1.5m 时，基本能得到一个正确的结果。由此可见，采用固定阈值对误匹配点对进行剔除的方法，受阈值设定的影响较大，不易得到全局最优解。

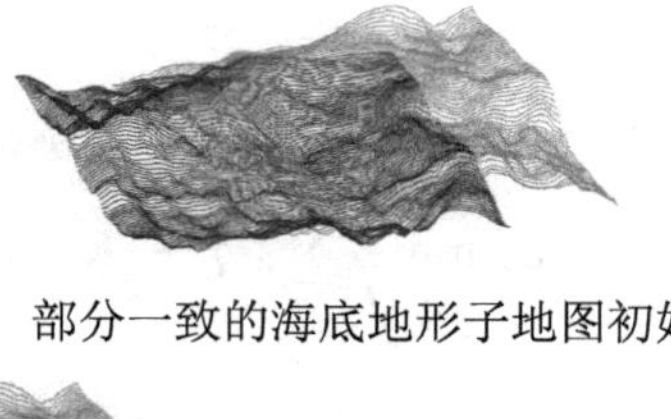

图 8-12　部分一致的海底地形子地图初始状态

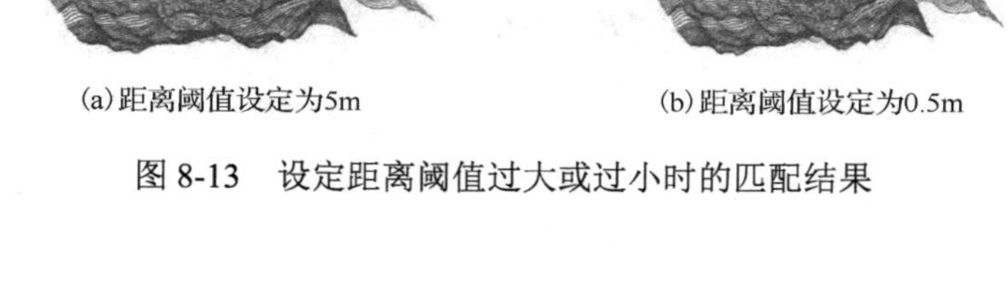

(a) 距离阈值设定为5m　　(b) 距离阈值设定为0.5m

图 8-13　设定距离阈值过大或过小时的匹配结果

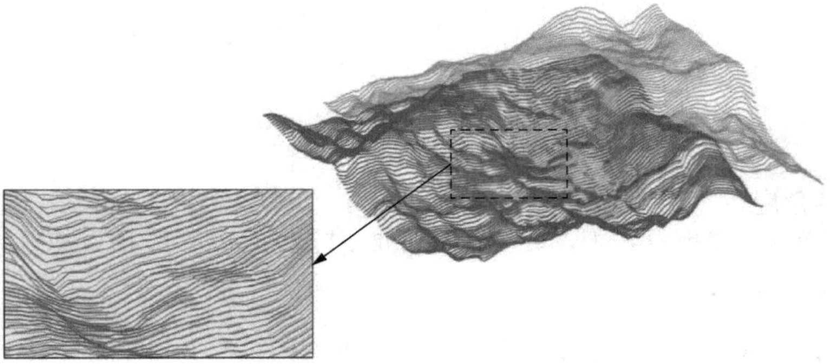

图 8-14　设定距离阈值合适时的匹配结果

8.3.3　重磁单点匹配算法

等值线迭代最近点算法是迭代最近点算法的一种特例。对于负载能力有限的 AUV，可以采用 ICCP 匹配算法进行水下重力导航或地磁导航。ICCP 算法基于欧氏距离平方误差最小准则，沿基准图等值线选取等值线上与实测点最接近的点，迭代计算序贯点状序列刚性变换(旋转、平移)，实现点集序列与基准图的匹配。

如图 8-15 所示，在 AUV 航行一段时间后，INS 可以提供一组位置推测点序列，即 INS 指示航迹 $n_1,n_2,n_3,\cdots,n_L$，传感器能够提供相对应位置的重力或者地磁的实测值 $M_1,M_2,M_3,\cdots,M_L$。指示航迹的位置和对应的实测值共同构成了三维坐标点(经、纬度和重力或地磁实测值)，并在重力或地磁基准图中分别寻找值为 $M_1,M_2,M_3,\cdots,M_L$ 的等值线。然后在基准图中，搜索 $n_1,n_2,n_3,\cdots,n_L$ 对应的最近等值线点 $r_1,r_2,r_3,\cdots,r_L$，求取点集 $n_1,n_2,n_3,\cdots,n_L$ 与点集 $r_1,r_2,r_3,\cdots,r_L$ 的刚性变换关系，即旋转矩阵与平移矩阵。用求得的旋转矩阵和平移矩阵修正 $n_1,n_2,n_3,\cdots,n_L$，得到修正值 $n_1',n_2',n_3',\cdots,n_L'$，将其作为新的推测点序列重复上述步骤，直到迭代次数上限或者达到预期要求。

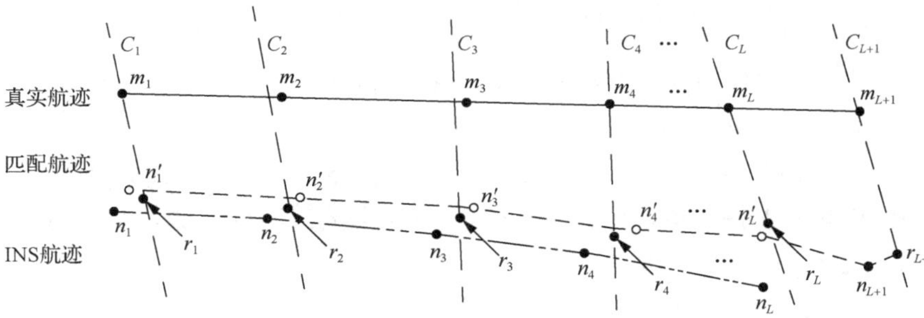

图 8-15　ICCP 算法匹配示意图

设刚性变换的旋转矩阵和平移矩阵为$[\boldsymbol{R}_i\,|\,\boldsymbol{T}_i]$，其中$\boldsymbol{R}_i$是旋转矩阵，$\boldsymbol{T}_i$是平移矩阵，设 INS 输出的推测点集为$\boldsymbol{P}_i(x_i,y_i)$，经过刚性变换后的修正点集为$\boldsymbol{Y}_i(x_i,y_i)$，则有

$$Y_i=[\boldsymbol{R}_i\,|\,\boldsymbol{T}_i]\boldsymbol{P}_i=\boldsymbol{R}_i\boldsymbol{P}_i+\boldsymbol{T} \tag{8-25}$$

在求解旋转矩阵$\boldsymbol{R}_i$时，一般采用四元数来表示旋转矩阵$\boldsymbol{R}_i$。因为 AUV 航行海拔不变，其位姿信息变化不涉及三维，可将这个二维空间内的四元数表示为

$$t=\cos(\theta/2)+0i+0j+\sin(\theta/2)k \tag{8-26}$$

同时，有

$$\boldsymbol{R}_i=\begin{bmatrix}\cos\theta & -\sin\theta\\ \sin\theta & \cos\theta\end{bmatrix} \tag{8-27}$$

式中，θ 为旋转角度。

由式(8-27)可知，求取旋转矩阵 $\boldsymbol{R}_i$，只需求取旋转角度 θ 即可，所以构造互协方差矩阵 $\boldsymbol{S}$ 来对求取旋转角度 θ，可表示为

$$\boldsymbol{S}=\sum_{i=1}^{N}\omega_i(\boldsymbol{Q}_i-\tilde{\boldsymbol{Q}})(\boldsymbol{P}_i-\tilde{\boldsymbol{P}})^{\mathrm{T}} \tag{8-28}$$

式中，$\tilde{\boldsymbol{P}}$、$\tilde{\boldsymbol{Q}}$ 分别为 INS 推测点集 $\boldsymbol{P}_i(x_i,y_i)$ 和与推测点对应的最近等值线点集 $\boldsymbol{Q}_i(x,y)$ 的质心，可表示为

$$\begin{cases}\tilde{\boldsymbol{P}}=\dfrac{1}{\omega}\sum\limits_{i=1}^{N}\boldsymbol{P}_i(x_i,y_i), & \omega=\sum\limits_{i=1}^{N}\omega_i\\ \tilde{\boldsymbol{Q}}=\dfrac{1}{\omega'}\sum\limits_{i=1}^{N}\boldsymbol{Q}_i(x_i',y_i'), & \omega'=\sum\limits_{i=1}^{N}\omega_i'\end{cases} \tag{8-29}$$

式中，ω_i 和 ω_i' 为权重系数。接下来构造对称矩阵 $\boldsymbol{W}$，可表示为

$$\boldsymbol{W}=\begin{bmatrix}S_{11}+S_{22} & 0 & 0 & S_{21}-S_{12}\\ 0 & S_{11}-S_{22} & S_{12}+S_{21} & 0\\ 0 & S_{12}+S_{21} & S_{22}-S_{11} & 0\\ S_{21}-S_{12} & 0 & 0 & -S_{11}-S_{22}\end{bmatrix} \tag{8-30}$$

且有

$$\begin{cases}S_{11}=\sum\limits_{i=1}^{N}\boldsymbol{Q}_i'(x_i')\times\boldsymbol{P}_i'(x_i'), & S_{12}=\sum\limits_{i=1}^{N}\boldsymbol{Q}_i'(x_i')\times\boldsymbol{P}_i'(y_i')\\ S_{21}=\sum\limits_{i=1}^{N}\boldsymbol{Q}_i'(y_i')\times\boldsymbol{P}_i'(x_i'), & S_{22}=\sum\limits_{i=1}^{N}\boldsymbol{Q}_i'(y_i')\times\boldsymbol{P}_i'(y_i')\\ \boldsymbol{P}_i'(x_i',y_i')=\boldsymbol{P}_i(x_i,y_i)-\tilde{\boldsymbol{P}}, & \boldsymbol{Q}_i'(x_i',y_i')=\boldsymbol{Q}(x_i',y_i')-\tilde{\boldsymbol{Q}}\end{cases} \tag{8-31}$$

特征值 λ 可由计算对称矩阵 $\boldsymbol{W}$ 得到

$$\lambda=\pm[(S_{11}+S_{22})^2+(S_{21}+S_{12})^2]^{1/2},\pm[(S_{11}-S_{22})^2+(S_{12}+S_{21})^2]^{1/2} \tag{8-32}$$

以 λ_m 表示矩阵 $\boldsymbol{W}$ 的最大特征值，则 λ_m 对应的特征量即为旋转四元数，从而可以计算出旋转四元数：

$$(S_{11}+S_{22}-\lambda_m)t_0+(S_{21}-S_{12})t_3=0 \tag{8-33}$$

则进一步可得旋转角度 θ：

$$\tan(\theta/2)=(S_{11}+S_{22}-\lambda_m)/(S_{21}-S_{12}) \tag{8-34}$$

在已知旋转角度 θ 情况下，得出旋转矩阵 $\boldsymbol{R}_i$ 的具体表达式，再得到平移矩阵 $\boldsymbol{T}_i$ 的具体表达式：

$$\boldsymbol{T}_i=\tilde{\boldsymbol{Q}}-\boldsymbol{R}_i\tilde{\boldsymbol{P}} \tag{8-35}$$

通过上述计算得到刚性变换矩阵 $[\boldsymbol{R}_i\,|\,\boldsymbol{T}_i]$，代入式(8-28)，得到修正点集 $\boldsymbol{Y}_i(x_i,y_i)$。

由于 ICCP 算法是利用刚性变换将推测点不断迭代使之逐渐靠近实际点，根据算法特点，

常见的迭代终止条件有：

(1) 相邻两次旋转和平移的增量均小于设定值，此时可以从相对意义上认为算法在局部收敛至最小；

(2) 欧氏距离小于设定值，此时可以从绝对意义上认为算法理论点已经修正到了实际点上；

(3) 达到迭代次数上限，当上述两个条件未达到时，终止迭代，跳出循环。

由于重力仪和磁力仪在同一时刻只能测得 AUV 当前位置的重力和地磁信息，因此只能通过重磁实测信息将 AUV 限定于某一条等值线上，无法确定实际坐标，SITAN 算法匹配效果被大大限制，而 ICCP 属于批处理算法，使用刚性变换计算平移关系和旋转关系。由于惯性导航误差随时间积累，因此 ICCP 算法对惯导航向误差有更强的抗干扰能力和修正作用。

参 考 文 献

陈强, 2014. 水下无人航行器[M]. 北京: 国防工业出版社.

陈小龙, 2013. AUV 水下地形匹配辅助导航技术研究[D]. 哈尔滨: 哈尔滨工程大学.

龚少军, 2009. 船舶定位与导航[M]. 哈尔滨: 哈尔滨大学出版社.

GROVES P D, 2011. GNSS 与惯性及多传感器组合导航系统原理[M]. 北京: 国防工业出版社.

GROVES P D, 2015. GNSS 与惯性及多传感器组合导航系统原理[M]. 2 版. 北京: 国防工业出版社.

黄文德, 康娟, 张利云, 等, 2019. 北斗卫星导航定位原理与方法[M]. 北京: 科学出版社.

冀大雄, 2019. 水下机器人先进导航技术[M]. 北京: 科学出版社.

李德雄, 2014. 船舶定位与导航[M]. 大连: 大连海事大学出版社.

林沂, 孙晶京, 闫旭, 2023. 地磁导航定位技术原理与方法综述[J]. 全球定位系统, 48(6): 32-41.

倪少杰, 李诗扬, 谢郁辰, 等, 2023. GNSS/INS 超紧组合导航综述[J]. 国防科技大学学报, 45(5): 48-59.

秦永元, 2014. 惯性导航[M]. 2 版. 北京: 科学出版社.

秦永元, 张洪钺, 汪叔华, 1998. 卡尔曼滤波与组合导航原理[M]. 西安: 西北工业大学出版社.

宋超, 皮寿熹, 韩雪峰, 等, 2013. 一种新的光纤捷联罗经算法设计[J]. 传感器与微系统, 32(3): 100-103.

孙枫, 袁赣南, 张晓红, 1996. 组合导航系统[M]. 哈尔滨: 哈尔滨工程大学出版社.

孙恒, 2022. CHZ-Ⅱ重力仪系统及其测试方法研究[D]. 武汉: 中国科学院大学(中国科学院精密测量科学与技术创新研究院).

田坦, 2007. 水下定位与导航技术[M]. 北京: 国防工业出版社.

王中, 2022. 水下航行器线导通信技术[M]. 北京: 国防工业出版社.

吴德伟, 2020. 导航原理[M]. 2 版. 北京: 电子工业出版社.

严浙平, 周佳加, 2015. 水下无人航行器控制技术[M]. 北京: 国防工业出版社.

张红梅, 赵建虎, 杨鲲, 等, 2010. 水下导航定位技术[M]. 武汉: 武汉大学出版社.

张强, 张雯, 2019. 水下机器人导航技术[M]. 北京: 科学出版社.

张志强, 2020. 水下移动重力测量理论方法及应用研究[D]. 武汉: 武汉大学.

张治军, 2009. 船舶通信导航——设备操作分册[M]. 大连: 大连海事大学出版社.